NOTIONS

DE

COSMOGRAPHIE

A L'USAGE

DES SÉMINAIRES, COLLÉGES,

ÉTABLISSEMENTS D'ENSEIGNEMENT SECONDAIRE SPÉCIAL

PAR

L'abbé M. COTTEREAU

PROFESSEUR DE SCIENCES PHYSIQUES ET MATHÉMATIQUES
au Petit-Séminaire Mongazon, à Angers.

ANGERS

E. BARASSÉ, IMPRIMEUR-LIB., RUE SAINT-LAUD, 83,

ou chez l'auteur-éditeur, Petit-Séminaire Mongazon.

1875

NOTIONS

DE

COSMOGRAPHIE

LETTRE ÉCRITE A L'AUTEUR PAR MGR FREPPEL

— ❦ —

ÉVÊCHÉ

D'ANGERS

Angers, le 22 août 1875.

Mon cher abbé,

J'ai parcouru avec un vif intérêt vos Notions de Cosmographie, *et je leur souhaite le même succès qu'à vos* Eléments de Chimie. *Ces publications montrent avec quel soin nous cultivons les sciences dans nos établissements diocésains. Le clergé doit s'y appliquer avec non moins d'ardeur qu'aux belles-lettres, s'il veut répondre aux besoins de l'époque et mériter la confiance des familles. Mongazon a fait depuis longtemps ses preuves à cet égard : votre livre si instructif et si méthodique sera un nouveau titre d'honneur pour cette grande et belle institution.*

Agréez, mon cher abbé, avec ma vive satisfaction, l'assurance de mes sentiments affectueux et bien dévoués,

† Ch. EMILE, Ev. d'Angers.

PRÉFACE

Encouragé par le bon accueil qui a été fait à nos *Notions de Chimie*, nous nous sommes appliqué à rédiger ces *Notions de Cosmographie* suivant le même plan et dans le même but : beaucoup de choses, en peu de mots, et disposées de manière à faciliter autant que possible l'étude méthodique et les recherches.

Nous avons réuni d'abord toutes les connaissances utiles pour la préparation au baccalauréat ès-lettres, ainsi que celles qui nous ont paru directement demandées pour le baccalauréat ès-sciences et pour le diplôme de l'enseignement secondaire spécial. Nous y avons ajouté, dans une juste mesure, beaucoup d'autres faits, les uns curieux, faciles à saisir et à retenir par une simple lecture, les autres plus scientifiques, mais pouvant intéresser les élèves plus avancés ou plus studieux.

Ce livre, bien que consciencieusement rédigé, est loin sans doute d'être parfait. Aussi nous faisons appel à la bienveillante indulgence de MM. les professeurs ; nous leur serons reconnaissant s'ils veulent bien nous signaler les fautes qui s'y seraient glissées, et les améliorations qu'il comporte.

Puisse ce livre, tout humble qu'il est, contribuer à la gloire du divin Créateur, en faisant admirer l'ordre infini et la simplicité étonnante qu'il a mis dans l'organisation des Mondes ! « *Vous avez tout disposé, mon Dieu, avec mesure, nombre et poids. Omnia in mensurâ, et in numero, et in pondere disposuisti.* » (Sap., XI, 21.)

M. COTTEREAU,

Mongazon, le 28 août 1875.

TABLE DES CHAPITRES.

LIVRE IV. — DE LA LUNE.

LIVRE V. — DES PLANÈTES.

LIVRE VI. — DES COMÈTES.

====

ERRATA

Page 12, *ligne* 16 ; *lisez :* 21. — Le *théodolite.*

Page 39, *ligne* 23 ; *lisez :* le Sagittaire, le Capricorne, le Verseau.

Page 71, *ligne 3 en remontant; lisez :* l'angle des verticales *aca'*

Page 171, *ligne* 12 ; *lisez :* φωτος, σφαιρα, sphère de lumière.

RÉSUMÉ DES QUESTIONS

DU

PROGRAMME DU BACCALAURÉAT ÈS-LETTRES

I. — Ascension droite et déclinaison des étoiles.

L'ascension droite et la déclinaison ont deux coordonnées astronomiques ou mesures par lesquelles on fixe la position d'un astre sur la sphère céleste (42).

L'ascension droite d'une étoile est l'arc d'équateur compris entre le point origine et le point où l'équateur est coupé par le cercle horaire de l'étoile ; ou l'angle dièdre des cercles horaires du point origine et de l'étoile. L'ascension droite se compte sur l'équateur, à partir du point origine, d'occident en orient, et de 0° à 360°.—Le *point origine* est le *point vernal*, point de l'équateur par lequel le Soleil passe de l'hémisphère austral dans l'hémisphère boréal (43).

La *déclinaison d'une étoile* est sa distance à l'équateur, ou l'angle du rayon visuel mené à cette étoile avec l'équateur. Elle se mesure sur un cercle horaire, de 0° à 90°, et est boréale ou australe (44).

Pour *déterminer l'ascension droite d'une étoile*, on mesure le temps qui s'écoule entre le passage du point vernal au méridien, et le passage de l'étoile ; puis on multiplie ce temps par 15. — Quand on aperçoit l'étoile dans l'axe de la lunette méridienne, on note l'heure marquée par l'horloge sidérale, 5 heures par exemple. L'étoile passant au méridien 5 heures après le point vernal, il faut savoir la valeur de l'arc qui l'en sépare. Comme dans un jour ou 24 heures l'étoile parcourt un parallèle entier de 360° ; dans une heure, elle ne parcourt que 15°, et dans 5 heures 5 fois 15° (45).

Pour *déterminer la déclinaison d'une étoile*, on la vise, avec le mural ou le théodolite, au moment de son passage supérieur, et l'on mesure sa distance zénithale. La déclinaison de l'étoile égale la hauteur du pôle plus ou moins cette distance zénithale, suivant que l'étoile passe entre le zénith et le pôle, entre le zénith et l'équateur, ou entre l'équateur et l'horizon.

II. — Longitudes et latitudes géographiques.

La *longitude et la latitude géographiques* sont deux coordonnées ou mesures par lesquelles on fixe la position d'un lieu sur la Terre.

La *longitude d'un lieu* est la plus petite distance du méridien de ce lieu au premier méridien ; ou l'angle dièdre de ces deux méridiens. Elle se mesure par l'arc d'équateur ou de parallèle compris entre les deux méridiens, et se compte, à partir du premier méridien, de 0º à 180º ; elle est orientale ou occidentale (86). — Le *premier méridien* ou *méridien origine* était autrefois celui de l'Ile de Fer ; aujourd'hui c'est celui de l'observatoire principal de chaque peuple, de Paris pour les Français (87).

La *latitude d'un lieu* est sa distance à l'équateur, ou l'angle de sa verticale et de l'équateur. Elle se compte sur le méridien, de 0º à 90º ; elle est boréale ou australe (85).

Pour *déterminer la longitude d'un lieu,* il faut mesurer le temps qu'une étoile ou le Soleil met à passer du méridien de ce lieu au premier méridien, ou réciproquement ; et multiplier ce temps par 15 (90). — Pour mesurer ce temps, on *transporte un chronomètre* marquant l'heure du premier méridien au lieu dont on veut la longitude ; puis on voit quelle heure il est en ce lieu. On a ainsi l'heure de Paris et celle du lieu ; leur différence, ou son produit par 15, sera la longitude, en temps ou en degrés (91). — Deux observateurs placés, l'un au premier méridien, l'autre au lieu dont on veut la longitude, observent en même temps un *signal instantané,* et notent chacun l'heure du lieu où il se trouve. Ils se communiquent ensuite les heures notées, et en prennent la différence. Ce signal peut être un *signal électrique,* un *signal de feu* ou un *phénomène astronomique* (92, 93, 94).

Pour *déterminer la latitude d'un lieu,* on mesure la hauteur du pôle au-dessus de l'horizon de ce lieu ; car la latitude est égale à cette hauteur (88). Pour mesurer la hauteur du pôle, on peut mesurer les hauteurs d'une étoile circompolaire à ses deux passages, et en faire la demi-somme ; ou mesurer les distances zénithales de cette étoile à ses deux passages, en faire la demi-somme, et la retrancher de 90º (28).

III. — Explication des saisons.

L'écliptique est le grand cercle de la sphère céleste que le Soleil semble parcourir dans son mouvement annuel apparent (128). En réalité, c'est une ellipse ayant le Soleil à son foyer, que la Terre parcourt dans son mouvement réel annuel (141, 144, 145). — L'écliptique fait avec l'équateur un angle de 23° $\frac{1}{2}$ (128), traverse les douze constellations du zodiaque (131), et est partagé en 4 parties par l'équinoxe de printemps, le solstice d'été, l'équinoxe d'automne et le solstice d'hiver (129).

Les *saisons* sont 4 parties de l'année pendant lesquelles le Soleil (ou la Terre) parcourt chacune des 4 portions de l'écliptique : printemps, été, automne, hiver (133, 165). Elles sont d'*inégale durée*, l'été ayant 4 jours $\frac{1}{2}$ de plus que l'hiver (165).

Les saisons se distinguent par la *durée inégale des jours et des nuits* (157), et par les *variations de température* (166). Le printemps est plus chaud que l'hiver et moins que l'été ; l'automne, plus froid que l'été et moins que l'hiver (168). Ces variations viennent de l'inégalité des jours et de la hauteur à laquelle le Soleil monte sur l'horizon (166) ; ou autrement, la Terre, en tournant autour de son axe et autour du Soleil, présente aux rayons solaires chaque point de sa surface pendant des temps et sous des angles inégaux (175).

IV. — Inégalité des jours et des nuits.

Le *jour* ou *journée* est le temps pendant lequel le Soleil est sur l'horizon ; la *nuit*, le temps pendant lequel il est au-dessous (156).

Le jour et la nuit réunis forment le jour solaire vrai, de 24 heures et d'une durée à peu près constante (178) ; mais ils sont *généralement inégaux entre eux*, variant pour un même lieu avec l'époque de l'année ou la position du Soleil sur l'écliptique, et pour des lieux différents, avec la latitude (156).

Pour un même lieu, Paris par exemple, au commencement du printemps, vers le 21 mars, le jour égale la nuit ; il augmente ensuite jusqu'au commencement de l'été, pour diminuer pendant cette saison, redevenir égal à la nuit au commencement de l'automne, diminuer pendant cette saison et augmenter ensuite pendant l'hiver. — On *l'explique* en voyant successivement la grandeur variable de l'arc de parallèle ou arc diurne décrit par le Soleil au-dessus de l'horizon (157, 158).

A l'équateur, la durée du jour égale celle de la nuit, toute l'année ; l'inégalité du jour et de la nuit va en augmentant de l'équateur aux pôles. Aux *cercles polaires*, à 66 $\frac{1}{2}$ de l'équateur, il y a un jour et une nuit de 24 heures ; aux *pôles*, le jour dure six mois et la nuit autant (159). Tous ces phénomènes s'expliquent également bien par les mouvements diurne et annuel apparents du Soleil (157, 159), et par les mouvements réels de rotation et de translation de la Terre (172, 173).

L'atmosphère, en réfractant la lumière et produisant le *crépuscule*, allonge un peu le jour et diminue la nuit close (162, 163).

V. — Phases de la Lune.

La *Lune* est un corps sphérique (230), dont la moitié est éclairée par le Soleil, qui participe au mouvement diurne et tourne chaque mois autour de la Terre (232).

Les *phases de la Lune* sont les formes ou aspects divers sous lesquels la Lune apparaît successivement (233). Comme elle change continuellement de position relativement au Soleil et à nous, nous apercevons une partie plus ou moins grande de sa surface éclairée (234).

D'abord, il y a *nouvelle lune* ou néoménie ; la Lune est invisible ; elle est en conjonction, entre le Soleil et la Terre, et nous présente sa partie obscure. — Les jours suivants, il y a *croissant*, les cornes à l'Orient, se couchant après le Soleil, et augmentant d'épaisseur chaque jour. — Septième jour, *premier quartier ;* la Lune est en quadrature, à 90° du Soleil, et se couche 6ʰ après lui. — Après 14 j $\frac{1}{2}$, *pleine lune ;* en opposition avec le Soleil, se levant au moment de son coucher, se couchant le matin. — Le disque ou cercle diminue ; le 22ᵉ jour, *dernier quartier*, se levant à minuit ; la Lune est en quadrature. — La forme de croissant reparaît, mais en *décours*, diminuant chaque jour, et les cornes à l'Occident. — Au bout de 29 j $\frac{1}{2}$ (238), de nouveau conjonction et nouvelle lune (233, 234, 235).

La *lumière cendrée*, envoyée par la Terre à la Lune, éclaire faiblement sa partie obscure, avant et après la nouvelle lune (236).

VI. — Eclipses.

Une *éclipse* est la disparition d'un astre par l'interposition d'un autre astre. — Il y a *éclipse de Lune*, quand la Terre se place entre la Lune et le Soleil ; *éclipse de Soleil*, quand la Lune se met entre le Soleil et la Terre (257).

Pour l'*éclipse de Lune*, il faut : 1° que la Lune soit en opposition ou pleine ; 2° que le *cône d'ombre de la Terre* soit plus long que la distance de la Lune, et assez large, ce qui a toujours lieu (259) ; 3° que la Lune soit assez voisine du plan de l'écliptique, ce qui arrive rarement (258). — L'éclipse ne se manifeste pas brusquement, à cause de la *pénombre terrestre* (260), et la Lune reste éclairée d'une teinte rougeâtre, à cause de l'*atmosphère* (261).

Les *éclipses de Soleil* ont lieu pour les points de la Terre atteints par le cône d'ombre de la Lune (éclipse totale), ou par la pénombre (éclipse partielle, simple ou annulaire) (263, 265).— Pour qu'il y ait éclipse, il faut : 1° que la Lune soit en conjonction ou nouvelle ; 2° qu'elle soit suffisamment près du plan de l'écliptique ; 3° que son cône d'ombre soit assez long (264).

NOTIONS

DE

COSMOGRAPHIE

Cœli enarrant gloriam Dei.
Les Cieux racontent la gloire de Dieu.

Ps. xviii, 2.

Omnia in mensura et numero et pondere disposuisti.
Vous avez tout disposé, mon Dieu, avec nombre, poids et mesure.

Sap., xi, 21.

1. Objet et division de la cosmographie. — La *cosmographie* (χόσμος, γράφειν, décrire le monde) a pour objet la description des *corps célestes*, l'étude de leurs positions relatives et de leurs mouvements. C'est la partie élémentaire de la science des astres.

L'*astronomie* (ἄστρον, astre, νόμος, loi) est la science des astres à tous ses degrés ; elle approfondit par le calcul les lois de leurs mouvements.

Nous étudierons les corps célestes dans l'ordre suivant : les étoiles, la Terre, le Soleil, la Lune, les planètes et les comètes.

2. Première idée des corps célestes. — 1° Les *étoiles* paraissent comme de simples points brillants, fixés à la voûte céleste, immobiles entre eux, et appelés, pour cette raison, *fixes* ou étoiles fixes, pour les distinguer des planètes. En réalité, ce sont de vastes corps sphériques, lumineux par eux-mêmes, dispersés dans l'espace à des distances inégales, mais très-grandes de la Terre ; les étoiles paraissent tourner autour de la Terre à cause du mouvement de rotation que notre globe accomplit chaque jour.

2° La *Terre* est un corps sensiblement sphérique, isolé dans l'espace, non lumineux, mais éclairé par le Soleil ; elle a un double mouvement : le mouvement diurne de rotation autour de son axe, et le mouvement annuel de translation autour du Soleil. Elle ressemble complétement aux planètes.

3º Le *Soleil* est un corps semblable aux étoiles ; il ne nous paraît plus gros que parce qu'il est beaucoup plus rapproché de la Terre. A cause des deux mouvements réels de la Terre, le Soleil nous présente deux mouvements apparents : le mouvement diurne autour de la Terre, et le mouvement annuel parmi les étoiles. En réalité, il est à peu près immobile au milieu des étoiles ; la Terre et les autres planètes, qui tournent autour de lui, constituent avec lui l'ensemble des astres connu sous le nom de système solaire ou système planétaire.

4º La *Lune* est un corps opaque, éclairé par le Soleil, relativement peu éloigné de la Terre. Elle semble se déplacer continuellement parmi les étoiles, parce qu'elle tourne autour de la Terre en moins d'un mois, tout en l'accompagnant dans son mouvement annuel de translation autour du Soleil. On considère la Lune comme une planète secondaire, *satellite* de la Terre.

5º Les *planètes* ressemblent, à la première vue, aux étoiles fixes, mais elles changent de place parmi elles. Ce sont des corps éclairés par le Soleil, qui tournent autour de cet astre ; elles sont en tout semblables à la Terre qui est considérée comme une planète. Plusieurs ont des satellites.

6º Les *comètes* sont des astres extraordinaires qui ne se montrent que rarement, à des époques incertaines pour la plupart. Leur forme, et leur marche au milieu des étoiles, les font distinguer facilement de ces astres.

LIVRE I.

DES ÉTOILES.

—⸺🙟🙝⸺—

CHAPITRE 1er.

3. Étoiles. — On donne en général le nom d'étoiles
à ces corps qui, sous la forme de points lumineux, se
montrent au ciel pendant les nuits sans nuages.

Le *ciel* ou *firmament* semble d'abord être une voûte
immense, qui s'appuie sur le contour d'un plan circulaire, formé par la surface de la Terre et appelé *horizon ;*
mais une observation plus attentive nous en donne une
autre idée, et le ciel devient une partie de la *sphère
céleste.*

4. Sphère céleste. — La sphère céleste est une
sphère idéale, d'un rayon très-grand et dont la Terre
occupe le centre. Les astres sont comme attachés à la
surface intérieure de cette sphère. En réalité, il est
loin d'en être ainsi ; car les étoiles, et surtout les autres
corps célestes, sont à des distances de la Terre très-
différentes. Dans cette hypothèse, on considère non les
positions véritables des astres A,A' (*fig. 1*), mais leurs
positions apparentes a,a'..... c'est-à-dire les points où
les rayons visuels, menés de l'œil de l'observateur à ces
astres, rencontrent la sphère céleste.

La notion de la sphère céleste facilite beaucoup
l'explication et l'étude des phénomènes célestes. La

Terre, qui en occupe le centre, peut être considérée comme réduite à un point, parce que ses dimensions sont tout à fait négligeables, si on les compare à celles de la sphère.

5. Distances angulaires. — La distance angulaire entre deux étoiles A,A' (*fig. 1*) est l'angle ATA' des

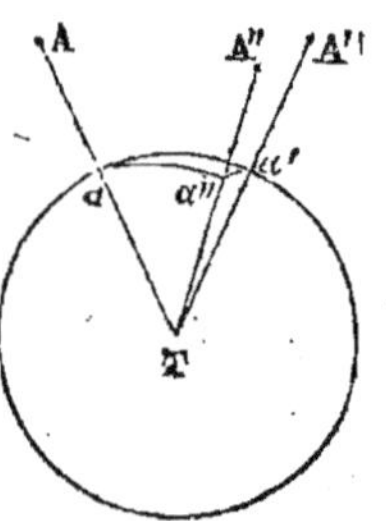

Fig. 1.

deux directions dans lesquelles on les voit. Cet angle a pour mesure l'arc de grand cercle *aa'* qui les sépare ; il s'évalue en degrés, minutes, secondes. On ne s'occupe pas de la distance linéaire ou en longueur d'une étoile à l'autre.

Les étoiles proprement dites conservent toujours, à la surface de la sphère céleste, les mêmes distances angulaires et des positions relatives invariables *a,a',a''*. C'est pour cela que ces astres ont été appelés étoiles *fixes*, tandis que d'autres qui se déplacent, sont appelés astres errants ou planètes.

6. Mouvement diurne apparent des étoiles. — Le mouvement diurne (*diurnus,* de chaque jour) est le déplacement des astres par rapport à l'horizon. Ils semblent en effet se mouvoir tous et chaque jour dans le même sens que le Soleil.

Chaque matin, le Soleil, qui semble attaché à la voûte du ciel, se *lève*, c'est-à-dire paraît à l'horizon dans une direction que nous appelons *levant, orient* ou *est*, monte dans le ciel, puis s'abaisse et disparaît enfin, ou se *couche*, vers la partie de l'horizon opposée à son lever et que l'on appelle *couchant, occident* ou *ouest*. La lumière s'affaiblit peu à peu, et, la nuit succédant au jour, nous pouvons apercevoir les étoiles.

Supposons que nous observions le ciel, pendant une belle nuit, dans un lieu découvert et élevé. Si nous sommes tournés vers le point où le Soleil était au milieu du jour, nous apercevrons sans peine, pourvu que nous restions pendant un temps assez long, que toutes les étoiles sont entraînées vers la partie du ciel qui se trouve à notre droite. Celles qui d'abord étaient au-dessus de notre tête,

s'abaissent vers l'ouest et finissent par disparaître ;
d'autres d'abord invisibles apparaissent à notre gauche
sur le bord de l'horizon, s'élèvent vers la partie supérieure du ciel, puis s'abaissent et se couchent. — Si
nous sommes tournés vers le côté opposé (le nord),
nous voyons d'autres étoiles qui s'élèvent aussi vers l'est
à notre droite, se dirigent vers notre gauche à l'ouest,
pour descendre et retourner à notre droite, mais sans
disparaître. Nous en reconnaissons même une qui
semble immobile, et autour de laquelle toutes les autres
paraissent tourner. Cette dernière est la *polaire*, et celles
qui l'entourent sont appelées *étoiles circompolaires*. —
Enfin tout se passe à nos yeux, comme si la sphère
céleste tournait tout d'une pièce, entraînant tous les
astres autour d'une droite fixe qui va à peu près de
notre œil à l'étoile polaire.

7. Axe du monde. Pôles. — On appelle axe du
monde (*axis*, axe, essieu) ou *ligne des pôles*, la ligne
imaginaire PP' (*fig. 2*) au-
tour de laquelle la sphère céleste semble tourner comme
autour d'un axe.

Les *pôles* du monde ou
pôles célestes (πόλος, pivot)
sont les deux points où l'axe
du monde perce la sphère
céleste. L'un P, visible en
Europe, est le pôle boréal ou
pôle *arctique* (ἄρκτος, ourse,
placé à côté d'un groupe d'é-
toiles ou constellation connue sous le nom d'ourse).

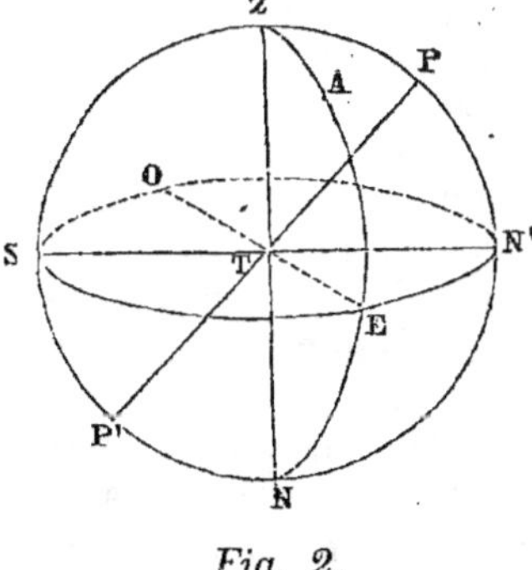

Fig. 2.

L'autre P', invisible pour nous, est le pôle austral ou
pôle *antarctique* (ἀντὶ, ἄρκτος, à l'opposé de l'ourse).

8. Étoile polaire. Étoiles circompolaires. — L'étoile
polaire est une étoile, d'un assez grand éclat, qui nous
apparaît actuellement la plus rapprochée du pôle boréal
ou arctique. Elle conserve toujours la même position par
rapport à l'horizon ; il est très-utile de la connaître, soit
pour s'orienter (12), soit pour se rendre compte de la

direction de l'axe du monde. Nous verrons plus loin (53) comment on la distingue parmi les autres étoiles.

Les *étoiles circompolaires* (*circum polus*, autour du pôle) sont celles qui avoisinent le pôle. Elles n'atteignent pas l'horizon et ne se couchent pas pour nous ; elles sont visibles pendant toute la nuit.

9. Verticale. Zénith. Nadir. — La verticale d'un lieu (*vertex*, sommet) est la direction de la pesanteur en ce lieu, direction que suit, en tombant vers la terre, un corps abandonné à lui-même. On la détermine au moyen du *fil à plomb*. Il suffit pour cela d'avoir un fil dont l'une des extrémités est fixe, tandis que l'autre supporte un petit poids.

Le *zénith* (mot tiré de l'arabe) est le point Z (*fig. 2*) où la verticale, prolongée au-dessus de nos têtes, va percer la sphère céleste. Prolongée en sens contraire, la verticale passe à peu près par le centre de la Terre, en sort par un point appelé antipode (ἀντίποδος, à l'opposé de nos pieds), et va se terminer à la sphère céleste. Le *nadir* est le point N où la verticale rencontre la sphère céleste au-dessous de nos pieds.

10. Horizon. — L'*horizon sensible* (ὁρίζω, borner) est la ligne qui borne dans tous les sens la vue de l'observateur regardant au loin à la surface de la Terre. Cette ligne, sinueuse et mal définie lorsqu'on se trouve au milieu des terres, est toujours parfaitement circulaire quand on est sur mer et loin des côtes.

L'*horizon rationnel* est un plan indéfini, mené par l'œil de l'observateur et rigoureusement perpendiculaire à la verticale. — L'*horizon rationnel astronomique* est un grand cercle de la sphère céleste SEN'O (*fig. 2*), aussi perpendiculaire à la verticale, mais passant par le centre de la Terre. — La Terre n'étant qu'un point par rapport à sa distance aux étoiles, ces deux horizons rationnels se confondent pour l'observateur, lorsqu'il étudie la sphère céleste.

11. Vertical. Méridien. — On nomme plan ou cercle vertical, ou simplement vertical, tout plan ZPNP' ou ZEN (*fig. 2*) qui passe par la verticale d'un lieu et est

perpendiculaire à l'horizon ; il y a une infinité de verticaux pour un même lieu.

Le *méridien* d'un lieu est un plan ZPNP' mené par la
verticale du lieu ZN et l'axe du monde PP'; il varie pour
chaque lieu comme la verticale elle-même. Il a reçu le
nom de méridien (*meri-dies*, milieu du jour), parce que
c'est le plan où se trouvent le Soleil et les étoiles, quand
ces astres sont au milieu de leur course au-dessus de
l'horizon.

Le plan vertical ZAN qui passe par une étoile A, est
nommé le vertical ou le *plan azimutal* de cette étoile;
et on nomme *azimuth* de l'étoile l'angle dièdre AZNP
que forme, à un moment donné, ce plan vertical avec le
méridien d'un lieu.

12. Méridienne. Points cardinaux. — La méridienne
d'un lieu est la ligne droite SN' (*fig. 2*), suivant laquelle
le plan méridien coupe l'horizon.

La méridienne perce la sphère céleste en deux points
diamétralement opposés : l'un N', situé du côté du pôle
boréal, est le *nord* ou *septentrion* (*septem triones*, sept
bœufs de labour, nom que l'on donnait aux sept étoiles
de l'ourse) ; l'autre, du côté du pôle austral, est le *sud*
ou *midi*. — La droite ETO, menée par le centre de
l'horizon, perpendiculaire à la méridienne, va aussi
percer la sphère céleste en deux points, dont l'un E
s'appelle *est*, *orient* ou *levant* ; l'autre O, *ouest*, *occident*
ou *couchant*. — Ces quatre points ont reçu le nom de
points cardinaux, et déterminent les quatre directions
principales de la *rose des vents*. Un observateur qui regarde le nord, a le sud derrière lui, l'est à sa droite, et
l'ouest à sa gauche.

Reconnaître, en un lieu donné, la position des quatre
points cardinaux, est ce qu'on appelle s'*orienter*. On
s'oriente au moyen de l'étoile polaire ou de la boussole
qui indiquent à peu près le nord, ou par d'autres méthodes (23, 24, 25).

Les lignes qui partagent en deux parties égales les
angles formés par deux points cardinaux, comme l'angle
N'TE , déterminent de nouvelles directions appelées
nord-est, *sud-est*... De nouvelles bissectrices donnent

d'autres directions, nord-nord-est (NNE), est-nord-est... en tout trente-deux directions, qui forment ce que les marins appellent la *rose des vents.*

13. Cercles horaires. — Le cercle horaire ou cercle de *déclinaison* d'une étoile A (*fig. 3*) est le grand cercle ou mieux le demi-grand cercle PAP', qui passe par cette étoile et par les deux pôles. Comme chaque étoile participe au mouvement diurne, chacun des cercles horaires est incliné vers l'orient depuis le lever de l'étoile, se trouve perpendiculaire à l'horizon, quand l'étoile traverse le méridien, puis s'incline vers l'occident. Le nom de cercle horaire (*hora*, heure) vient de ce que chaque cercle passe au méridien d'un lieu donné, tous les jours à la même heure sidérale (30), de sorte que son passage peut servir à faire connaître cette heure même.

14. Equateur. Parallèles. — L'équateur céleste (*œquare*, rendre égal) est un grand cercle de la sphère céleste EBE' (*fig. 3*), passant par le centre T et perpendiculaire à la ligne des pôles PP'. Il divise la sphère en deux parties égales ou hémisphères (ἥμισυς σφαῖρα, moitié de sphère), qui prennent le nom des pôles qu'ils contiennent : hémisphère boréal ou nord, et hémisphère austral ou sud.

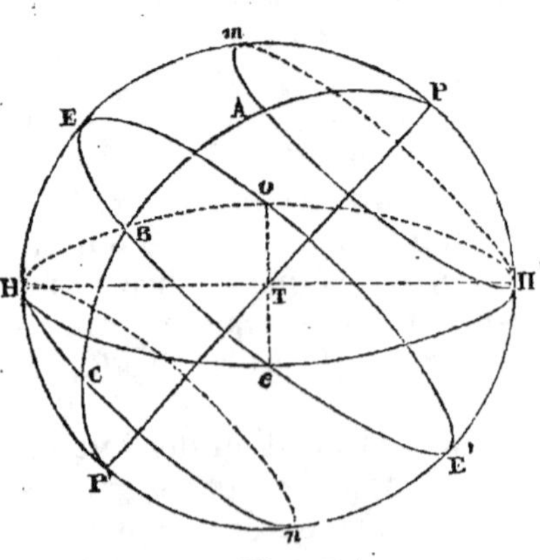

Fig. 3.

Les *parallèles célestes* sont des petits cercles de la sphère mAH', HCn, perpendiculaires à l'axe du monde sans passer par le centre, et par suite parallèles entre eux et à l'équateur. Nous verrons (29) que, dans son mouvement diurne, chaque étoile décrit un parallèle.

L'équateur et les parallèles sont des cercles perpendiculaires à l'axe du monde ; les cercles horaires et les verticaux passent par cet axe.

15. Passages. Culmination. — Chaque étoile, dans son mouvement diurne (6), traverse deux fois le méridien. On nomme *passage supérieur* ou *culmination* (*culmen*, sommet) le point le plus élevé de sa course diurne où elle traverse le méridien, et *passage inférieur*, le point le plus bas.

Les étoiles circompolaires, qui ne se lèvent ni ne se couchent, ont leurs deux passages au-dessus de notre horizon. — Les étoiles qui se lèvent, montent depuis leur lever jusqu'au milieu de leur course au-dessus de l'horizon, où a lieu leur passage supérieur; puis elles descendent et se couchent ; leur passage inférieur a lieu au-dessous de notre horizon, au milieu de la seconde partie de leur course. — Il y a d'autres étoiles, dans l'hémisphère austral, dont les deux passages sont au-dessous de notre horizon ; ces étoiles ne sont jamais visibles pour nous.

Les étoiles circompolaires sont séparées des étoiles qui ont un lever et un coucher, par un cercle parallèle, appelé *cercle de perpétuelle apparition* mAH'. Les étoiles qui sont visibles pour nous, sont séparées des étoiles toujours invisibles par un autre cercle HCn de *perpétuelle occultation*. Ces deux cercles ne sont pas fixes dans le ciel; ils dépendent de l'horizon et se déplacent quand l'observateur s'avance vers le nord ou vers le sud (16).

16. Remarques diverses sur le mouvement diurne. — 1° Pendant le *jour*, nous ne pouvons voir les étoiles à l'œil nu, ni suivre leurs mouvements, parce que leur lumière trop faible disparaît devant celle du Soleil. Mais nous pourrions les apercevoir en plein jour en abritant nos yeux contre l'éclat du Soleil. Il suffirait pour cela de regarder à travers un long canal où ne pénétreraient pas les rayons du Soleil, comme une cheminée, un puits, ou mieux encore le tube d'une lunette ou d'un télescope.

2° Nous pouvons insister, à l'aide de la *figure 3*, sur les circonstances du mouvement diurne des étoiles, variant avec leurs *distances au pôle* arctique P. Soient notre méridien représenté par le cercle PEP'E', et notre horizon par le cercle HeH'o. Considérons, sur le même cercle horaire, les étoiles A,B,C. — L'étoile A est pour nous une étoile toujours visible; elle monte de A, à l'est, vers *m* où a lieu son passage supérieur; puis descend jusqu'en H' où elle touche l'horizon, au moment de son passage inférieur. Une étoile placée entre A et P ne descendrait pas aussi près de l'horizon, et ses deux passages seraient plus rapprochés du pôle P. — L'étoile B n'a pas toujours été sur l'horizon et visible ; elle s'est levée en *e* à l'est, puis a monté en B ; elle ira traverser le méridien en E, puis descendra se coucher à l'ouest en *o*, pour continuer son mouvement suivant OE'e. Une autre étoile placée entre B et A se lèverait et se coucherait plus près de H', restant plus longtemps sur l'horizon. Une autre placée entre B et C se lèverait et se coucherait plus près du sud ou du point H, et resterait moins longtemps sur l'horizon. — L'étoile C reste toujours sous l'horizon, le touchant à peine en H à son passage supérieur ; toute autre étoile placée entre C et P' reste toujours sous notre horizon.

3° L'aspect du ciel et du mouvement diurne ne varie jamais pour un observateur qui ne change pas de *résidence*, mais varie beaucoup s'il s'avance vers le nord ou vers le sud. — Si l'observateur marche vers le *nord*, le nombre des étoiles circompolaires augmente pour lui, ainsi que celui des étoiles invisibles. Quand il est rendu au pôle nord, il voit toutes les étoiles de l'hémisphère boréal tourner autour de lui sans jamais descendre sous l'horizon. Par contre, toutes les étoiles de l'hémisphère austral lui restent cachées. — Si l'observateur s'avance vers le *sud*, le nombre des étoiles circompolaires va en diminuant ; mais vers le sud, de nouvelles étoiles apparaissent, qu'on ne découvre jamais à Paris. A l'*équateur*, toutes les étoiles ont un lever et un coucher ; toutes accomplissent la moitié de leur mouvement diurne au-dessus de l'horizon, et l'autre moitié au-dessous. En avançant plus au sud, le voyageur perd de vue nos étoiles circompolaires, et voit augmenter le nombre de celles qui, dans l'hémisphère austral, cessent d'avoir un lever et un coucher.

<hr>

CHAPITRE II.

OBSERVATOIRE ET INSTRUMENTS. — DÉTERMINATION DE LA MÉRIDIENNE, DE L'AXE DU MONDE, DE LA HAUTEUR DU POLE.

17. Observatoire. Instruments. — Pour *observer* avec précision les positions des astres, leurs distances, leurs mouvements, on se sert de plusieurs instruments placés dans des établissements appelés *observatoires*. Un observatoire est ordinairement dans un lieu élevé, d'où l'on puisse bien découvrir tous les points de l'horizon, surtout vers le midi. On n'y emploie que des *instruments* d'une extrême précision, fixés sur le sol ou sur des massifs très-solides. Les plus essentiels sont : la pendule astronomique, la lunette méridienne, le cercle mural, le théodolite et l'équatorial.

18. La *pendule astronomique* ou *horloge sidérale* est une horloge d'une grande précision, disposée de manière à marquer le temps sidéral (30). On peut la régler sur une étoile quelconque, comme Sirius, la plus brillante de toutes, c'est-à-dire que l'horloge marquera 0^h 0^m 0^s chaque fois que Sirius passera au méridien de l'observatoire. Un cadran divisé en 24 parties est parcouru pendant un jour sidéral par une aiguille qui parcourt ainsi une division par heure. Deux autres aiguilles marchent sur des cadrans divisés en 60 parties ; la première marquant les minutes, et l'autre les secondes sidérales. Chaque oscillation du pendule s'effectue en une seconde, en sorte que le commencement des secondes est marqué par le bruit que fait l'échappement de l'horloge à chaque oscillation. L'observateur peut compter les secondes successives à l'aide de ce bruit, sans se déranger de son observation.

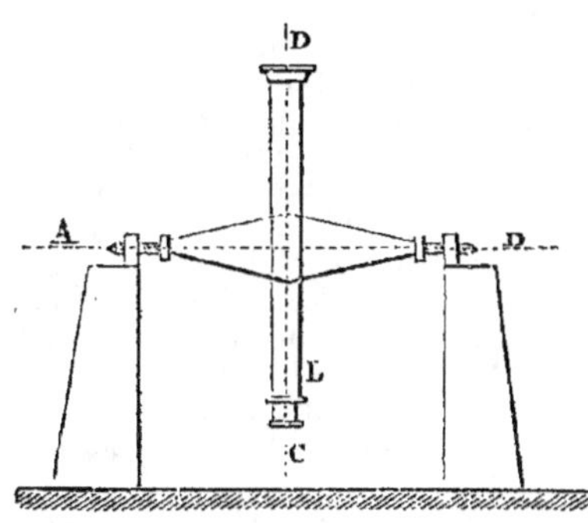

Fig. 4.

19. — La *lunette méridienne* ou *instrument des passages* sert à déterminer exactement l'heure du passage d'une étoile ou d'un astre quelconque au méridien d'un lieu. Elle consiste en une grande *lunette astronomique* L (*fig. 4*), portée par un axe horizontal AB, dont les deux extrémités reposent sur un massif en maçonnerie. Elle tourne sur son axe, en restant toujours exactement dans le plan du méridien ; par conséquent, par là même qu'un astre peut être atteint par la lunette, il est à un passage.

La lunette est munie intérieurement d'un *réticule*. C'est une petite plaque (*fig. 5*) percée d'un trou circulaire. Dans ce trou sont tendus deux fils très-fins, qui se croisent à angle droit sur l'*axe optique* ou ligne de visée CD de l'instrument, en un point derrière lequel l'étoile se cache au moment de son passage. — Outre ces deux fils, souvent on en met d'autres, qui leur sont parallèles, et qui sont mobiles sans perdre leur parallélisme. Ils constituent alors ce qu'on appelle un *micromètre.*

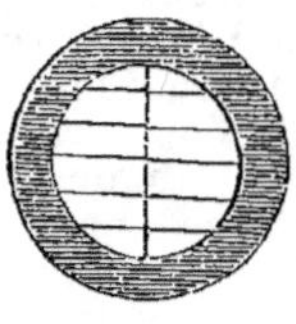

Fig. 5

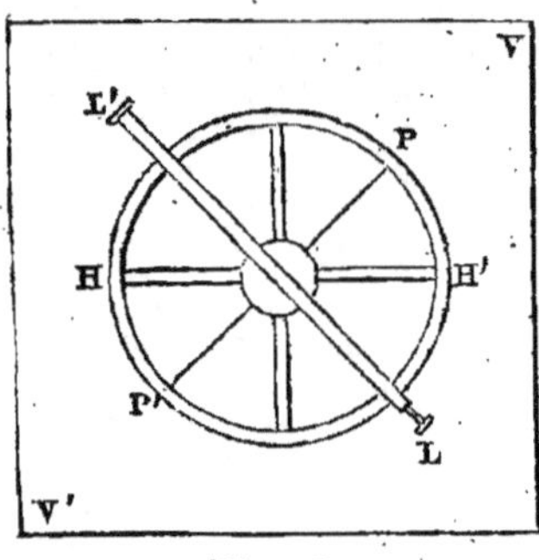

Fig. 6.

20. — Le *mural* ou *cercle mural* est un grand cercle métallique (*fig. 6*), d'un fort diamètre, divisé bien exactement. Il est fixé contre un mur VV', d'une grande solidité et dirigé suivant le méridien. Les traces de l'horizon HH' et de l'axe du monde PP' sont marquées invariablement sur le mural. Au centre du cercle est une lunette méridienne LL'. Cet instrument *sert* à mesurer la hauteur des astres (27), au moment de leurs passages.

21. — Le *lhéodolite* (θεάομαι δολιχόν, je regarde au loin) se compose essentiellement de deux limbes ou cercles gradués (*fig. 7*); l'un HA est horizontal et fixe; l'autre ZN, vertical et mobile. Au centre du cercle horizontal est implantée une tige qui lui est perpendiculaire et peut tourner sur elle-même. A cette tige est fixé le cercle dont le plan est vertical, et qui porte une lunette astronomique LL', mobile autour de son centre O. Les centres des deux cercles O et C sont sur la tige et dans une même ligne verticale. Au bas de la tige est fixée une aiguille CA, qui est située dans le plan du cercle vertical et peut être considérée comme sa trace sur le plan horizontal. Ses déplacements sur le cercle horizontal indiquent les angles dont a tourné le cercle vertical.

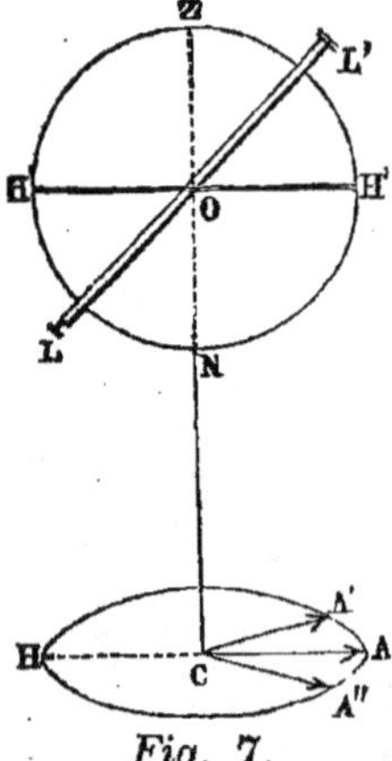

Fig. 7.

Le théodolite *sert* à observer les astres dans toutes leurs positions, et à mesurer les angles qu'ils forment et leurs distances zénithales.

22. — L'*équatorial* ou *machine parallatique* (*fig. 8*) est un théodolite dont l'axe P'B, au lieu d'être vertical, est couché suivant l'axe du monde. Le limbe inférieur E, qui lui est perpendiculaire, se trouve ainsi dans le plan de l'équateur; ce qui explique pourquoi l'instrument est appelé équatorial. On lui donne aussi le nom de machine parallatique, parce que le bout de la lunette une fois réglée décrit exactement un parallèle quelconque *aa'* à l'équateur.

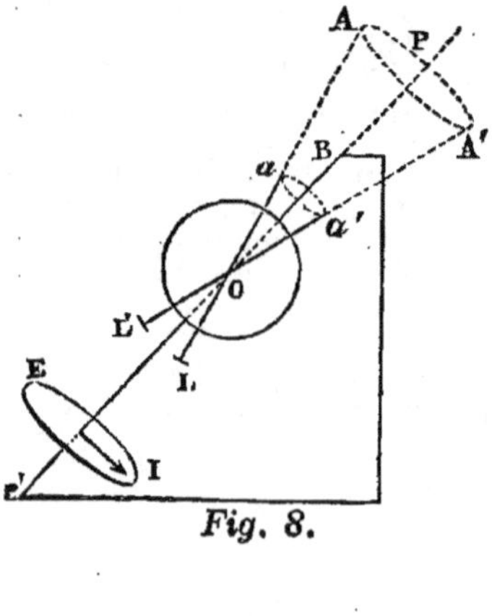

Fig. 8.

23. Détermination de la méridienne. — La méridienne d'un lieu (12) peut être déterminée de plusieurs manières : avec la boussole, par l'observation de l'étoile polaire, par la méthode des ombres égales et des hauteurs correspondantes.

La *boussole* est une aiguille aimantée, soutenue à l'aide d'un pivot vertical, sur lequel elle peut tourner librement dans un plan horizontal. Elle prend d'elle-même toujours la même direction, à peu près du nord au sud. Cette direction, qui est actuellement, à Paris, de 17° à l'ouest de la méridienne, est assez voisine de cette ligne pour qu'on puisse employer la boussole à s'orienter, surtout quand le temps est couvert. Les navigateurs l'utilisent constamment.

L'*étoile polaire* (8), facile à reconnaître parmi les autres étoiles, est très-rapprochée du pôle, à moins de 1° 30'. En examinant le plan qui passe par la verticale et cette étoile, on a le méridien et on trouve facilement quelle est son intersection avec l'horizon, c'est-à-dire la méridienne. Ce moyen ne peut servir que la nuit, mais alors on peut planter des jalons dans le plan du méridien pour le retrouver pendant le jour.

La polaire est nommée, en Italie, *tramontane* (*trans montes*, au-delà des monts). Le besoin que les voyageurs, et surtout les navigateurs, ont de la boussole ou de la polaire pour s'orienter et se diriger, a donné lieu aux expressions synonymes : *Perdre la boussole* ou *perdre la tramontane*, pour dire : se troubler, perdre la tête.

Les deux premières méthodes de déterminer la méridienne manquent d'exactitude ; les deux suivantes sont plus sûres.

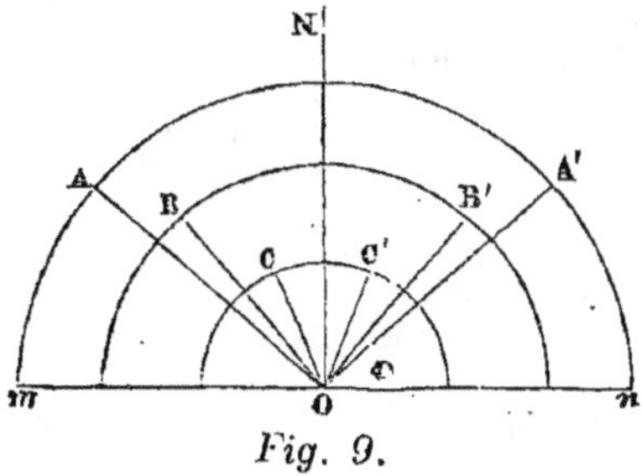

Fig. 9.

24. *Ombres égales.*— On commence par rendre parfaitement horizontal le plan sur lequel on veut tracer la méridienne, employant pour cela le niveau à bulle d'air. Sur ce plan, au point O (*fig. 9*), on fixe une tige verticale bien droite. Le tout étant exposé au Soleil, cette tige projette son ombre sur le plan. On observe cette ombre dans la matinée, on en marque la direction OA, et, avec sa longueur OA comme rayon et le pied de la tige O comme centre, on décrit une circonférence mAn. Dans la soirée, on saisit le moment où l'ombre de la tige, ayant la même longueur, vient se terminer exactement sur la circonférence tracée le matin, et on marque encore la direction OA' de l'ombre à ce moment. Enfin on partage en deux parties égales l'angle AOA' que font entre elles les deux ombres égales du matin et du soir; la bissectrice ON est la méridienne. — Si on fait la même opération plusieurs fois, à des heures différentes, on doit reconnaître que les bissectrices des angles AOA', BOB', COC'.... se confondent, ce qui permet de vérifier l'exactitude de la première construction.

Lorsque le Soleil est au milieu de sa course, les ombres que projettent les corps sont plus courtes qu'à tout autre moment de la journée, la direction de l'ombre la plus courte que donnera la tige bien verticale sera encore la méridienne.

L'ombre du haut de la tige a l'inconvénient de n'être jamais bien terminée. On évite cet inconvénient de deux manières : 1º On termine une tige métallique par une pointe déliée portant une petite boule; l'ombre de cette boule a un centre facile à observer; 2º On dispose au haut de la tige une plaque de métal percée d'un petit trou bien rond. Les rayons solaires passant par ce trou forment sur le plan horizontal un cercle de lumière dont il est facile de trouver le centre. Dans ce cas, le point O qui sert de centre à la circonférence doit être exactement le pied d'une verticale passant par le trou de la plaque. On réalise cette condition au moyen d'un fil à plomb.

25. — *Hauteurs correspondantes.* Une étoile qui pendant une partie de la nuit s'est élevée jusqu'à sa culmination, repasse évidemment, en descendant de l'autre côté du méridien, successivement par les mêmes hauteurs. On vise donc avec la lunette du théodolite (*fig. 7 p. 12*), du côté de l'orient, une étoile arrivée à une certaine hauteur au-dessus de l'horizon du lieu, 15º par exemple. On serre une vis de pression pour rendre la lunette immobile sur le cercle vertical; et en même temps on note exactement la position CA' de l'aiguille sur le limbe horizontal. L'étoile continue son mouvement, monte encore, puis descend à l'occident. Quand on juge qu'elle est sur le point de revenir à la même hauteur de 15º, qu'elle avait lors de la première visée, on fait mouvoir le limbe vertical de manière à viser l'étoile quand elle sera revenue à cette hauteur. L'aiguille occupe alors une certaine position CA" sur le limbe horizontal. On divise l'angle A'CA" en deux parties égales, suivant la ligne CA, qui est la direction de la méridienne.

Si on recommence l'opération en visant la même étoile à des hauteurs différentes, ou d'autres étoiles à des hauteurs quelconques, on trouve toujours la même bissectrice CA. Cette bissectrice est la méridienne.

Le *méridien* est le plan passant par la méridienne et la verticale.

26. Détermination de l'axe du monde.—Quand on connaît l'*étoile polaire* (53), on a facilement la direction approchée de l'axe du monde (7). Cet axe est sensiblement la ligne qui va de l'œil de l'observateur à cette étoile.

Le *théodolite* (21) donne un moyen plus exact de déterminer l'axe du monde. On l'installe d'abord de telle sorte que le cercle vertical O soit dans le plan du méridien. Alors on vise une étoile circompolaire dans la direction LA (*fig. 10*), au moment de son passage supérieur (15), et on note avec soin la division du limbe *a*, rencontrée par la direction de la lunette. On attend que l'étoile revienne au méridien, et soit à son passage inférieur dans la direction L'A', et on marque une nouvelle division *a'*. La ligne *pp'*, qui partage l'angle *aOa'* en deux parties égales, est la direction du

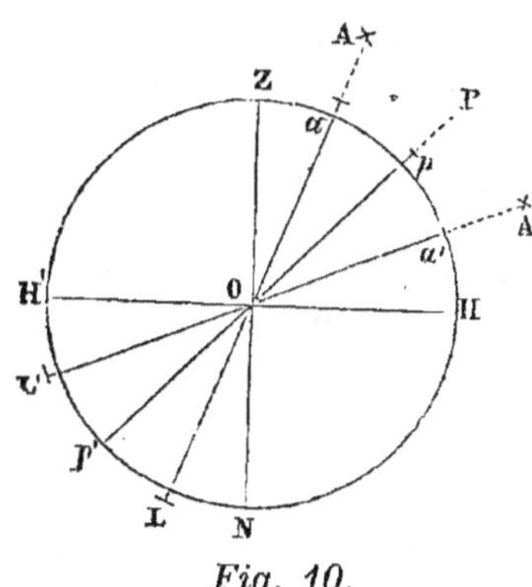

Fig. 10.

pôle. — Les mêmes observations faites sur d'autres étoiles montrent que la bissectrice *op* a toujours la même position ; cette droite prolongée est la ligne des pôles ou l'axe du monde.

27. Distance zénithale. Hauteur. — *La distance zénithale d'un astre* A (*fig. 11*) est sa distance au zénith mesurée par l'arc AZ, ou encore l'*angle* ATZ que fait avec la verticale le rayon visuel allant de la Terre à cet astre.

La *hauteur* d'un astre est sa distance à l'horizon, mesurée par l'arc AH ; c'est aussi l'angle ATH que fait avec l'horizon le rayon visuel mené à cet astre. — Quand l'astre est dans le

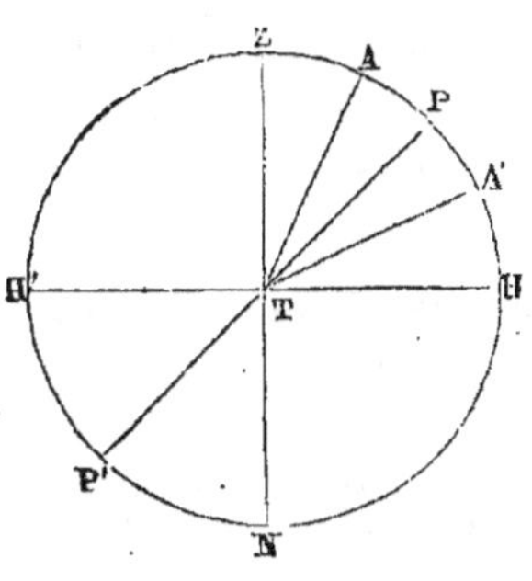

Fig. 11.

plan du méridien, sa hauteur est dite *hauteur méri-dienne*; cette hauteur varie de 0° à 90°.

La distance zénithale d'un astre et sa hauteur au-dessus de l'horizon sont deux *angles complémentaires* : $ZA + AH = 90°$; en sorte qu'il suffit de connaître une des deux valeurs pour pouvoir calculer l'autre. Par exemple, si l'on sait que la distance zénithale PTZ du point P est de 41° 10', on en conclura que la hauteur de ce point est de 90° — 41° 10' = 48° 50'.

28. Hauteur du pôle à Paris. Sa mesure. — La hauteur du pôle au-dessus de l'horizon d'un lieu est l'arc du méridien PH compris entre le pôle et l'horizon, ou l'angle PTH que fait l'axe du monde PP' avec le plan horizontal ou la méridienne de ce lieu. La hauteur du pôle, pour la façade sud de l'Observatoire de Paris, est de 48° 50' 11",5 — A Angers, pour le sommet de la tour méridionale de la cathédrale, elle est de *47° 28' 17"*.

Il est important de pouvoir *mesurer* cette hauteur, car, comme nous le verrons (88), elle est égale à la lati-tude.

1° Pour obtenir la hauteur du pôle au-dessus de l'ho-rizon d'un lieu, on détermine la hauteur au-dessus de son horizon d'une étoile circompolaire quelconque à son passage supérieur en A, puis à son passage inférieur en A'. La demi-somme de ces deux hauteurs est la hauteur cherchée du pôle au-dessus de l'horizon du lieu.

Cette méthode se fonde sur ce que le pôle P (*fig. 11*) est le milieu de l'arc de méridien APA', qui sépare le passage supérieur d'une étoile de son passage inférieur : $AP = PA'$.

D'ailleurs on a $PH = AH — AP$
on a aussi $PH = A'H + A'P$

ajoutant membre à membre et remarquant que $AP = A'P$ on trouve $2PH = AH + A'H$ et $PH = \frac{AH + A'H}{2}$.

2° On peut encore obtenir la hauteur du pôle en pre-nant la demi-somme des distances zénithales d'une étoile circompolaire à ses deux passages au méridien, et en retranchant cette demi-somme de 90°.

En effet, on a à la fois $ZP = ZA + AP$

et $ZP = ZA' - PA'$

on en déduit $ZP = \dfrac{ZA + ZA'}{2}$.

D'ailleurs on a $PH = ZH - ZP$

et en mettant les valeurs $PH = 90^\circ - \dfrac{ZA + ZA'}{2}$

CHAPITRE III.

LOIS DU MOUVEMENT DIURNE APPARENT. — JOUR SIDÉRAL.
MOUVEMENT RÉEL DE ROTATION DE LA TERRE.

§ 1. — Lois du mouvement diurne. Jour sidéral.

29. Lois du mouvement diurne. — Le mouvement diurne des étoiles autour de l'axe du monde a les caractères suivants : 1° Il est *rétrograde*. 2° Il est *circulaire*. 3° Il est *uniforme*, et 4° de la *même durée* pour toutes les étoiles. 5° Enfin ce mouvement des étoiles est un *mouvement apparent, qui résulte du mouvement réel de rotation de la Terre.*

1° Le mouvement diurne des étoiles est *rétrograde*; il s'opère d'orient en occident, tandis que le mouvement réel de la Terre est *direct* ou d'occident en orient.

2° Le mouvement diurne est *circulaire;* la courbe décrite par chaque étoile est une circonférence dont le centre est sur l'axe du monde, et dont le plan est perpendiculaire à cet axe ; ces cercles sont donc des parallèles (14).

On le *prouve* à l'aide de la machine parallatique (22 et *fig. 8*). On vise d'abord une étoile quelconque A avec la lunette; puis, au moyen d'une vis de pression, on fixe la lunette sur le limbe O. On voit alors qu'en faisant tourner le limbe autour de l'axe P'B, on peut suivre le mouvement de l'étoile. Cela prouve que le rayon visuel OA mené à l'étoile décrit un cône droit autour de l'axe, et comme il est naturel de penser que la distance de l'étoile à la Terre ne change pas, on en conclut que l'étoile décrit dans le ciel une circonférence AA', dont le centre est sur l'axe du monde et dont le plan est perpendiculaire à cet axe.

3° Le mouvement diurne des étoiles est *uniforme*, c'est-à-dire les étoiles parcourent des parties de circonférence égales en des temps égaux.

Pour le *prouver*, on adapte à la machine parallatique un mécanisme d'horlogerie qui fait tourner la lunette d'un mouvement de rotation parfaitement uniforme, le même que celui de l'horloge sidérale (18). On reconnaît alors que, lorsque la lunette a été braquée vers une étoile et fixée au limbe, l'étoile reste constamment visible au bout de la lunette. Or, la lunette tourne d'un mouvement uniforme ; il doit en être de même pour l'étoile.

4° Toutes les étoiles accomplissent leur mouvement diurne dans *un même temps ;* en effet, le même mouvement d'horlogerie faisant tourner la lunette de la machine parallatique, on pourra suivre une étoile quelconque dans son mouvement ; chacune fera un tour entier dans le même temps que la lunette. Ce temps est le jour sidéral.

30. Jour sidéral. — Le jour sidéral (*sidus*, étoile) est la durée d'une révolution complète des étoiles autour de l'axe du monde ; en d'autres termes, c'est le *temps qui s'écoule entre deux passages consécutifs d'une même étoile au même méridien.* Les observations des astronomes de tous les siècles ont prouvé que cette durée ne subit pas la moindre variation pour chaque étoile et est la même pour toutes. Le jour sidéral est donc une quantité constante ; aussi l'a-t-on pris en astronomie pour *unité de temps.* — On le fait commencer au moment où une étoile déterminée est à son passage supérieur ; on prend aussi pour *origine* du jour sidéral le moment du passage au méridien d'un point de la sphère appelé *point vernal* (*vernus*, de printemps) ; c'est le point où se trouve le Soleil au commencement du printemps (134).

Le jour sidéral se *divise* en 24 parties égales, appelées *heures sidérales ;* l'heure se divise en 60^m ; la minute, en 60^s.

Le jour vulgaire ou *jour solaire* est le temps qui s'écoule entre deux passages du Soleil au méridien. Il est en moyenne de 4^m plus long que le jour sidéral ; dans l'année tropique, il y a 366, 24 jours sidéraux et seulement 365, 24 jours solaires. Les jours solaires sont d'ailleurs inégaux entre eux.

31. — Le mouvement diurne, pour le Soleil, la Lune, les planètes et les comètes, présente à peu près les mêmes circonstances que le mouvement des étoiles fixes. Il a lieu d'orient en occident ; mais les courbes décrites par ces astres autour de l'axe ne sont pas des circonférences exactes ; elles ne sont pas parcourues d'un mouvement absolument uniforme ; la durée de ce mouvement varie sans cesse pour un même astre et n'est pas égale à celle des étoiles. Ces différences ont pour cause le déplacement de ces astres sur la sphère céleste.

§ 2. — Mouvement de rotation de la Terre.

32. Systèmes de Ptolémée et de Copernic. — Deux systèmes ont été tour à tour adoptés pour expliquer le mouvement diurne de la sphère céleste.

Le *système de Ptolémée*, qui a été reçu comme une vérité physique pendant tout le moyen âge, consiste à regarder toutes les apparences comme des réalités. Dans ce système, la Terre est immobile au centre du monde, et la sphère céleste tourne uniformément d'orient en occident, autour d'un de ses diamètres que nous appelons l'axe du monde (7), en entraînant avec elle tous les astres et leur faisant décrire des cercles perpendiculaires à ce diamètre.

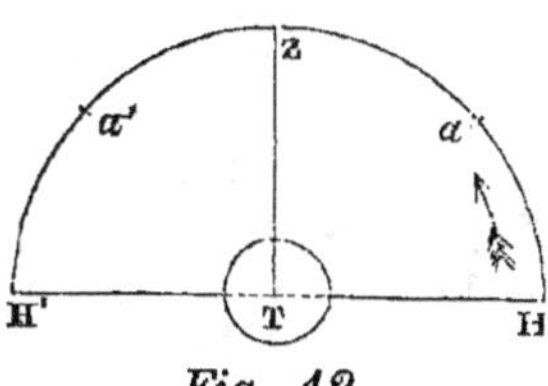

Fig. 12.

Cette hypothèse explique très-bien le mouvement des astres par rapport à l'horizon. Supposons en effet la Terre immobile en T (*fig. 12*), et HH' l'horizon. Une étoile, ou le Soleil, paraîtra d'abord en H à l'orient ; on la verra ensuite s'élever en *a*, puis traverser le méridien en Z, descendre en *a'* et se coucher à l'occident en H', ayant suivi le parallèle HZH', perpendiculaire à la ligne des pôles et plus ou moins incliné sur l'horizon qui le partage le plus souvent en deux parties inégales (16).

33. — Le *système de Copernic* est plus ancien que le système de Ptolémée, qui vivait en 175; car il remonte à Pythagore mort vers l'an 500 avant l'ère chrétienne; mais il a été remis en lumière par Copernic, Galilée, Newton, etc. Dans ce système, les étoiles sont immobiles dans l'espace, tandis que la Terre tourne d'occident en orient, autour de celui de ses diamètres qui coïncide avec l'axe du monde, d'un mouvement uniforme et de manière à accomplir une révolution dans un jour sidéral (30).

Les *apparences du mouvement diurne s'expliquent* tout aussi facilement dans ce système que dans le pre-

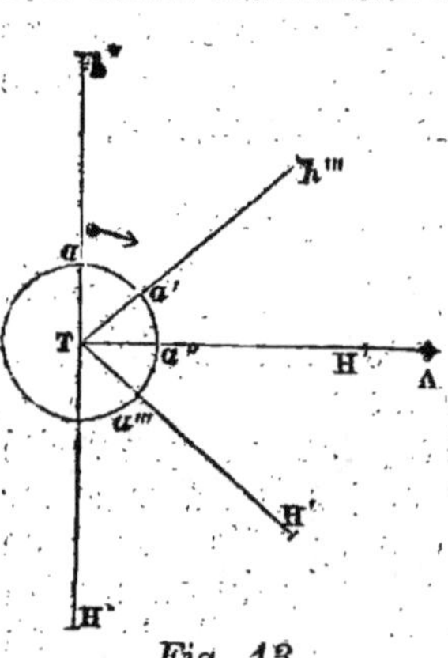

Fig. 13.

mier. Supposons que l'étoile A reste immobile (*fig. 13*) et que la Terre tourne d'occident en orient, dans le sens indiqué par la flèche. Soit un observateur placé sur la Terre en *a*, et son horizon rationnel astronomique TH (10). Le plan de l'horizon passant par l'étoile, celle-ci semble se lever; mais le globe terrestre continuant à tourner emporte avec lui l'observateur en *a'*, *a''*, *a'''*..., et en même temps l'horizon, toujours perpendiculaire à la verticale T*a*, T*a'*... se déplace dans le même sens, et son côté est ou oriental vient prendre les positions H', H''.., en s'éloignant de plus en plus de l'étoile A; celle-ci semble donc s'élever au-dessus de l'horizon. Quand le plan horizontal TH'' se trouve à une distance de l'étoile ATH'' de 90°, le méridien passant par la verticale T*a*''H rencontre l'étoile; l'étoile est alors à son passage supérieur. A partir de ce moment, le bord occidental de l'horizon T*h''*, T*h'''* se rapproche de l'étoile, l'atteint et la fait disparaître; c'est le moment du coucher de cet astre.

Ainsi, tandis que l'observateur a tourné avec la Terre de l'ouest à l'est, l'étoile lui a semblé tourner de l'est à l'ouest ; et, comme il se croit immobile, il attribue aux étoiles le mouvement qu'il possède lui-même. Les mêmes illusions s'observent fréquemment sur la Terre. Un voyageur, dans un bateau emporté par le courant d'une rivière, se croit immobile, et les objets placés sur le rivage lui paraissent s'avancer en sens contraire; il en est de même dans une voiture bien suspendue et sur un chemin bien uni. Ceux qui voyagent sur les chemins de fer voient les objets fuir avec rapidité derrière eux, en même temps qu'ils se croient en repos absolu. Dans ces divers cas, nous avons besoin d'y réfléchir pour ne pas douter que c'est nous qui avançons, et que les objets que nous apercevons à droite et à gauche, loin de fuir derrière nous, sont au contraire immobiles.

Que ce soient les étoiles qui tournent, ou que ce soit la Terre, les apparences restent donc les mêmes, et il faut laisser de côté le témoignage des sens quand on veut peser les raisons qui militent pour ou contre chacun des deux systèmes.

34. La Terre tourne réellement autour de l'axe du monde, d'un mouvement uniforme et dirigé d'occident en orient. — De nombreuses raisons ne laissent subsister aucun doute sur cette vérité.

1° *Simplicité*. Le mouvement diurne de la Terre est bien plus simple. La Terre, dont nous apprendrons (96) à mesurer les dimensions, a, en nombre rond, 10.000 lieues (40.000 kilomètres) de circonférence. Si elle tourne autour de son axe, les points de son équateur, qui ont le plus de chemin à faire, n'ont à parcourir, en 24 heures, que 10.000 lieues, ce qui fait un peu plus de $\frac{1}{10}$ de lieue par seconde. Cette vitesse est déjà bien grande sans doute, environ la moitié de celle que possède un boulet en sortant du canon ; mais si la sphère céleste tournait, ce serait une vitesse bien autrement prodigieuse pour les étoiles de l'équateur céleste. Nous verrons en effet (60) que les étoiles les plus rapprochées de la Terre sont à plus de 200.000 fois 37 millions de lieues ; leur vitesse devrait dépasser 500 millions de lieues par seconde ; le Soleil devrait parcourir 2.000 lieues. — Il est donc plus simple et plus vraisemblable de penser que c'est la Terre qui tourne sur elle-même. Dieu, dont la puissance a disséminé dans l'espace les corps célestes, aurait pu leur imprimer telle vitesse qu'il aurait jugée convenable ; mais sa sagesse a dû, pour arriver à ses fins, choisir les moyens les plus simples.

35. — *Vraisemblance.* La Terre est beaucoup plus petite que le Soleil et que la plupart des corps célestes. Il paraît peu vraisemblable que des corps si gros et si éloignés soient assujettis à tourner autour d'un point imperceptible.

La Terre est un corps dont toutes les parties sont liées entre elles par la cohésion et la pesanteur ; on comprend facilement que cette masse puisse tourner sur elle-même autour d'un axe, d'un mouvement commun à toutes ses parties, de telle sorte que tous les points soient forcés d'accomplir leur mouvement dans le même temps. — Le Soleil, les étoiles et les autres corps qui paraissent sur la sphère céleste, sont à des distances fort considérables et très-inégales ; aucune force sensible ne les retient dans leurs positions relatives. Il serait difficile de concevoir comment des corps ainsi séparés pourraient avoir un mouvement commun, s'effectuant pour tous exactement dans le même temps, avec des vitesses très-inégales, presque nulles pour les étoiles qui avoisinent les pôles, et excessivement grandes pour celles qui occupent l'équateur céleste.

36. — *Analogie.* Les corps célestes assez rapprochés de nous pour que nous puissions distinguer quelque chose de leur aspect extérieur, tournent, tous sans exception, sur eux-mêmes autour d'un axe central. Il en est ainsi du Soleil, de la Lune, des planètes surtout qui ressemblent parfaitement à la Terre. Ainsi Jupiter, la plus grosse des planètes, met 1/2 jour à faire un tour sur lui-même ; un observateur placé à sa surface verrait la sphère céleste tourner autour de lui dans cet intervalle de temps. Il est naturel de penser que la Terre tourne de la même manière.

Outre les preuves précédentes, qui ne sont que des

preuves de convenance, nous avons des *preuves maté-rielles* du mouvement de rotation de la Terre.

37. — *Force centrifuge.* Tout mouvement circulaire d'un corps donne naissance à la force centrifuge, en vertu de laquelle les masses animées de ce mouvement tendent à s'éloigner du centre de la circonférence décrite. Cette force est proportionnelle au carré de la vitesse de rotation. — Si les étoiles tournaient réellement autour de l'axe du monde, il faudrait qu'il y eût, le long de la ligne des pôles, une suite de centres attractifs, c'est-à-dire de corps matériels, pour retenir les astres avec d'autant plus d'intensité que leurs vitesses sont plus grandes. C'est ce que l'observation n'a jamais fait connaître.

Si la Terre tourne sur elle-même, la force centrifuge a dû se développer dans chacune des parties de notre globe, avec des intensités inégales en rapport avec les vitesses. A l'équateur, où les corps ont le plus de chemin à parcourir, la force centrifuge a sa plus grande intensité ; elle est nulle aux pôles ; elle augmente des pôles à l'équateur. L'existence de cette force est démontrée, en effet, par l'observation de plusieurs phénomènes. — La Terre, comme nous le verrons plus loin (102), n'a pas la forme exacte d'une sphère ; elle est *aplatie aux pôles* et *renflée à l'équateur.* Cette forme ne peut lui avoir été donnée que par la force centrifuge développée par sa rotation ; c'est cette force, qui, agissant sur les matières liquides ou au moins pâteuses qui semblent avoir composé la Terre dans l'origine, les a entraînées plus abondamment vers l'équateur. On fait même à ce sujet une *expérience* très-simple, dans laquelle on voit se produire le phénomène de l'aplatissement d'un globe élastique en vertu d'un mouvement rapide de rotation. La même déformation a été observée dans les *planètes ;* dans Jupiter qui tourne plus vite que notre globe, l'aplatissement est en effet plus sensible.

D'autres phénomènes étudiés dans le cours de physique ne peuvent s'expliquer que par l'existence de la force centrifuge ; ce sont : l'augmentation de *l'intensité de la pesanteur* de l'équateur jusqu'aux pôles, et par suite *l'allongement du pendule* qui bat la seconde ; l'existence des *vents alizés,* etc.

38. — *Expérience de la chute des corps.* Un corps qui tombe d'une certaine hauteur à la surface de la Terre, ne suit pas exactement la verticale; il dévie un peu en avant vers l'est. Cette expérience, dont Newton avait eu le premier l'idée, a été faite bien des fois, particulièrement dans des puits de mine. On a trouvé une déviation de 28ᵐᵐ pour 160ᵐ de chute.

Cette déviation n'a pu être expliquée que dans l'hypothèse du mouvement réel de la Terre. Soit une balle tombant du sommet A d'une tour élevée (*fig. 14*); ce point A doit tourner plus vite que le pied de la tour B. La balle conserve, après qu'on l'a abandonnée à elle-même, la vitesse dont le haut de la tour A est animé par suite de la rotation de la Terre. Supposons qu'en vertu de cette vitesse elle parcourt l'espace AC, pendant le temps qu'elle met à tomber. Pendant ce même temps, elle parcourrait la verticale AB, sous l'action de la pesanteur seule. Par l'effet des deux mouvements combinés, la balle arrivera

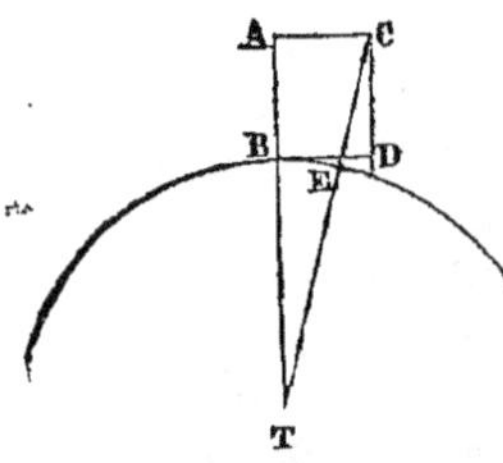

Fig. 14.

au sommet D du parallélogramme BACD. Mais dans le même temps, le point B a décrit un arc sensiblement égal à BE et par suite moindre que BD. Le corps dans sa chute doit donc tomber à l'est de la verticale.

39. — *Expériences de Foucault.* Léon Foucault, en 1849, a fait à Paris une expérience remarquable qui montre aux yeux le mouvement de la Terre. Il installa au Panthéon un *pendule* à un seul fil, d'une longueur de 72 mètres, dont le fil métallique, suspendu au sommet de la coupole, supportait une sphère en cuivre armée d'une pointe. Ce pendule oscillait au-dessus d'une table portant une circonférence divisée en 360°. Or, le pendule une fois mis en mouvement, on constatait que son plan d'oscillation, au lieu de rester fixe, se déplaçait d'orient en occident. Pour mieux manifester cette déviation aux yeux de tous, on dressait sur le trajet de la sphère de petits monticules de sable, qui étaient entamés progressivement par la pointe.

Cette déviation démontre la rotation de la Terre. Si l'expérience était faite au pôle, son explication ne présenterait aucune difficulté. Le point de suspension étant sur la ligne des pôles demeurerait immobile malgré la rotation de la Terre. L'attraction de celle-ci sur le pendule restant d'ailleurs constante dans toutes ses positions, rien ne tendrait à déranger le plan d'oscillation de sa direction première. Dès lors, tandis que ce plan resterait fixe, les différents méridiens terrestres, par l'effet de la rotation de la Terre, viendraient tour à tour coïncider avec lui. Pour un observateur placé à la surface de la Terre et tournant avec elle d'occident en orient, le plan d'oscillation du pendule semblerait tourner lui-même d'orient en occident. — Lorsque l'expérience se fait en un autre point de la Terre, à Paris par exemple, l'explication est beaucoup plus complexe, parce que le point de suspension du pendule n'est pas fixe. Cependant le calcul fait voir que le phénomène observé dans l'expérience de Foucault est la conséquence du mouvement de rotation de la Terre.

Le *gyroscope* est un autre instrument avec lequel L. Foucault a démontré expérimentalement la rotation de la Terre. Il se compose d'un anneau très-massif en cuivre, pouvant tourner autour de son axe de figure. On communique à cet anneau une vitesse de plusieurs milliers de tours par minute, puis on le pose dans une suspension analogue à celle de la boussole marine, dont l'effet est de le soustraire à l'action des mouvements de son support. Le plan de rotation de l'anneau et par suite son axe gardent la même direction dans l'espace. Si donc on examine un point de cet axe avec une lunette, celle-ci étant entraînée par le mouvement de la Terre, on voit que l'axe de l'instrument paraît se déplacer devant la lunette.

40. — *Objections.* Arago (*Astron. pop.*, livre XX, chap. ɪᴠ) répond aux difficultés principales qu'on a présentées contre l'existence du mouvement diurne de la Terre.

1º Un point de la surface de la Terre parcourant une lieue entière en 10 secondes, d'occident en orient, si on s'élevait dans l'air pendant 10 secondes, on tomberait, après ce court laps de temps, dans un lieu plus occidental que le point de départ d'une lieue entière. — La réponse à cette objection est d'une extrême simplicité. La Terre, dans son mouvement de rotation, entraîne avec elle son atmosphère et tout ce qui s'y trouve ; les choses se passent donc comme si ce mouvement n'avait pas lieu.

2º D'après l'Ecriture-Sainte, Josué a commandé au Soleil de s'arrêter ; il n'aurait pu le faire si cet astre n'avait pas marché. — En raisonnant de la même manière, on pourrait affirmer que les astronomes d'aujourd'hui ne croient pas au mouvement de la Terre, car ils disent généralement : le Soleil se lève, le Soleil passe au méridien, le Soleil se couche. Leur langage est d'accord avec les apparences ; sans cela ils ne seraient pas compris. Si Josué s'était écrié : « Terre, arrête-toi ! » aucun des soldats de son armée n'aurait certainement su ce qu'il voulait dire. Il faut remarquer que la Bible n'est pas un ouvrage de science, et que le langage vulgaire a dû y remplacer souvent le langage mathématique.

41. Historique de la [découverte du mouvement de la Terre. Galilée. — Les philosophes de l'antiquité n'étaient pas d'accord sur la théorie du mouvement diurne. D'après Sénèque : « des auteurs ont dit que la Terre nous entraîne sans que nous nous en apercevions, et que c'est notre mouvement qui produit les levers et les couchers apparents des astres. » Parmi ces auteurs, on cite Héraclide de Pont, Philolaus de Crotone. — Le plus grand nombre des savants admettaient l'immobilité de la Terre ; suivant *Aristote*, les planètes et les étoiles sont attachées à des cieux de cristal qui tournent autour de la Terre. *Ptolémée* fait connaître les idées d'Aristote sans se prononcer lui-même ;

et jusqu'au XVe siècle l'opinion d'Aristote, désignée sous le nom de système de Ptolémée, fut universellement admise.

Le cardinal *Nicolas de Cusa*, né à Trèves en 1401, mais élevé en Italie, s'écarta le premier de l'enseignement commun ; dans un livre composé en 1435 et imprimé en 1502, il affirma la réalité du mouvement *annuel* de la Terre autour du Soleil. *Copernic*, né en 1473, en Pologne, étudia en Italie, entra dans les ordres et professa les mathématiques à Rome. Il adopta le système du mouvement diurne de la Terre, mais la crainte des contradictions l'empêcha de l'enseigner ouvertement. Cependant, encouragé par des prélats éminents, il publia ses idées dans un livre, *Des Révolutions célestes*, qui parut l'année de sa mort, en 1543. L'auteur l'avait dédié au pape Paul III, et y établissait, au moins comme une hypothèse plausible, l'opinion d'un mouvement réel de rotation de la Terre.

Galilée naquit à Pise, en 1564 ; il fut professeur de mathématiques à l'université de cette ville ; mais la hardiesse de ses idées lui causa des désagréments et lui fit résigner sa chaire, en 1592. Il fut ensuite professeur à l'université de Padoue, pendant vingt ans, puis se retira à Florence près du grand-duc Ferdinand. De bonne heure, Galilée adopta l'opinion de Copernic sur le mouvement de rotation de la Terre. Il ne l'enseigna d'abord que timidement ; car cette opinion nouvelle, contraire aux doctrines d'Aristote, dont personne n'osait alors discuter l'autorité, le rendait, pour une infinité de gens, pour la foule des professeurs et des érudits, un sujet de raillerie et de mépris. Mais il fut encouragé par le grand-duc, par l'illustre Képler, et surtout par plusieurs cardinaux et par le pape Paul V, dans un voyage qu'il fit à Rome, en 1611 ; et il s'engagea avec confiance dans la lutte. La polémique fut ardente et tournait à l'avantage de Galilée, mais bientôt on lui opposa des textes de l'Ecriture-Sainte : « Terra in æternum stat, la Terre est à jamais stable ; » et le passage où Josué commande au soleil de s'arrêter. Galilée s'efforça de prouver que la Bible avait été jusque-là mal comprise ; il prétendit, lui simple laïque, donner des règles nouvelles d'interprétation et substituer au sens littéral un sens figuré. La question changeait de caractère ; elle cessait d'être une question d'astronomie et devenait une question d'interprétation de l'Ecriture-Sainte ; les adversaires de Galilée le dénoncèrent au tribunal du Saint-Office, en 1615. Il vint à Rome pour se défendre ; mais, sourd aux conseils de prudence et de modération que lui donnaient ses amis, il augmenta le nombre et la puissance de ses ennemis, en discutant, s'animant et cherchant partout à réfuter les vieilles doctrines chères au plus grand nombre. La Congrégation du Saint-Office censura l'opinion de Copernic, comme fausse et contraire à la philosophie et à de nombreux textes de l'Ecriture, selon la propriété des mots, l'interprétation ordinaire et le sens admis par les Saints Pères et les docteurs théologiens. Il fut enjoint à Galilée d'abandonner son opinion, de ne plus l'enseigner ni la défendre, sous peine de se voir intenter un procès devant le Saint-Office. Il promit d'obéir.

Galilée se retira près de Florence et y fit de nombreux travaux. Revenu à Rome en 1630, il y trouva le meilleur accueil, surtout à la cour du pape. Il obtint même l'autorisation de faire imprimer un ouvrage, *le Dialogue*, dans lequel il cherchait à établir par de nouvelles preuves la vérité du système de Copernic. On mit à cette autorisation diverses conditions qu'il ne put ou ne voulut pas remplir, en particulier de ne présenter l'opinion de Copernic que comme une hypothèse et de ne pas parler des Ecritures. Publié à Florence, en 1632, le nouvel ouvrage fut aussitôt dénoncé au Saint-Office. Galilée était malade ; cité par les inquisiteurs, il ne vint à Rome qu'après un an de délai. Il y fut traité avec beaucoup de douceur et de bonté ; au lieu d'être mis au secret dans les prisons du Saint-Office, comme on le faisait pour tous les accusés, fussent-ils évêques ou prélats, il habita tantôt les appartements et les jardins du procureur fiscal de ce tribunal, tantôt le palais de l'ambassadeur de Florence. Il fut fortement soupçonné d'hérésie en soutenant une doctrine fausse et contraire à l'Ecriture-Sainte, en déclarant que la Terre se meut et n'est pas le centre du monde..... Il fut condamné à abjurer ses erreurs et à subir la prison ordinaire du Saint-Office, pour le temps qui serait jugé convenable. Galilée lut l'acte d'abjuration et le signa de sa main, le 22 juin 1633. Le pape commua immédiatement sa prison en une réclusion dans le palais du grand-duc de Toscane ; le 2 juillet, il fut autorisé à se retirer à Sienne, et cinq mois après, à sa campagne d'Arcetri, voisine de Florence, où il continua ses travaux. En 1638, devenu malade et aveugle, il fut autorisé à habiter Florence où il mourut le 8 janvier 1642, âgé de près de 78 ans. — Quant à la torture que Galilée aurait subie dans le cours de son procès, quant à la légende qui nous le montre, aveugle, abjurant en chemise, prononçant, en frappant du pied la terre, le fameux *e pur si muove* (et cependant elle se meut), ce sont des inventions absurdes, dont la trace ne se trouve dans aucun auteur contemporain, et dont on ne commença à parler qu'à la fin du xviiie siècle.

Le tribunal du Saint-Office n'est pas infaillible ; aucune de ses décisions n'est article de foi et ses décrets n'engagent en rien l'infaillibilité du pape. Il ne discuta pas la théorie du mouvement de la Terre comme doctrine scientifique, mais comme doctrine contraire au sens traditionnel des Saintes-Ecritures ; son décret était une simple mesure de prudence pour empêcher qu'il n'arrivât malheur à la vérité catholique. — Quant au fond de la question, on demandait à ce tribunal de maintenir une explication du texte sacré, sanctionnée par tous les docteurs de l'Eglise ; et de repousser celle qu'un laïque, sans caractère et sans mission, voulait faire prévaloir, en s'appuyant sur une opinion discutée dans les écoles, rejetée par le plus grand nombre, dont on ne présentait d'ailleurs aucune démonstration scientifique. En rejetant cette opinion, le tribunal du Saint-Office s'est trompé, mais n'est-il pas arrivé depuis à des sociétés savantes, même dans les temps modernes, de se tromper en repoussant certaines découvertes importantes, comme les aérostats, les bateaux à vapeur, le gaz de l'éclairage, les chemins de fer...?

Ce n'est qu'en 1686 que *Newton* démontra mathématiquement les mouvements des corps célestes en s'appuyant sur les lois de *Képler. Bradley*, en 1727, démontra à son tour l'impossibilité de l'immobilité de la Terre, en expliquant le phénomène de l'aberration des étoiles. Cependant, après Newton et Bradley, les savants discutèrent encore, et ce n'est que vers 1750 que les discussions s'éteignirent presque entièrement. Par des décrets de 1757 et de 1820, la Congrégation de l'Index permit d'affirmer dans l'enseignement la mobilité de la Terre.

CHAPITRE IV.

DÉTERMINATION DE LA POSITION DES ÉTOILES. — ASCENSION DROITE ET DÉCLINAISON.

42. Coordonnées d'un point sur une sphère. — Les coordonnées sont deux éléments ou mesures à l'aide desquels on fixe la position d'un point quelconque sur une sphère.

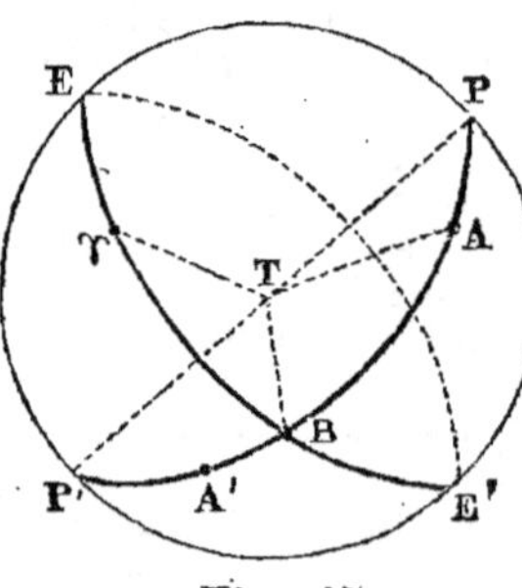

Fig. 15.

Soient (*fig. 15*) T le centre de la sphère, EE' un grand cercle, par exemple l'équateur de la sphère céleste, et PP' l'axe ou la ligne qui joint les deux pôles de ce cercle. Soient aussi, sur ce grand cercle, un point fixe ou point de repère γ, que nous appellerons *origine des coordonnées* ; et A un point de la sphère ou une étoile dont il faut *déterminer* la position. Par le point A et les pôles P et P', on mène le cercle du point, PAP', qui coupe le grand cercle en B. Si on mesure l'arc AB, distance du point A au grand cercle EE', on a la *première des coordonnées*. La *seconde coordonnée* est l'arc Bγ, distance entre le cercle du point A et le point origine. La position du point A sera ainsi déterminée par les deux coordonnées AB et Bγ.

Pour *retrouver* la position du point dont on connaît les deux coordonnées γB et BA, en partant du point origine γ, on mesure sur le grand cercle EE' la distance γB ; puis on mène par le point B le cercle BP, perpendiculaire au premier grand cercle ; sur BP on prend la longueur BA et on retrouve le point A.

Les coordonnées les plus importantes sont : 1° les *coordonnées astronomiques*, qui servent à fixer la position d'un astre sur la sphère céleste : les principales sont l'ascension droite et la déclinaison (43 à 48) ; 2° les *coordonnées géographiques*, qui déterminent la position d'un point sur la Terre ; on les appelle longitude et latitude (85).

43. Ascension droite. — L'ascension droite d'une étoile A (*fig. 15*) est l'arc d'équateur γB compris entre le *point origine* γ et le point B où son cercle horaire (13) coupe l'équateur. On la définit aussi l'angle dièdre formé par le cercle horaire PAP' passant par l'étoile, et le cercle horaire, appelé cercle origine, qui passe par le point origine γ.

Pour *point origine* des coordonnées, on prend ordinairement le *point vernal*, appelé aussi point équinoxe de printemps ; c'est le point de l'équateur par lequel le Soleil passe chaque année de l'hémisphère austral dans l'hémisphère boréal, au commencement du printemps. Ce point n'est pas visible sur la sphère, et n'est indiqué par aucune étoile remarquable. On peut le remplacer, dans les observations, par une étoile auxiliaire, voisine de son cercle horaire, dont l'ascension droite aura été déterminée directement, par exemple α (alpha) d'Andromède (53).

L'ascension droite se *compte*, à partir du point vernal, toujours dans le même sens, d'occident en orient, c'est-à-dire en sens contraire du mouvement diurne ; elle s'*étend* de 0ʰ à 360° et se *marque* AR (*ascensio recta*).

44. Déclinaison. — La déclinaison d'une étoile A (*fig. 15*) est sa distance à l'équateur ; cette distance se mesure par l'arc AB de son cercle horaire, compris entre cette étoile et l'équateur. La déclinaison d'une étoile se définit aussi l'angle ATB que fait le rayon visuel dirigé vers cette étoile avec l'équateur céleste ; cet angle ayant d'ailleurs pour mesure le même arc AB.

La déclinaison est *boréale* ou *positive* quand l'étoile A est dans l'hémisphère boréal ; elle est *australe* ou *négative* quand l'étoile A' est dans l'hémisphère austral. Les déclinaisons se *mesurent* sur les arcs de cercles horaires à partir de l'équateur jusqu'aux pôles ; elles varient de $0°$ à $90°$, et se désignent par D et $-$ D.

L'ascension droite et la déclinaison suffisent pour déterminer la position d'une étoile à la surface de la sphère céleste. L'ascension droite fait connaître le cercle horaire ou cercle de déclinaison sur lequel elle se trouve ; et la déclinaison, en indiquant sa distance au nord ou au sud de l'équateur, marque quel point elle occupe sur ce cercle horaire.

45. Mesure de l'ascension droite. — Pour déterminer l'ascension droite d'une étoile, on mesure le temps qui s'écoule entre le passage du point vernal au méridien du lieu où se fait l'observation, et le passage de l'étoile ; puis on multiplie ce temps par 15.

Pour cela, on se sert de *l'horloge sidérale* (18), réglée sur le point vernal qui sert de *point origine* (43) ; elle marque $0^h\ 0^m\ 0^s$ à l'instant précis où ce point passe au méridien. Pour savoir le temps qui va s'écouler jusqu'au passage supérieur de l'étoile, on observe cette étoile avec la *lunette méridienne* (19), et quand on l'aperçoit dans l'axe de la lunette, on note l'heure exacte marquée par l'horloge.

Supposons que, au moment du passage de l'étoile, l'horloge sidérale marque $5^h\ 7^m\ 30^s$, ce qui veut dire que cette étoile passe au méridien $5^h\ 7^m\ 30^s$ après le point vernal. Quelle est la distance angulaire ou la valeur de l'arc γB (13) qui sépare l'étoile du point vernal ? Une simple règle de trois permet de calculer cet arc. Nous dirons :

En un jour ou 24 heures sidérales, une étoile ou un point de la sphère céleste fait un tour entier et parcourt les $360°$ de son parallèle ;

En 1^h, une étoile parcourt $\frac{360}{24}$ ou $15°$.

En 24^h ou 24×60^m, elle parcourt $360°$ ou $360 \times 60'$.

Et dans 1^m, elle parcourt, $\frac{360 \times 60}{24 \times 60} = \frac{360}{24} = 15'$.

Si dans 1^m ou 60^s elle parcourt $15'$, dans 1^s elle parcourra $\frac{15 \times 60}{60} = 15''$.

Comme nous avons supposé $5^h\ 7^m\ 30^s$;

les 5^h donnant... $5 \times 15° =$ .... $75°$
les 7^m donnant... $7 \times 15' = 105' =$ $1° 45'$
et les 30^s donnant. $30 \times 15'' = 450'' =$ .. $7' 30''$.

l'ascension droite cherchée est égale à.. $\overline{76° 52' 30''}$.

Dans la pratique, on a souvent besoin de la *différence en ascension droite* de deux étoiles ; soit A et E'. Il est clair que pour obtenir cette différence BE', il suffit de les observer l'une et l'autre passant successivement au méridien , de noter les heures des passages et d'en faire la différence que l'on multiplie par 15.

Le plus souvent *on évite de transformer en degrés*, en multipliant par 15 l'intervalle de temps qui sépare les passages au méridien du point vernal et de l'étoile, et on marque l'ascension droite en heures, minutes et secondes.

46. Mesure de la déclinaison. — Pour déterminer la déclinaison d'une étoile, on la vise,. avec le mural (20) ou le théodolite (21), au moment de son passage supérieur au méridien, et l'on mesure sa distance zénithale (27). La déclinaison égale la hauteur du pôle (28) plus ou moins cette distance zénithale de l'étoile.

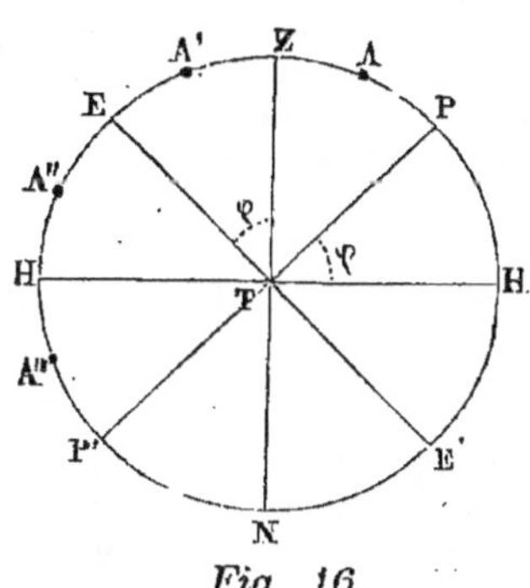

Fig. 16.

Soient en effet (*fig. 16*) PZP' le méridien du lieu ; ZN la verticale, et HH' la trace de l'horizon sur ce méridien ; PP' l'axe du monde, et EE' la trace de l'équateur. Appelons φ la hauteur du pôle PTH' ; c'est aussi la distance du zénith à l'équateur ZTE, ces deux angles ayant le même complément PTZ. Trois cas peuvent se présenter : la culmination ou passage supérieur de l'étoile peut avoir lieu : 1° entre le pôle et le zénith, en A ; 2° entre le zénith et l'équateur, en A' ; 3° entre l'équateur et l'horizon, en A''. Représentons la distance zénithale de l'étoile par δ.

1° Soit A la culmination de l'étoile ; sa déclinaison est AE ; or

$$AE = EZ + ZA \; ; \text{ d'où } D = \varphi + \delta.$$

2° Soit A' la culmination de l'étoile ; sa déclinaison est A'E ; or

$$A'E = EZ - A'Z \; ; \text{ d'où } D = \varphi - \delta.$$

3° Soit A'' la culmination de l'étoile ; sa déclinaison est australe ou négative ; c'est A''E ; or

$$A''E = A''Z - EZ \text{ ou } D = \delta - \varphi \; ; \text{ d'où } -D = \varphi - \delta.$$

N.-B. — Si l'étoile a sa culmination en A''', sous notre horizon, nous ne pouvons l'observer, mais sa déclinaison serait encore —D $= \varphi - \delta$.

Donc, dans tous les cas, la *déclinaison d'une étoile égale la hauteur du pôle plus ou moins sa distance zénithale au moment de sa culmination.*

47. — Si la direction de l'axe du monde est marquée sur le *mural* (20), il suffit, pour obtenir la déclinaison d'une étoile, de l'observer à son passage au méridien et de lire sur le limbe du mural *la distance au pôle*. On fait ensuite la somme ou la différence de cette distance et de 90°. Ainsi (*fig. 16*) A'E=EP — A'P=90° — A'P.

L'*équatorial* (*fig. 8*) peut donner à lui seul l'ascension droite et la déclinaison des astres. L'angle AOP', que l'on mesure directement, retranché de 90°, donne la *déclinaison*. — Pour l'*ascension droite*, on vise le point vernal ou mieux une étoile voisine dont on connaît exactement l'ascension droite, et on note la division du cercle fixe E à laquelle correspond l'aiguille mobile D. On vise ensuite l'étoile à déterminer, et on voit le degré correspondant sur le cercle E. La différence des deux divisions est égale à l'ascension droite. — Ce procédé, bon en théorie, est d'un emploi difficile et offre peu d'exactitude.

48. Diverses coordonnées. — La position d'un astre dans le ciel se détermine aussi par des *coordonnées* autres que l'ascension droite et la déclinaison ; comme on l'a vu, ces premières coordonnées se rapportent à l'*équateur*.

Par rapport à l'*horizon,* on fixe la position d'un astre au moyen de l'azimuth (11) et de la hauteur (27) à un moment déterminé du temps sidéral.

Par rapport à l'*écliptique,* on détermine aussi la position d'un astre par sa *longitude* et sa *latitude* célestes. L'*écliptique* est un grand cercle de la sphère céleste que le Soleil paraît décrire

dans un an. La *longitude* d'un astre est l'arc de l'écliptique
compris entre le point vernal et le point où l'écliptique est coupé
par le cercle de latitude de cet astre , c'est-à-dire le cercle qui
passe par l'astre et le pôle de l'écliptique; la longitude se compte
de l'ouest à l'est et varie de 0° à 360°. La *latitude* est la distance
de l'astre à l'écliptique ; cette distance, se mesurant sur le cercle
de latitude, est boréale ou australe et s'étend de 0° à 90°.

CHAPITRE V.

DESCRIPTION DU CIEL.— CONSTELLATIONS ET PRINCIPALES ÉTOILES.

ÉTOILES CHANGEANTES, COLORÉES, DOUBLES.

49. Description du ciel. — La connaissance des coordonnées célestes des étoiles sert à dresser les *catalogues*,
et à construire soit les *globes célestes*, soit les *cartes astronomiques*.

Les *catalogues* célestes sont des tables dans lesquelles
on trouve inscrites, en regard des noms des différentes
étoiles, leur ascension droite et leur déclinaison ; on y
ajoute ordinairement l'heure de leur passage au méridien. — Le plus ancien catalogue connu est attribué à
Hipparque, qui vivait à Rhodes au IIe siècle avant l'ère
chrétienne ; il nous a été conservé par Ptolémée et contient 1022 étoiles déterminées par rapport à l'écliptique (48). Celui de Lalande en renferme 50.000.

Les *globes célestes* sont des sphères en bois ou en carton à la surface desquelles on indique les cercles de la
sphère céleste et les positions relatives des étoiles. —
Les *cartes célestes* ou planisphères sont des figures planes
qui représentent aussi, mais moins fidèlement, la sphère
céleste avec ses cercles et ses constellations. — Les
globes et les cartes célestes se *construisent* comme les
globes et les cartes terrestres (113 à 120).

50. Constellations. — On appelle constellation (*cum
stella*, étoiles ensemble) des groupes d'étoiles plus ou
moins rapprochées les unes des autres. Elles sont dans
le ciel ce que sont sur la Terre les royaumes et les pro-

vinces, et partagent la voûte céleste en compartiments
de différentes grandeurs et de formes plus ou moins
bizarres.

Ptolémée avait décrit 48 constellations, toutes visibles
en Europe ; aujourd'hui le ciel entier se trouve partagé
en 117 constellations.

Les anciens donnaient aux constellations des *noms*
arbitraires d'hommes, d'animaux ou d'êtres inanimés,
comme Orion, la Grande-Ourse, la Balance ; les étoiles
de plusieurs constellations rappellent par leur disposition la figure que supposent leurs noms. Les modernes
ont conservé la plupart de ces noms et ont donné des
noms semblables aux constellations nouvelles.

Les *étoiles* d'une même constellation se désignent, à
peu près dans l'ordre de leur grandeur (51), par les
lettres de l'alphabet grec, puis par celles de l'alphabet
latin, et au besoin par les numéros d'ordre en chiffres
arabes. Ainsi l'étoile la plus brillante d'une constellation
s'appellera α (alpha), fût-elle de quatrième ou cinquième
grandeur, la plus belle après sera β (bêta)...; de même
on aura la 61e du Cygne. — Cependant les étoiles les
plus remarquables ont aussi des noms particuliers, les
uns empruntés aux Arabes, comme Rigel, Wéga ; les
autres indiqués par la place que l'étoile occupe ou par
quelqu'une de ses propriétés, comme Arcturus (αρχτος
ουρα, dans le prolongement de la queue de l'Ourse), l'Œil
du Taureau, Sirius (σειριος, brûlant, le Soleil se trouve
près de cette étoile au plus fort de l'été).

**51. Étoiles de diverses grandeurs; combien on en voit à
l'œil nu. Étoiles primaires.** — Les étoiles sont plus
ou moins brillantes ; d'après l'intensité de leur éclat, on
les a divisées en 16 classes ou ordres de *grandeur*.
Les étoiles les plus brillantes sont dites étoiles de première grandeur ou *étoiles primaires ;* puis viennent
celles de deuxième, de troisième grandeur. Il ne faut
pas attribuer au mot grandeur sa signification habituelle,
car l'éclat avec lequel un astre se montre à nous ne dépend pas seulement de ses dimensions, mais aussi de
son éclat intrinsèque et de sa distance à la Terre.

Les étoiles des six premières grandeurs sont *visibles à*

l'œil nu. Celles de la septième grandeur jusqu'à la seizième sont dites *étoiles télescopiques ;* elles ne sont plus visibles à l'œil nu ; on ne peut les observer qu'à l'aide d'instruments appelés télescopes ou lunettes astronomiques.

Le *nombre des étoiles visibles à l'œil nu* dans le ciel tout entier s'élève au plus à 6.000 ; mais au-dessus de l'horizon de Paris on n'en voit que 4 000. Pour chaque ordre de grandeur, le nombre des étoiles varie beaucoup, les premiers en contenant bien moins que les autres. Dans chaque ordre il s'en trouve environ trois fois plus que dans le précédent. Avec les *instruments*, on en voit plus de 20 millions.

Dans le premier ordre, on ne comprend généralement que 20 étoiles dites *étoiles primaires*, dont 14 seulement sont visibles en France. Ce sont, d'après leur ordre d'éclat :

Sirius	α	du Grand-Chien ou la Canicule.
Canopus	α	du Navire Argo (*invisible* en France).
α......		du Centaure (*invisible*).
Arcturus	α	du Bouvier.
Rigel	β	ou le Pied d'Orion.
La Chèvre	α	du Cocher.
Wéga	α	de la Lyre.
Procyon	α	du Petit-Chien.
Béteigeuze	α	ou l'Epaule droite d'Orion.
Achernard	α	de l'Eridan (*invisible*).
Aldébaran	α	ou l'Œil du Taureau.
β......		du Centaure (*invisible*).
α......		de la Croix du Sud (*invisible*).
Antarès	α	ou le Cœur du Scorpion.
Altaïr	α	de l'Aigle.
L'Epi	α	de la Vierge.
Castor	α	des Gémeaux.
β......		de la Croix du Sud (*invisible*).
Régulus	α	ou le Cœur du Lion.
Fomalhaut	α	ou la Bouche du Poisson austral.

52. Alignements. — La forme de certaines constellations suffit pour les faire reconnaître dans le ciel, comme la Grande-Ourse (*fig. 17*), Orion. Mais le plus souvent, pour retrouver une étoile ou un groupe d'étoiles, on a recours à des *alignements*. D'après cette méthode, on prend pour point de départ une constellation bien connue et facile à retrouver, comme la Grande-Ourse, qui est toujours sur l'horizon de Paris ; puis on tire par deux étoiles de cette constellation des lignes droites qui mènent aux étoiles cherchées. — On peut aussi comparer le ciel avec des cartes ou des globes célestes (49).

53. Constellations et étoiles principales. — *Grande-Ourse* ou chariot de David (*fig. 17*). Cette constellation comprend sept étoiles principales, de deuxième grandeur,

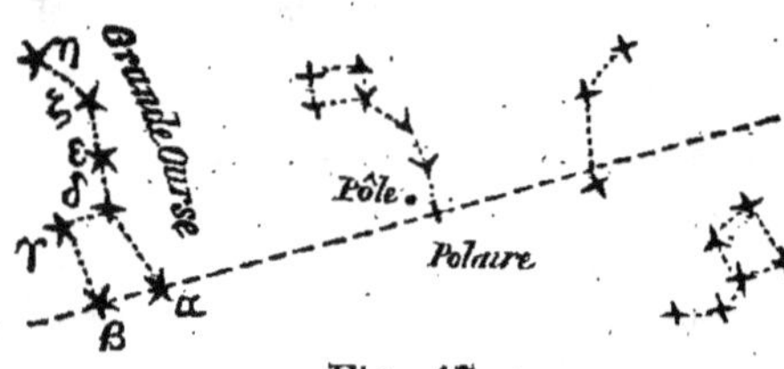

Fig. 17.

excepté une, δ, qui est de troisième. Quatre de ces étoiles forment un quadrilatère ; les trois autres sont sur une courbe qui représente la queue de l'Ourse ou le timon du chariot. Les deux étoiles α et β, sur le côté du quadrilatère opposé à la queue, sont appelées les *gardes*. Autrefois on donnait aux sept étoiles le nom de *septem triones*, sept bœufs de labour ; d'où est venu septentrion (12).

Petite-Ourse. Polaire. Dragon. La ligne des gardes βα de la Grande-Ourse, prolongée du côté de la convexité de la queue et d'une quantité égale à cinq fois sa longueur, arrive à l'*étoile polaire*. Cette étoile n'est qu'à 1° 1/2 du *pôle* arctique placé entre elle et la Grande-Ourse. La polaire, étoile de deuxième grandeur, est la plus brillante de la *Petite-Ourse* ; cette constellation se compose, comme la Grande-Ourse, de sept étoiles, formant la même figure mais plus petite, moins brillante et disposée en sens inverse. La Polaire en termine la queue. — Le *Dragon* est formé de nombreuses étoiles, rangées en ligne sinueuse entre les deux Ourses et tournant autour de la Petite-Ourse ; elle est terminée par quatre étoiles de troisième grandeur qui représentent la *téte* du dragon, non loin de Wéga de la Lyre.

Cassiopée et Céphée. La ligne des gardes de la Grande-Ourse et de la Polaire passe entre deux nouvelles constellations. *Cassiopée*, la *Chaise* ou le *Trône*, comprend six étoiles qui figurent par leur ensemble une chaise renversée, dont le dossier est brisé. *Céphée* est reconnaissable à trois étoiles, formant un arc légèrement convexe du côté du pôle.

Pégase, Andromède et Persée. La ligne des gardes et de la Polaire, prolongée au delà de Cassiopée, va passer par deux étoiles de deuxième grandeur qui, avec deux autres, forment un grand carré désigné sous le nom de carré de *Pégase.* — Le *point vernal* se trouve sur le prolongement de la ligne qui vient de la Polaire au côté oriental du carré de Pégase, à un peu plus de la longueur de ce côté. — L'étoile la plus boréale du carré de Pégase est en même temps α d'*Andromède*, constellation comprenant trois étoiles à peu près équidistantes. — La ligne des trois étoiles d'Andromède mène à *Persée.* Dans cette constellation, on trouve trois étoiles formant un arc dont la concavité contient, à l'opposé de la Grande-Ourse, *Algol* ou β de Persée. Algol, qui est aussi sur le prolongement γ α de la Grande-Ourse, est une étoile périodique (55), la plus brillante de la *Tête de Méduse*, qu'on place dans la main de Persée. — Pégase, Andromède et Persée font ensemble une figure semblable à la grande Ourse, mais elle occupe une plus vaste étendue dans le ciel.

Cocher et Gémeaux. Le côté δ α de la Grande-Ourse ou encore la ligne d'Andromède et de Persée mènent au *Cocher*, qui forme un grand pentagone régulier. La plus brillante de ses étoiles est la *Chèvre*, de première grandeur. — Sur le prolongement δ β de la Grande-Ourse se trouvent deux belles étoiles : *Castor*, de première grandeur, et *Pollux*. Elles occupent les sommets d'un des petits côtés d'un parallélogramme appelé les *Gémeaux.* — Plus loin sont *Procyon* du Petit-Chien et *Sirius* du Grand-Chien.

Orion, Grand et Petit-Chien, Taureau. Orion est sur le prolongement γ β de la Grande-Ourse ou sur la ligne qui va de la Polaire à la Chèvre. Il est d'ailleurs aussi facile à reconnaître que la Grande-Ourse, mais il n'est pas toujours sur l'horizon de Paris ; il est traversé par l'équateur. *Orion est la plus belle des constellations ;* il comprend quatre étoiles formant un grand quadrilatère : deux de première grandeur : *Béteigeuze*, α ou l'*épaule droite*, au nord, et β, appelée aussi *Rigel* ou le *pied gauche*, au sud-ouest ; les deux autres sont de deuxième grandeur. Dans l'intérieur d'Orion sont trois belles étoiles de deuxième grandeur, serrées en ligne droite, oblique au milieu du quadrilatère. Elles forment le *baudrier d'Orion*, appelé aussi les *Trois rois mages* ou le *Rateau*. — La ligne du Baudrier, prolongée vers le sud-est, rencontre *Sirius* ou α du *Grand-Chien*, l'*étoile la plus brillante du ciel.* On lui donne aussi le nom de Canicule. — Le *Petit-Chien*, indiqué dans la même direction, par le côté nord d'Orion, contient une étoile de première grandeur, *Procyon* (πρὸ κυων, qui se lève avant le Grand-Chien). — La ligne du Baudrier d'Orion indique vers le nord-ouest *Aldébaran* ou l'*OEil du Taureau*, étoile de première grandeur. Cette étoile fait partie d'une espèce de V qui constitue les *Hyades*. Plus loin se trouve un groupe de six ou sept étoiles très-rapprochées qui forment les *Pléiades* ou la *Poussinière*, voisine de Persée déjà étudié.

Aigle, Lyre et Cygne. La ligne γ δ de la Grande-Ourse rencontre, à l'occident de Pégase, deux étoiles de première grandeur : *Wéga* ou α de la *Lyre*, et *Altaïr* ou α de l'*Aigle*. *Altaïr* est entre deux étoiles plus petites, formant une ligne qui rencontre au nord *Wéga*. Arrivé à Wéga, si l'on mène une ligne à angle droit vers l'orient, on tombe sur une autre étoile de première grandeur, α du *Cygne*, laquelle, avec quatre autres, forme une croix. Altaïr, Wéga et α du Cygne déterminent un beau triangle.

Bouvier, Vierge et Lion. La queue de la Grande-Ourse va rencontrer une belle étoile rougeâtre de première grandeur ; c'est *Arcturus* ou α du *Bouvier*. A côté se trouve la *Couronne boréale.* — Sur le prolongement de la diagonale α γ est l'*Epi de la Vierge*, étoile de première grandeur. La ligne des gardes α β prolongée au sud traverse le trapèze étroit du *Lion* dont la base méridionale contient deux belles étoiles : *Régulus* ou le *Cœur du Lion* à l'occident, et *Dénébola* à l'orient. — Dénébola forme un triangle équilatéral avec l'Epi de la Vierge et Arcturus.

Hercule est une constellation entre Arcturus, Wéga et Altaïr. Le *Scorpion*, dans l'hémisphère austral, qui contient *Antarès*, étoile de première grandeur, est sur la ligne $\beta\ \gamma$ de la Grande-Ourse; *Fomalhaut* ou α du *Poisson Austral*, aussi de première grandeur et dans l'hémisphère austral, est sur la ligne des gardes et de la Polaire.

54. Remarques diverses. — 1° Les *constellations se divisent* en trois classes : les *constellations boréales* qui appartiennent à l'hémisphère boréal ; les *constellations australes*, situées dans l'hémisphère austral ; et les *constellations zodiacales*, situées dans l'un ou l'autre hémisphère, dans lesquelles passe successivement le Soleil dans son mouvement annuel. Au nombre de douze, ces dernières ont été énumérées dans les deux vers latins suivants du poëte Ausone :

> Sunt Aries, Taurus, Gemini, Cancer, Leo, Virgo,
> Libraque, Scorpius, Arcitenens, Caper, Amphora, Pisces.

Ce sont le Bélier, le Taureau, les Gémeaux, le Cancer ou l'Ecrevisse, le Lion, la Vierge, et la Balance, le Scorpion, le Sagittaire, le Verseau, les Poissons.

2° *L'aspect du ciel* change pendant le cours de l'année ; les étoiles se montrent, à la même heure de la nuit, à des points de la voûte céleste qui varient avec les saisons. En effet, le Soleil se déplaçant dans son mouvement annuel, parmi les constellations, les étoiles qui l'accompagnent dans sa course de chaque jour ne sont pas toujours les mêmes. Ainsi, une étoile qui se lève aujourd'hui à un point de l'horizon au moment où le Soleil se couche, se lèvera demain au même point de l'horizon, mais 4ᵐ avant le coucher du soleil ; six mois plus tard elle se lèvera et se couchera en même temps que le Soleil, et ne pourra être aperçue pendant la nuit.

3° Il y a *cinq planètes*, visibles à l'œil nu, qui, à première vue, ressemblent aux étoiles ; ce sont, par ordre de grandeur : Vénus, Jupiter, Mars, Saturne, Mercure. Elles se montrent toujours dans le voisinage de l'équateur et se déplacent parmi les étoiles fixes.

4° Il ne faut pas confondre avec les étoiles ces météores lumineux qu'on appelle *étoiles filantes*. Ils ont lieu dans la partie supérieure de l'atmosphère, tandis que les étoiles sont à une distance bien plus considérable.

5° La *voie lactée*, dont nous parlerons plus bas (69), est une large bande blanchâtre, de forme irrégulière, qui entoure complétement la sphère céleste. Elle est formée d'un nombre infini d'étoiles trop éloignées de nous pour que nous puissions les distinguer les unes des autres.

55. Étoiles périodiques et changeantes. — On nomme *étoiles périodiques* des étoiles dont l'éclat, variable avec le temps, va tantôt en augmentant, tantôt en diminuant, mais de manière à repasser périodiquement par les mêmes phases ou apparences, à des intervalles égaux.

Ainsi *Algol* de Persée, connue aussi sous le nom de Tête de Méduse (53), a un éclat qui varie de la deuxième à la quatrième grandeur. Pendant 2 jours 14 heures, cette étoile reste de deuxième grandeur, puis son éclat décroît pendant 3^h 1/2 jusqu'à la quatrième grandeur; elle revient ensuite à la deuxième grandeur. La durée de ces périodes est d'environ 2 jours 21^h. *Mira* (étoile admirable) ou *o* de la *Baleine* met 334 jours à parcourir ses phases. Elle brille comme une étoile de deuxième grandeur pendant 15 jours, diminue ensuite d'éclat pendant 2 mois, reste invisible pendant 5 mois, descendant jusqu'à la onzième grandeur, et remet 3 mois à reprendre son premier éclat.

On n'est pas d'accord sur l'*explication* des variations des étoiles périodiques. Suivant quelques savants, la surface de ces astres n'étant pas également lumineuse dans toute son étendue, ils nous montrent, en tournant sur eux-mêmes, tantôt les parties brillantes, tantôt les parties relativement obscures. D'autres ont pensé que des planètes ou des nuages cosmiques, circulant autour de l'étoile périodique, viendraient par moment s'interposer entre elle et la Terre.

Les *étoiles changeantes* ou *variables* sont celles dont l'éclat va en diminuant ou en augmentant, mais sans que leurs variations semblent repasser par les mêmes phases à des intervalles égaux. Ainsi l'étoile δ de la Grande-Ourse devait être plus brillante, en 1603, que les étoiles ε, ζ, η, tandis qu'aujourd'hui son éclat est moindre. L'étoile η du Navire était au xvii⁰ siècle de quatrième grandeur, en 1752 de deuxième, et de première en 1850; depuis 1863 elle n'est plus visible à l'œil nu. — La *cause* de ces phénomènes est inconnue.

56. Étoiles temporaires. — Ce sont des étoiles qui ont apparu dans le ciel, y ont brillé quelque temps et ont ensuite disparu sans retour.

On a bien étudié une vingtaine d'étoiles temporaires. La plus célèbre a été observée par *Tycho-Brahé*. Elle lui apparut subitement en novembre 1572, au milieu de la constellation de Cassiopée. Son éclat égalait celui de Sirius, et alla en augmentant à tel point qu'elle devint visible en plein jour. Cet éclat ne tarda pas à diminuer, et l'étoile disparut complétement, après être restée visible pendant 17 mois, conservant une position invariable parmi les étoiles voisines. — En 1604, une autre étoile très-brillante put être observée pendant plus d'un an par *Képler*. C'est l'apparition soudaine d'une étoile de ce genre qui, l'an 128 avant Jésus-Christ, fit entreprendre à *Hipparque* le plus ancien catalogue d'étoiles dont il ait été fait mention (49).

On n'a pu trouver aucune explication satisfaisante de ces apparitions.

57. Couleur des étoiles. — Presque toutes les étoiles sont *blanches*, mais quelques-unes ont une coloration assez prononcée. Parmi les étoiles colorées, les étoiles *rouges* ou rougeâtres sont les plus nombreuses, comme Aldébaran, Arcturus, Pollux ; d'autres sont légèrement *jaunes*, telles que Procyon, la Chèvre, Altaïr. Quelques étoiles d'un moindre éclat sont *vertes* ou *bleues*.

Il y a des étoiles dont la couleur est *changeante*. Sirius était autrefois coloré en rouge ; sa lumière est aujourd'hui parfaitement blanche.

La coloration est surtout remarquable dans les *étoiles doubles* et multiples.

58. Étoiles doubles. — Les *étoiles doubles* sont des groupes de deux étoiles qui paraissent comme un seul point, quand on les regarde à l'œil nu ou avec des lunettes ordinaires, mais qui, observées avec une lunette assez forte, se dédoublent et se montrent formées de deux étoiles distinctes, mais très-voisines. On connaît plus de 6.000 de ces couples.

Les étoiles doubles sont de deux sortes : 1° Les *couples optiques* résultant de deux étoiles projetées en un même point du ciel, mais tout à fait indépendantes et très-éloignées les unes des autres ; 2° les *couples physiques*, véritables systèmes de deux étoiles très-voisines et dépendant l'une de l'autre. On en connaît plus de 650, parmi lesquelles se trouvent Sirius et Castor.

Les *étoiles composantes* d'un même couple physique sont généralement *inégales de clarté* ou de grandeur ; la plus petite porte le nom de *satellite*. Dans α du Centaure, l'étoile principale est de première grandeur, et le satellite de deuxième grandenr. Sirius a un satellite de sixième grandeur. — Les étoiles d'un même couple présentent souvent des *couleurs différentes*. La plus forte sera rouge ou jaune, et la plus faible verte ou bleue. Les deux couleurs sont la plupart du temps complémentaires et forment de la lumière blanche. Ainsi dans γ d'Andromède, une étoile est d'un rouge vif, et l'autre d'un beau vert.

Des deux étoiles qui composent une étoile double, *l'une, la plus petite, tourne autour de l'autre*, ou plus exactement chacune d'elles tourne autour du centre de gravité de leur système. — Ce qui est le plus étonnant, c'est que leurs *révolutions sont soumises aux mêmes lois* de la gravitation découvertes par *Képler* et par Newton, et qui président aux mouvements des planètes et de leurs satellites ; témoignage évident de la magnifique unité que Dieu a mise dans la création. Chaque étoile décrit une orbite ayant la forme d'une *ellipse* dont un foyer est au centre du système ; ces ellipses sont décrites avec une *vitesse* réglée par le *principe des aires*. Enfin les étoiles mettent d'*autant plus de temps à parcourir leurs orbites que ces orbites sont plus grandes*. Le satellite de ζ d'Hercule, éloigné de 1" de son centre, met 36 ans ; celui de Castor, éloigné de 8", met 250 ans.

59. Etoiles multiples. — Outre les étoiles doubles, on a observé des étoiles multiples, c'est-à-dire formées de trois, quatre, et même sept étoiles simples. Parmi les étoiles triples, citons α d'Andromède.

Les éléments des étoiles multiples ont des mouvements très-variés. Tantôt les satellites tournent tous autour de l'étoile principale, comme les planètes autour du Soleil ; tantôt les étoiles les plus petites tournent autour des moyennes, et celles-ci elles-mêmes circulent autour de l'étoile principale, comme la Lune tourne autour de la Terre, pendant que la Terre tourne autour du Soleil.

CHAPITRE VI.

DISTANCE DES ÉTOILES. — NÉBULEUSES. — VOIE LACTÉE.

60. Distance des étoiles. — La distance des étoiles à la Terre est très-grande. On n'en connaît pas qui ne soit à plus de *8 trillions de lieues*, ou autrement 206.000 fois la distance du Soleil à la Terre, laquelle est d'environ 37 millions de lieues.

On se fait une idée de cette distance des étoiles en cherchant *le temps que leur lumière met à nous venir ;* on trouve que, pour la plus rapprochée de nous, il faut plus de trois ans. On sait, en effet, que la lumière met 8ᵐ 13ˢ à nous venir du Soleil, en faisant 77 mille lieues par seconde. L'atome lumineux émané de l'étoile mettra 206 mille fois plus de temps, ou plus de 3 ans (206.000 × 8ᵐ 13ˢ = 3 ans 82 jours).

Si l'étoile la plus voisine cessait aujourd'hui d'exister, les rayons de lumière envoyés par elle au moment de son extinction pourraient nous la montrer encore pendant plusieurs années, comme un astre réel et toujours existant. Mais ce n'est pas tout : il y a très-probablement des étoiles qui sont 10 fois, 100 fois, 1.000 fois plus éloignées, et dont, par conséquent, la lumière nous arrive au bout de 30 ans, de 300 ans, de 3.000 ans.

61. Mesure des distances — Il paraît incroyable à ceux qui n'ont aucune idée de la géométrie que l'on puisse mesurer de pareilles distances ; on les obtient cependant de la même manière que l'on obtient sur la Terre la distance d'un point inaccessible à un lieu où l'on est ; ce que l'on fait tous les jours dans l'arpentage et la géodésie.

Supposons que l'on veuille trouver la distance du point inac-

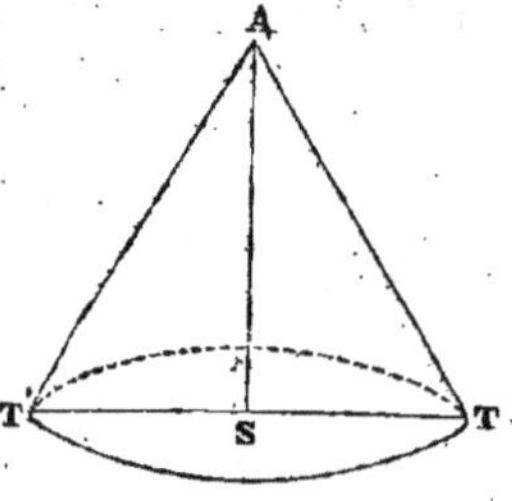

Fig. 18.

cessible A (*fig. 18*) à un point accessible T. On tire par le point T une ligne droite TT', que l'on appelle *base*. On *mesure* avec exactitude la longueur de cette base , ainsi que la valeur des angles T et T' du triangle ATT'. Ce triangle est ainsi déterminé, et il ne reste qu'à *calculer* le côté inconnu AT qui est la distance cherchée.

Pour la même distance AT, il est clair que plus la base TT' est grande, plus l'angle TAT' est grand ; et pour une même base TT', plus le point A est éloigné, plus l'angle TAT' est petit. Or quand le sommet A du triangle est une *étoile*, quelle que soit la base que l'on prend sur la Terre, on trouve toujours que les angles en T et en T' sont supplémentaires, c'est-à-dire valent deux angles droits, et que, par conséquent, l'angle en A n'est pas appréciable et le triangle ne peut être résolu. On a heureusement trouvé une base plus grande. Cette base est le *diamètre TT' de l'orbite terrestre*, c'est-à-dire de la courbe sensiblement circulaire que la Terre décrit en un an autour du Soleil. Cependant, quoique cette base soit d'environ 76 millions de lieues, *elle est rarement suffisante*, et dans la plupart des cas l'angle à mesurer est trop petit et échappe à nos instruments d'optique. Ce n'est que pour quelques étoiles les moins éloignées qu'on a pu trouver une *parallaxe* à peu près exacte et en déduire la distance de ces étoiles.

62. Parallaxe , sa mesure. — On nomme parallaxe ou *parallaxe annuelle* d'une étoile l'angle TAS (*fig. 18*) sous lequel un observateur placé dans cette étoile verrait de face la distance moyenne TS de la Terre au Soleil, ou le rayon moyen de l'orbite terrestre.

Soient A l'étoile dont on veut connaître la parallaxe, S le Soleil, et la Terre d'abord en T ; on *mesure* l'angle ATS formé par les deux rayons visuels menés, l'un TA à l'étoile, l'autre TS au centre du Soleil. Six mois plus tard la Terre sera passée de l'autre côté du Soleil en T', et on mesurera de même l'angle AT'S. Supposons pour plus de facilité que la ligne AS soit perpendiculaire à la ligne TT' et le triangle ATT' isocèle ; l'angle TAS est égal à la moitié de l'angle TAT'. D'ailleurs l'angle A est égal à deux angles droits, moins la somme des angles en T et en T'. On a ainsi facilement la valeur de la parallaxe :

$$\text{TAS} = \frac{\text{TAT'}}{2} = \frac{2d - (\text{T} + \text{T'})}{2}.$$

D'autres méthodes sont employées pour mesurer la parallaxe des étoiles, et permettent de comparer et de vérifier les résultats obtenus.

La première parallaxe annuelle a été déterminée par Besse en 1838, c'est celle de la 61e étoile du Cygne ; elle est de 0",35. La plus considérable que l'on connaisse aujourd'hui est de 0",92, un peu moins de 1" ; elle appartient à l'étoile α du Centaure.

63. Calcul de la distance. — Calculons à quelle distance doit être une étoile pour que sa parallaxe ne soit que de 1".

Soient l'étoile en A (*fig. 19*), la Terre en T et le Soleil en S. Considérons une grande circonférence ayant pour centre le

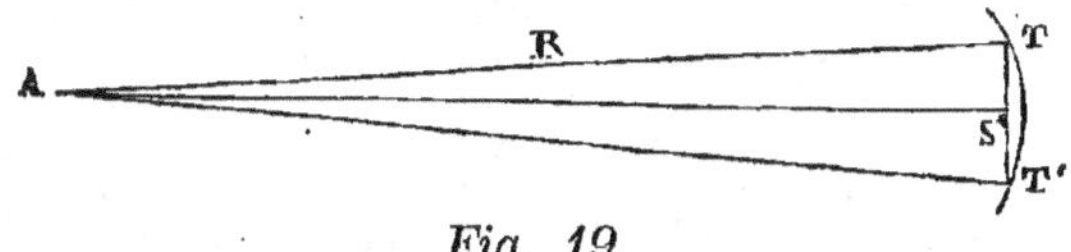

Fig. 19.

point où est l'étoile A, et pour rayon la ligne AT ou R qui est la distance inconnue de cette étoile à la Terre. Il est facile de voir qu'un arc de circonférence qui répond à un angle au centre très-petit, se confond sensiblement avec la corde qui sous-tend cet arc. Et ici la moitié de l'*arc* TT', qui n'est que de 1", se confond sensiblement avec la moitié de la *corde* TT', c'est-à-dire avec la ligne T'S qui est la distance de la Terre au Soleil. Cette distance est d'ailleurs connue et d'environ 37 millions de lieues.

On peut donc admettre que dans la circonférence ayant pour rayon la distance cherchée AT=R, un arc de 1" a 37 millions de lieues ; calculons la longueur de ce rayon.

Dans toute circonférence on a C=2πR.

et aussi......... C=360°=360×60'=360×60×60×1".

ce qui donne 2πR= 360×60×60×1"d'où l'on tire R=$\frac{360 \times 60 \times 60 \times 1'}{2\pi}$.

Comme d'ailleurs 1"=37M et π=3,1416.

on peut écrire R=$\frac{360 \times 60 \times 60}{2 \times 3,1416}$×37M.

et, en effectuant les calculs, on trouve R=206.000×37 millions de lieues.

64. — Voici un tableau dont la 1re colonne donne le nom de quelques étoiles dont on a mesuré la parallaxe avec le plus d'exactitude ; la 2e, la valeur des parallaxes ; la 3e, leur distance à la Terre, en prenant pour unité mille fois la distance du Soleil à la Terre ; la 4e, cette distance, en prenant pour unité un trillion de lieues ; et la 5e, le nombre d'années que met leur lumière à nous venir.

1	2	3	4	5
α du Centaure...	0",92....	224....	8,5....	3,6.
61e du Cygne....	0",25....	589....22	.....	9,5.
Wéga de la Lyre.	0",26....	793....30	.....	12.
Sirius..........	0",15....1377	52	.....	22.
La Polaire......	0",10 ...2065	78	.....	33.

Toutes les parallaxes obtenues jusqu'ici diffèrent suivant les étoiles observées ; on en conclut que les étoiles sont disséminées dans l'espace à des distances inégales.

65. Mouvement propre des étoiles; translation du Soleil.
— Les étoiles ne sont pas absolument fixes entre elles (5) et ne
conservent pas exactement leurs positions relatives; les astronomes sont parvenus à leur reconnaître un *mouvement propre*,
qui fait qu'elles se déplacent à la longue et peuvent amener des
changements dans la forme des constellations. — L'étoile 61ᵉ du
Cygne se déplace d'une distance angulaire de 5" par an, ce qui
suppose un mouvement réel de 16 lieues par seconde de temps.
Sirius se déplacerait avec la même vitesse.

Le *Soleil* lui-même paraît avoir un mouvement propre de
translation vers la partie de l'espace occupée par la constellation
d'*Hercule*. Il entraîne avec lui la Terre et toutes les planètes
avec une vitesse de 2 lieues par seconde. Ce qui fait croire à ce
mouvement, c'est que, en général, les étoiles situées du côté
d'Hercule semblent s'écarter les unes des autres de manière à
augmenter la grandeur apparente des constellations; tandis que,
dans la région opposée du ciel, les distances angulaires des
étoiles diminuent.

66. Nébuleuses. — Les nébuleuses sont des taches
blanchâtres que l'on aperçoit çà et là dans le ciel, surtout dans les parties les moins riches en étoiles. Elles
présentent une grande variété de formes, le plus souvent circulaires ou elliptiques.

Pour les personnes qui ont la vue faible, les *amas
stellaires* ou groupes des Pléïades et des Hyades offrent
l'apparence de nébuleuses.

Observées au télescope, les nébuleuses se *divisent* en
nébuleuses résolubles et nébuleuses non résolubles ou
irréductibles.

67. — Les *nébuleuses résolubles*, observées au télescope, se résolvent ou se décomposent en un nombre
quelquefois très-grand d'étoiles complétement distinctes;
ces étoiles paraissent très-petites, mais très-rapprochées
les unes des autres, et d'autant plus rapprochées qu'elles
sont plus voisines du centre d'agglomération.

Les nébuleuses résolubles sont très-riches en étoiles.
On a trouvé qu'une de ces taches, dont l'étendue super-
ficielle apparente est à peu près égale au dixième de
celle du disque solaire, ne renferme pas moins de
20.000 étoiles.

68. — Les *nébuleuses* proprement dites ou *non
résolues* sont celles qui, malgré l'emploi des plus forts
télescopes, se présentent toujours sous la forme de petits
nuages légèrement lumineux, sans donner jamais la

moindre apparence de décomposition en étoiles. Des considérations vraiment solides, fondées sur l'observation des caractères particuliers que présentent ces taches, ont fait croire qu'elles sont réellement irrésolubles, et constituées, non par des globes stellaires, mais par une matière subtile, par des vapeurs lumineuses, répandues dans l'espace et occupant peut-être une étendue immense. Cette matière pourrait un jour, en se condensant par refroidissement et attraction à l'état de matière solide, former des étoiles nouvelles.

69. Voie lactée. — La *voie lactée* ou *chemin de Saint-Jacques* est une large bande blanchâtre, qui fait le tour entier de la sphère céleste. Elle est irrégulière, d'une largeur qui varie entre 5 et 15°, et partage la sphère en deux parties à peu près égales. Elle passe près de Sirius, entre Orion et les Gémeaux, par la Chèvre, Cassiopée et le Cygne ; elle se bifurque ensuite en deux branches qui restent séparées sur une longueur de 20° environ et se rejoignent dans l'hémisphère austral près du Scorpion. La voie lactée, vue dans des télescopes puissants, apparaît composée d'une multitude d'étoiles rapprochées entre elles et trop éloignées de nous pour être distinguées à l'œil nu.

On admet aujourd'hui que la *voie lactée est une nébuleuse résoluble*. Les millions d'étoiles qui la composent formeraient un amas lenticulaire dont l'épaisseur serait très-faible par rapport à sa largeur. Le Soleil serait une des étoiles de cette nébuleuse et, avec son cortége de planètes, en occuperait à peu près le centre. Les étoiles visibles à l'œil nu seraient les étoiles de cette nébuleuse les plus rapprochées de nous. Quand nos regards se dirigent dans le sens de la faible épaisseur de la lentille, nous ne voyons dans cette direction que fort peu d'étoiles, qui nous paraissent plus grosses, parce qu'elles sont plus rapprochées. Si au contraire nos regards se portent dans les directions parallèles aux surfaces de la lentille, ils pénètrent dans la couche elle-même, et nous voyons à la fois une multitude d'étoiles, la plupart très-éloignées, qui nous offrent l'aspect de cette ceinture lumineuse à laquelle on donne le nom de voie lactée.

70. Notions diverses sur les étoiles. — Les étoiles sont certainement *lumineuses* par elles-mêmes ; leur éclat est trop vif, leur distance est trop grande, pour qu'elles puissent emprunter leur lumière au Soleil, comme la Lune et les planètes.

Les *dimensions des étoiles* ne peuvent être mesurées, à cause de leur distance trop considérable. Observées à l'aide des lunettes les plus puissantes, elles nous paraissent toujours comme des points lumineux ; mais pour qu'elles soient encore visibles aux distances où elles se trouvent, il faut que leur volume soit immense, plus grand que celui de notre Soleil, au moins pour les étoiles des premières grandeurs. Le *Soleil* ne se distingue des étoiles que par la distance relativement insignifiante qui nous en sépare. S'il se trouvait transporté au milieu des étoiles les plus voisines de nous, nous pourrions à peine l'apercevoir à l'œil nu comme une étoile de sixième grandeur.

Quand on observe les étoiles, on remarque le phénomène connu sous le nom de *scintillation*. Elles éprouvent des changements d'éclat très-fréquemment renouvelés, accompagnés de variations de couleur, d'altération dans leur diamètre apparent et dans la longueur des rayons divergents qui paraissent s'élancer de leur centre. — La scintillation est insensible dans les pays où l'air est très-sec. — Arago a cherché à expliquer ce phénomène.

71. Constitution des étoiles. — Les étoiles sont des soleils comme le nôtre, et nous pouvons déjà en principe leur supposer la même constitution. Les savants modernes, en les observant directement et en leur appliquant l'*analyse spectrale*, ont vérifié cette analogie. Les étoiles seraient donc des corps solides ou liquides, entourés de gaz. Leur lumière, comme celle du Soleil, émane d'une matière chauffée au blanc intense, et traverse une atmosphère de vapeurs absorbantes.

On a même découvert quelques-unes des *substances chimiques* dont sont composées les étoiles. Ces éléments sont les mêmes que ceux que nous trouvons sur la Terre. Les plus fréquemment observés sont le sodium, le magnésium, le fer, l'hydrogène. Chacune des étoiles semble différer des autres par sa composition chimique, et le P. Secchi les rapporte toutes à *quatre types* bien tranchés, dont les couleurs diverses sont produites par la nature et la température des vapeurs en suspension dans leur atmosphère.

Au *premier type* se rapporte la moitié des étoiles ; ce sont les *étoiles blanches*, comme Sirius, Wéga, Altaïr. Dans leur atmosphère paraît dominer l'hydrogène ; il y a aussi du sodium, du magnésium, du fer. — Le *deuxième type* est celui des *étoiles jaunes*. Leur spectre est parfaitement semblable à celui du Soleil. A ce type apartient le tiers des étoiles, entre autres la Chèvre, Arcturus, Aldébaran. — Quelques étoiles (*3ᵉ type*), comme α d'Orion, tirent plus ou moins sur le *rouge ou l'orangé*; leur spectre est le même que celui des taches solaires. Elles ne différeraient des étoiles du deuxième type que par l'épaisseur de leur atmosphère. — Le *quatrième type* ne comprend que quelques étoiles peu nombreuses, petites., rouges de sang, qui paraissent contenir du carbone.

Les *nébuleuses* présentent deux sortes de spectres. Les uns indiquent que ces corps ne sont pas des amas d'étoiles distinctes, mais des matières à l'état gazeux, parmi lesquelles on reconnaît l'azote et l'hydrogène. Aucune des nébuleuses de ce groupe n'a pu être résolue en étoiles, dans les observations télescopiques. — D'autres nébuleuses fournissent un spectre qui parait venir d'un corps lumineux solide ou liquide, et un grand nombre de ces nébuleuses, observées au télescope, ont en effet été résolues en étoiles distinctes.

72. — Ce que nous venons de dire des étoiles est bien propre à ravir notre admiration. Le nombre prodigieux de ces astres, que Dieu seul peut compter, leur éloignement, leurs dimensions, l'ordre étonnant qui règne parmi eux, attestent la grandeur, la puissance et la sagesse infinies du Créateur. C'est en se jouant qu'il a semé dans l'espace tous ces soleils étincelants de lumière, dont chacun, peut-être, éclaire un monde tout entier, et est destiné, comme notre soleil, à entretenir la vie d'une foule de créatures de toute espèce.

En présence de cette immensité de la création, l'homme se sent bien petit ; il semble disparaître comme un atome dans l'infini, et l'admiration paraît devoir être le seul hommage qu'il puisse rendre au Créateur de tant de merveilles. C'est une erreur. Son esprit, par cela seul qu'il est capable de comprendre ces merveilles, est déjà plus grand et plus vaste que le sujet qu'il embrasse ; et, si petits que nous soyons, nous pouvons étendre le domaine de nos connaissances jusqu'à ces limites incalculables, et notre admiration sera d'autant plus légitime qu'elle sera plus éclairée. Soyons pleins de reconnaissance envers Celui qui nous a tirés du néant, et prenons garde de ressembler à ces êtres infortunés qui mettent leur orgueil à nier l'existence et l'intelligence de Celui à qui ils doivent eux-mêmes et leur existence et la faculté de connaître tant de merveilles.

LIVRE II

DE LA TERRE.

—⸺◦⸺—

CHAPITRE Ier.

PREMIÈRE IDÉE DE LA FORME ET DE LA GRANDEUR DE LA TERRE.

73. — Au premier aspect, la Terre nous paraît comme une surface plane, d'une grande étendue, sur laquelle le ciel s'appuie comme une voûte ; mais ce n'est qu'une illusion. Des phénomènes nombreux démontrent que la *Terre et les eaux forment une masse arrondie dans tous les sens, et isolée dans l'espace.*

74. Les eaux et les continents forment une masse arrondie. — Les *eaux de la mer* recouvrent les trois quarts de la surface de la Terre. Or, la mer présente partout une surface arrondie, comme on le prouve par l'observation des *navires qui s'éloignent ou s'approchent.* — *Sur les côtes,* un observateur examinant un navire qui s'*éloigne* du rivage, le voit disparaître peu à peu comme s'il s'enfonçait dans l'eau sous l'horizon (*fig. 20*) ; la coque du

Fig. 20.

navire disparaît d'abord, puis les basses voiles, et enfin les hautes voiles et le sommet des mâts. Lorsque le navire s'*approche*, on aperçoit d'abord le haut des mâts, puis la voilure s'élève peu à peu au-dessus de l'horizon, et le corps du vaisseau se montre le dernier. — En *pleine mer*, pour l'observateur placé sur un navire et qui en voit un autre s'éloigner ou s'approcher, les mêmes phénomènes se reproduisent, et cela partout, dans quelque direction que l'on marche, au nord, au sud, à l'est ou à l'ouest.

On ne peut expliquer ces apparences sans admettre que la surface de la mer s'abaisse au-dessous du rayon visuel mené de l'œil de l'observateur tangentiellement à cette surface. Sur une surface plane, les apparences seraient différentes; le navire qui s'éloigne paraîtrait de plus en plus petit, mais serait toujours visible en entier, ou du moins les parties les plus tenues, comme les mâts, les cordages, disparaîtraient d'abord dans le lointain, et ce serait le corps du navire qui disparaîtrait le dernier ou apparaîtrait le premier.

La mer, et par conséquent la plus grande partie de la Terre, a donc une surface arrondie.

La surface des *continents* est aussi arrondie, comme le démontrent les phénomènes suivants. Sur beaucoup de *côtes*, la surface du sol diffère très-peu de ce que serait celle de la mer, si les eaux pouvaient s'étendre librement dans l'intérieur des terres ; car, à l'embouchure de certains fleuves, on voit la marée montante pénétrer à de grandes distances ; et, au-delà, la pente de ces fleuves est très-peu sensible. — Dans l'*intérieur des continents* s'étendent de vastes plaines où l'on observe les mêmes phénomènes que sur la mer. Lorsqu'une caravane s'approche et apparaît à l'horizon, on dirait qu'elle sort peu à peu des sables les plus lointains, montrant d'abord la tête des chameaux, puis leurs fardeaux, puis les hommes qui les conduisent. — Dans les contrées dont la surface du sol est plus accidentée, les rayons du *Soleil levant* atteignent d'abord les objets élevés, les nuages et le sommet des montagnes, avant d'éclairer la pointe des clochers, les édifices et le sol lui-même.

75. — Les *variations dans l'aspect du ciel* prouvent la courbure de la Terre. *Quand on s'avance vers le nord,* on voit la *polaire* et les étoiles voisines s'élever davantage au-dessus de l'horizon. Certaines étoiles qui avaient un lever et un coucher deviennent circompolaires; d'autres étoiles vers le sud cessent d'être visibles. — *Si on marche vers le sud*, la polaire semble s'abaisser sur l'horizon et finit même par disparaître avec les étoiles voisines. Par contre, d'autres étoiles, d'abord invisibles,

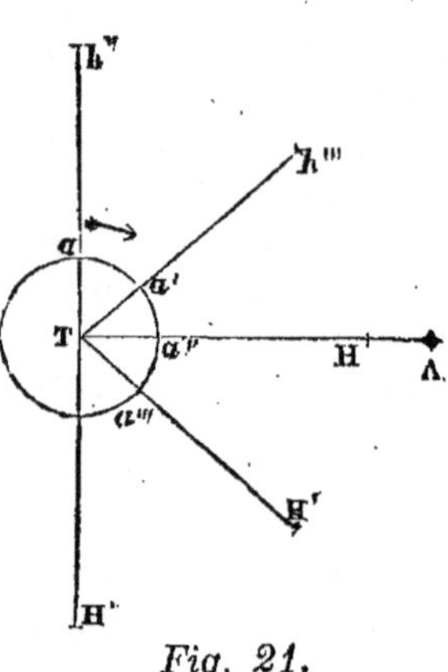

Fig. 21.

apparaissent vers le sud et deviennent étoiles circompolaires, n'ayant ni lever, ni coucher.

Si la Terre était plane, l'horizon serait le même partout, et partout le ciel présenterait le même aspect. Mais la Terre est arrondie, l'observateur qui en fait le tour en suivant un méridien, et qui occupe l'une après l'autre les positions *a, a' (fig. 21)*, a successivement différents horizons TH, TH'... qui n'offrent pas les mêmes apparences.

76. — Les Anciens avaient conclu que la Terre est sensiblement sphérique, d'après l'observation des *éclipses de Lune*. Ces éclipses résultent de ce que, dans certaines circonstances, la Terre s'interpose entre le Soleil et la Lune, et que l'ombre de la Terre se projette sur son satellite, l'envahit peu à peu et le rend momentanément invisible, en tout ou en partie. Or, dans les éclipses, cette ombre est toujours terminée par une courbe à peu près circulaire; ce qui ne peut avoir lieu que si la Terre est ronde.

77. — *Les voyages nombreux, exécutés autour de la Terre* dans tous les sens, donnent la preuve la plus incontestable de la rondeur de notre planète. En voyageant constamment dans la même direction, par exemple du côté de l'occident, on revient au lieu d'où l'on est parti.

Le portugais *Magellan*, au service de Charles-Quint, entreprit le premier de ces voyages. Parti d'Espagne avec plusieurs vaisseaux, au mois d'août 1519, il se dirigea vers le sud-ouest, traversa l'Océan Atlantique et vint longer la côte orientale de l'Amérique du Sud. Il traversa le détroit qui porte son nom, et, étant entré dans une vaste mer, aux flots calmes, qu'il appela Océan Pacifique, il marcha au nord-ouest et découvrit les Philippines, où il fut tué par les naturels. Un seul de ses vaisseaux, avec dix-huit hommes, continua sa route vers l'ouest, et, après avoir doublé le cap de Bonne-Espérance, rentra en Espagne, au mois de septembre 1522.

78. — Il ne faut pas nous étonner de trouver la forme ronde dans le globe que nous habitons; car nous la voyons dans tous les corps célestes assez rapprochés de nous pour être bien étudiés : dans la Lune et le Soleil, dans les planètes surtout, auxquelles la Terre doit être complétement assimilée.

La forme sphérique paraît d'ailleurs être une loi générale des corps célestes, et même, comme le démontre le calcul, une conséquence naturelle de l'attraction, en supposant toutefois que ces corps ont été d'abord fluides. — Des expériences confirment cette théorie. C'est ainsi qu'une parcelle de mercure, abandonnée à elle-même, prend spontanément la forme globulaire. Une goutte d'huile, en suspension dans un liquide de densité égale à la sienne, y prend d'elle-même une forme sphéroïdale; mais si on lui imprime un mouvement de rotation, à l'aide d'une aiguille qui la traverse, on la voit s'aplatir peu à peu, et d'autant plus que la rotation est plus rapide. Cette dernière expérience fait pressentir l'aplatissement de la Terre aux pôles (102).

79. La Terre est isolée et sans appui. — Les observations qui prouvent que la Terre est ronde, prouvent en même temps qu'elle est complétement isolée dans l'espace, et qu'elle n'est soutenue par aucun autre corps. On a voyagé dans tous les sens autour de la Terre, et partout on en a trouvé la surface libre et séparée des cieux par un vide sans limites. Partout il semble que l'on occupe le centre d'une immense sphère creuse, à la surface de laquelle les étoiles seraient attachées, et dans laquelle circulent le Soleil, la Lune et les planètes. Entre la surface de notre globe et la surface de cette sphère idéale, il n'existe probablement pas d'autre matière pondérable, si ce n'est la petite couche gazeuse à laquelle on a donné le nom d'atmosphère (112).

80. *Pourquoi la Terre ne tombe-t-elle pas ?* — Bien des gens ont de la peine à comprendre comment la Terre peut se soutenir dans l'espace sans *tomber* d'un côté ou d'un autre.

Pour se rendre compte de cette difficulté, il faut bien savoir que la matière est *inerte*, c'est-à-dire qu'elle ne peut se mettre en mouvement d'elle-même, sans l'action d'une cause étrangère qu'on appelle *force*. Si les objets qui ont été éloignés de la surface de la Terre, et sont ensuite abandonnés à eux-mêmes, retombent, c'est à cause de l'*attraction de la Terre*. Cette attraction, appelée aussi *pesanteur* ou *gravité*, est une force qui semble résider au centre de la Terre, et solliciter tous les corps à se rapprocher de ce point, en suivant la direction de la verticale (9). L'attraction agit avec une intensité d'autant plus grande que les corps ont plus de *masse*, c'est-à-dire contiennent plus de matière, et que leur *distance* à la surface de la Terre est plus petite.

Si nous voyons certains corps, comme la fumée, les ballons, paraître s'élever d'eux-mêmes, il faut en rapporter la cause à la pesanteur même. Ces corps sont plus légers que les couches inférieures de l'atmosphère, et s'élèvent, de même qu'un liége monte sur l'eau ; tous les corps plus lourds que l'air tombent à la surface du sol, comme une pierre déposée dans l'eau tombe sur le fond du vase qui contient cette eau.

Quant à la Terre elle-même, comment pourrait-elle tomber, si ce n'était vers une autre terre ou une autre masse qui l'attirerait ? Le Soleil, il est vrai, agit sur la Terre et la ferait tomber sur lui, comme une pierre tombe sur la Terre ; mais son action est contre-balancée par la *force centrifuge* qui résulte du mouvement annuel de notre planète autour du Soleil (144-148).

81. Antipodes. — On appelle *antipodes* (ἀντι πούς opposés à nos pieds) les habitants de la partie de la Terre exactement opposée à celle que nous occupons. Quelques personnes s'étonnent que ces hommes puissent se tenir *debout la tête en bas*. Nos antipodes n'ont pas plus que nous la tête en bas. En quelque lieu que l'on soit, le *bas* est déterminé par la direction vers le sol dans laquelle la pesanteur entraîne les corps ; le *haut* est la direction opposée, du côté du ciel. Nos antipodes ont comme nous leurs corps attirés vers le centre de la Terre ; et leurs pieds doivent être appliqués sur la Terre, comme les nôtres, quoique diamétralement opposés.

82. Dépression de l'horizon. — La dépression de l'horizon apparent est l'angle HAC ou H'AD (*fig. 22*) que fait, avec l'horizon rationnel HH', un rayon visuel AC ou AD tangent à la sur-

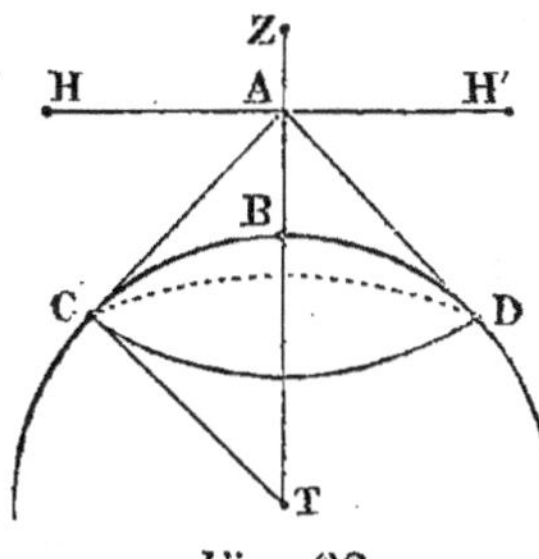

Fig. 22.

face de la mer, pour un observateur, en A, élevé au-dessus de cette surface. Cet angle, toujours très-petit, augmente à mesure que l'on s'élève le long d'une montagne qui domine la mer, ou dans un ballon. On peut le mesurer exactement avec le théodolite ou d'autres instruments spéciaux.

Quel que soit le rayon visuel, mené d'un même point A à la surface de la mer, la *dépression de l'horizon est constante*, tout autour de la même verticale ZT, pour une même hauteur AB ; et toujours la courbe qui limite la vue et qui comprend tous les points de contact C,D... est une circonférence ; c'est ce qu'on appelle *l'horizon apparent*. La géométrie nous apprend qu'il ne peut en être ainsi que si la Terre est sphérique.

Pour une hauteur AB de 50^m, la dépression est de 13′ 40″. Cette mesure donne un premier moyen de calculer le rayon de la Terre.

83. Grandeur approchée de la Terre.—Le rayon de la Terre est d'environ 6.400 kilomètres, ou 1.600 lieues. Voici deux procédés employés pour déterminer cette valeur approchée :

1° La *dépression de l'horizon* étant HAC=d (*fig. 22*), on a l'angle CAT=90−d ; soit la hauteur AB=h.

Dans le triangle CAT, rectangle en C, on connaît donc l'angle en A, et on a CT=R, le rayon de la Terre ; et AT=R+h.

La trigonométrie donne le moyen de calculer l'inconnue R ; car, dans le triangle rectangle, on a :

$$CT=AT \times \sin. CAT \quad \text{ou} \quad R=(R+h)\sin.(90-d);$$

$$\text{d'où on tire } R=\frac{h\cos.d}{1-\cos.d}.$$

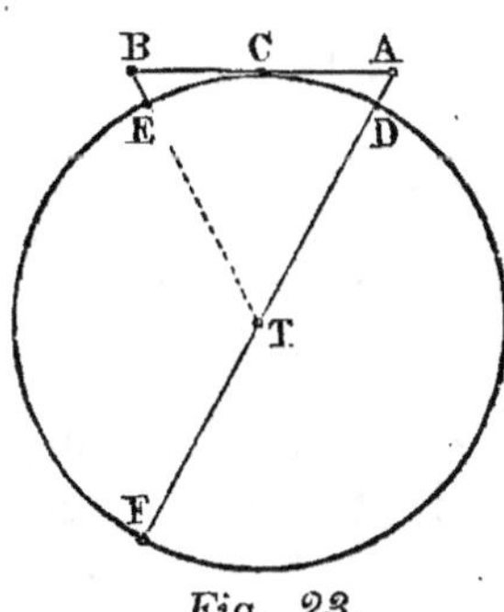

Fig. 23.

2° *Deux observateurs*, chacun à bord d'un navire, à une hauteur DA et EB de 3 mètres au-dessus de la mer, cessent de s'apercevoir à une distance AB de 12.600 mètres (*fig. 23*). On en déduit la valeur approchée du rayon de la Terre.

Du point A, menons la ligne AC tangente à la circonférence d'un grand cercle de la Terre et la ligne AF sécante. Une proposition connue de géométrie donne :

$$\frac{AF}{AC}=\frac{AC}{AD}$$

Or AF=2R+3 ; AC=$\frac{12600}{2}$=6300 ; AD=3.

Mettant ces valeurs dans la proportion : $\frac{2R+3}{6300}=\frac{6300}{3}$

Résolvant l'équation, on trouve R=6609 kilomètres ; cette valeur est trop forte.

CHAPITRE II.

COORDONNÉES GÉOGRAPHIQUES.

84. Cercles et lignes de la Terre. — En regardant la Terre comme sensiblement sphérique, nous y distinguerons une suite de lignes et de cercles analogues à ceux de la sphère céleste (7,13,14).

L'*axe de la Terre pp'* (*fig. 24*) est la ligne autour de laquelle la Terre tourne réellement en accomplissant son mouvement diurne (32-41); c'est aussi la partie de l'axe du monde PP' contenue dans la Terre.—Les *deux pôles de la Terre* sont les deux points p et p', par lesquels l'axe perce la surface de la Terre. L'un p est le pôle nord ou pôle boréal; l'autre p', le pôle sud ou pôle austral.

L'*équateur ee'* est un grand cercle de la Terre perpendiculaire à son axe; ou encore, le grand cercle suivant lequel l'équateur céleste EE' coupe la Terre. — L'équateur partage la Terre en deux parties égales ou *hémisphères*. L'une de ces parties renferme le pôle boréal, c'est l'hémisphère boréal; l'autre contient le pôle austral, et se nomme hémisphère austral. — La circonférence de l'équateur s'appelle la ligne équinoxiale ou simplement la *ligne*.

Le méridien d'un lieu est le demi-grand cercle *pap'*, passant par ce lieu et par les pôles de la Terre; c'est aussi l'intersection de la Terre par le méridien céleste de ce lieu PZP'. — On donne le nom de *méridienne* à l'intersection de la surface de la Terre par le méridien. Le méridien partage la Terre en deux parties égales ou *hémisphères* : l'un oriental , l'autre occidental. — Chaque lieu a son méridien, comme chaque étoile a son cercle horaire (13).

Les *parallèles terrestres* sont des petits cercles *cac'* perpendiculaires à l'axe de la Terre et parallèles à l'équateur. Leurs circonférences sont aussi les intersections de la surface de la Terre par des génératrices TaZ de cônes circulaires ayant pour sommet le centre commun de la Terre et de la sphère céleste, et pour base les différents parallèles célestes CZC'. Les plans des parallèles célestes ne rencontrent pas la Terre à cause de sa petitesse.

Parmi les parallèles terrestres, quatre sont plus importants que les autres : les deux *tropiques*, situés à 23° 1/2 de chaque côté de l'équateur, et les deux *cercles polaires* qui sont à 23° 1/2 de chacun des pôles. — Ces parallèles divisent la surface de la Terre en six bandes qu'on appelle *zônes* (160).

85. Latitude et longitude géographiques. — La position d'un lieu *a* sur la Terre se détermine au moyen de deux coordonnées (42) géographiques ou terrestres, la latitude et la longitude, analogues aux coordonnées célestes équatoriales appelées déclinaison et ascension droite (43).

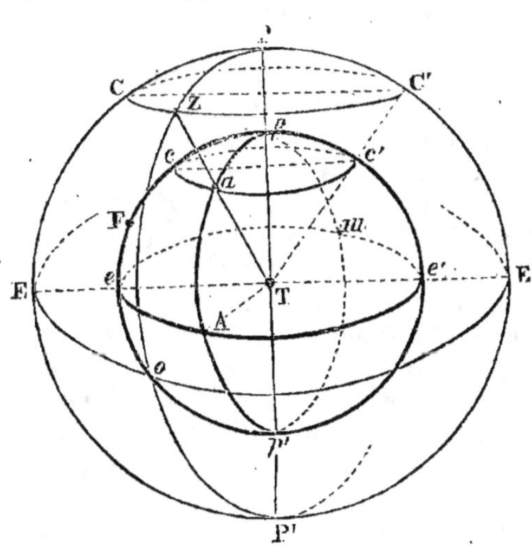

Fig. 24.

La *latitude* d'un lieu *a* (*figure 24*) est la *distance de ce lieu à l'équateur*, distance mesurée par l'arc *a*A de méridien, compris entre ce lieu et l'équateur. Cette définition suppose la Terre parfaitement sphérique; la suivante est plus exacte: la latitude est l'angle Z T A que fait la verticale ZT avec AT sa projection sur l'équateur.

La latitude se compte, à partir de l'équateur, dans l'un ou l'autre sens jusqu'aux pôles, et varie de 0 à 90°. Elle est *boréale* ou positive, quand le lieu est dans l'hémisphère boréal; elle est *australe* ou négative, quand il est dans l'hémisphère austral.

86. — La *longitude* d'un lieu est *la plus petite distance* (Ae et non Ae'e) (*fig. 24*) du méridien de ce lieu à un méridien pris pour origine *pFp'* que l'on nomme *premier méridien*. On définit aussi la longitude, l'angle dièdre, formé par le méridien qui passe par ce lieu *pap'*, et un premier méridien *pFp'* qui passe par un point origine F; cet angle a pour mesure l'arc de l'équateur eA, ou celui d un parallèle *ca*, compris entre les deux méridiens.

La longitude se *compte*, à partir du premier méridien, de 0 à 180° jusqu'à ce qu'on rencontre, à l'orient ou à l'occident, ce méridien prolongé de l'autre côté de la Terre. Elle est donc *orientale* ou *occidentale*, suivant que la plus petite distance du premier méridien à celui du lieu se trouve à l'orient ou à l'occident.

87. — Le *premier méridien*, ou méridien origine, était *autrefois*, comme du temps de Ptolémée, le méridien de l'île de *Fer* F, la plus occidentale des Canaries. Comme le monde connu alors ne s'étendait pas au-delà, toutes les longitudes étaient orientales. — *Aujourd'hui*, les rivalités nationales ont amené chaque peuple à avoir son premier méridien; c'est ordinairement celui qui passe par le principal observatoire. Pour les Français, c'est le méridien de l'observatoire de Paris, à 20° de longitude orientale, par rapport à l'île de Fer. Pour les Anglais, c'est celui de Greenwich, à 2° 20' 24" à l'ouest de Paris; pour les Espagnols, celui de Cadix; pour les Italiens, celui de Rome. — Il suffit de faire une addition ou une soustraction lorsqu'on veut rapporter une longitude à un premier méridien autre que celui pour lequel elle est donnée.

Le monde connu des Anciens était plus étendu de l'est à l'ouest en *longueur* (longitudo) que du nord au sud en *largeur* (latitudo), ce qui explique les noms de longitude et de latitude donnés aux coordonnées géographiques.

Des définitions précédentes, il suit que tous les points

du sol situés sur un même demi-méridien ont une longitude commune, et que tous les points d'un même parallèle ont la même latitude.

La latitude et la longitude d'un lieu quelconque *se déterminent* par le calcul, à l'aide d'observations astronomiques faites en ce lieu.

88. Mesure de la latitude. — *La latitude d'un lieu donné sur la Terre est égale à la hauteur du pôle au-dessus de l'horizon de ce lieu. Pour la déterminer, il suffit donc de mesurer la hauteur du pôle ;* on le fait par un des procédés indiqués plus haut (28).

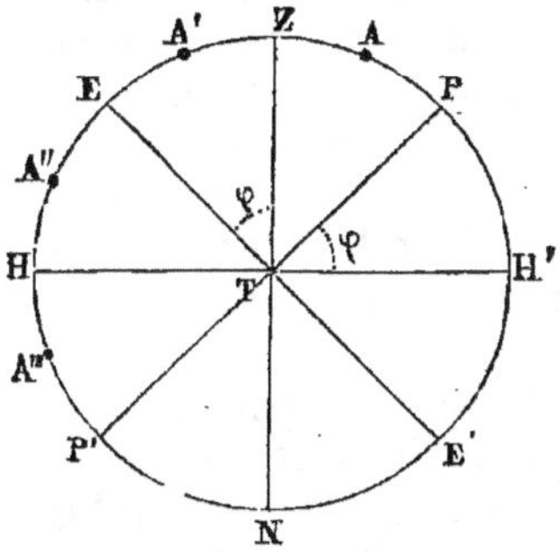

Pour prouver l'égalité de la latitude et de la hauteur du pôle, supposons la Terre réduite à un point T (*fig. 25*). La circonférence de la figure représentant le méridien d'un lieu, soient TZ la verticale de ce lieu, HH' la trace de son horizon rationnel ; PP' la ligne des pôles, et EE' la trace de l'équateur. La latitude (85) est l'angle ETZ, et la hauteur du pôle, l'angle PTH'. Ces deux angles sont égaux comme ayant le même complément ZTP ; ou si l'on veut :

Fig. 25.

$$ETP = 1^{dr}, \text{ étant formé par l'équateur et la ligne des pôles ;}$$
$$ZTH' = 1^{dr}, \text{ formé par la verticale et l'horizon ;}$$

d'où $ETP = ZTH'$, et en retranchant la quantité commune ZTP,

$$\text{on a } ETP - ZTP = ZTH' - ZTP ;$$

d'où on tire enfin $ETZ = PTH'$.

89. — La hauteur du pôle, et par là même la latitude, peut être déterminée par une seule observation au lieu de deux. *Il suffit de mesurer la hauteur d'une étoile à son passage au méridien.*

Des tables formées par les astronomes du Bureau des Longitudes, et publiées dans la *Connaissance des temps*, indiquent la déclinaison des principales étoiles. Prenons l'étoile A à son passage au méridien (*fig. 25*). Les tables donnent sa déclinaison

EA ; on en déduit sa distance au pôle AP=90-EA. Si on mesure la hauteur méridienne de l'étoile AH', il sera facile d'en tirer la hauteur du pôle, car

$$PH'=AH'-AP=AH'-90+EA.$$

Pendant le jour, on se sert des tables ou *éphémérides,* qui donnent, pour tous les jours de l'année, la déclinaison du Soleil, et on mesure la hauteur méridienne de cet astre.

En mer, il est impossible d'employer la méthode ordinaire qui exige l'observation de deux passages d'une étoile, à 12 heures d'intervalle, parce que le bâtiment n'est pas fixe. Les marins observent un seul passage d'une étoile ou du Soleil ; ils se servent pour cette mesure d'un instrument spécial, appelé *sextant.*

90. Mesure de la longitude. — *Principe.* Pour déterminer la longitude d'un lieu, il faut *mesurer le temps* (en h. m. s.) *qu'une étoile ou le Soleil met à passer du méridien de ce lieu au premier méridien,* ou réciproquement. *Il faut ensuite multiplier ce temps par 15 ;* et le produit exprime (en 0°, ', ") la longitude demandée. On voit que le calcul est le même que pour l'ascension droite (45).

En effet, dans le mouvement diurne apparent, une étoile passe successivement aux méridiens des différents lieux de la Terre, et, en vingt-quatre heures sidérales, elle parcourt ainsi, d'un mouvement uniforme, une circonférence entière de 360°. Dans une heure, l'étoile parcourt 15° ; dans une minute, elle parcourt un arc de 15', et dans une seconde, elle parcourt un arc de 15".

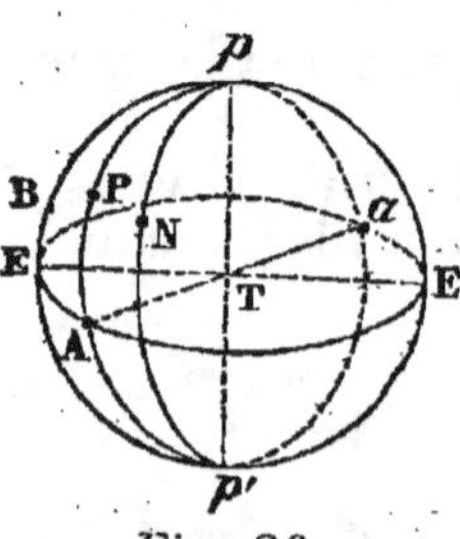

Fig. 26.

Supposons que, à un moment donné, à Paris P (*fig. 26*), une horloge réglée sur une étoile marque 0ʰ, 0ᵐ, 0ˢ, et que, au même instant, à Nice N, une horloge réglée sur le passage de la même étoile marque 0ʰ 19ᵐ 46ˢ. L'étoile met 19ᵐ 46ˢ à passer du méridien de Nice à celui de Paris.

Les 19ᵐ donnent.... 19×15' = 285'
et les 46ˢ donnent.... 46×15" = ... 690"

ce qui fait une longitude de....... 4°56' 30"

La longitude ainsi trouvée est orientale, puisque l'étoile passe au méridien de Nice avant de passer au premier méridien de Paris; dans le cas contraire, la longitude serait occidentale. Pour Brest B, elle est de 6° 49′ 42″; quand il est midi à Paris, il est à Brest midi moins 27ᵐ, ou 11ʰ 33ᵐ.

Souvent on se dispense de multiplier par 15, et la longitude reste *évaluée en temps*, au lieu d'être convertie en degrés.

91. Mesure du temps. — Toute la difficulté est de connaître quelle est, à un même instant, l'heure d'un lieu désigné, dont on veut avoir la longitude, et l'heure du premier méridien, c'est-à-dire, pour les Français, l'heure de Paris. Trois méthodes sont employées : la méthode du *transport des chronomètres*, celle des *signaux instantanés*, et celle des *observations astronomiques* combinées avec l'emploi des *éphémérides*.

1° *Transport des chronomètres.* On règle un chronomètre ou *montre marine* sur le passage d'une étoile, de Sirius, par exemple, au méridien de Paris, et on le transporte au lieu dont on veut avoir la longitude. Là, on le compare avec un autre chronomètre réglé sur le passage de la même étoile au méridien de ce lieu. Si on ne trouve pas de chronomètre, on observe le passage de l'étoile, et on note l'heure que marque à cet instant le chronomètre de Paris. On voit de la sorte quelles sont, au même instant, l'heure de ce lieu et celle de Paris. *Leur différence, ou son produit par 15, sera la longitude, en temps ou en degrés.*

Supposons que, lorsque l'étoile passe au méridien du lieu, soit *p*B*p′* (*fig. 26*), le chronomètre de Paris marque 4ʰ. L'étoile est donc passée depuis 4 heures au méridien de Paris *p*P*p′* ; elle a mis 4 heures à venir jusqu'à celui du lieu B; or, dans 4ʰ, elle a parcouru quatre fois 15°. La longitude de ce lieu est donc de 60°, et elle est occidentale. — Si le chronomètre de Paris marque 20 heures, on en conclut que dans 24—20=4 heures, l'étoile arrivera du méridien du lieu N à celui de Paris, ayant encore actuellement 4×15=60° à parcourir. La longitude est de 60° et orientale.

L'emploi du chronomètre exige que, pendant le voyage, cet instrument n'éprouve pas de variation sensible; ce qui est difficile à obtenir. On remédie en partie à cet inconvénient, en portant au moins trois chronomètres, destinés à se contrôler; et on a soin, au retour dans le premier lieu, de les comparer de nouveau avec l'heure de ce lieu.

92. — 2° *La méthode des signaux instantanés* exige le concours d'observateurs opérant simultanément dans les deux stations. A un signal convenu, on note dans chacune l'indication de la pendule qui marque l'heure du lieu. S'il est possible, on répète cette opération plusieurs fois, pour prendre la moyenne des résultats obtenus.

La *télégraphie électrique* fournit aujourd'hui le mode de signaux instantanés le plus parfait. L'électricité ayant une vitesse très-grande, de plus de 40.000 lieues par seconde, on peut admettre qu'elle se transmet instantanément d'un point de la Terre à un autre. Supposons, dans deux lieux reliés par un fil télégraphique, deux observateurs, ayant chacun un chronomètre réglé pour la station où il se trouve. L'un d'eux transmet un signal, en notant l'heure de son chronomètre; l'autre reçoit au même instant le signal, et note aussi l'heure marquée par son chronomètre. Il restera aux observateurs à se communiquer les résultats de leurs observations, pour avoir la différence d'heures.

A défaut de la télégraphie, on emploie des *signaux de feu*. Les observateurs se tiennent dans deux stations, A et B (*fig. 27*), dont ils veulent trouver la différence de longitude. A des moments de la nuit convenus

A   m   B   n   C
●——————●——————●——————●——————●
Fig. 27.

d'avance, sur un point culminant d'une station intermédiaire *m*, on fait un signal, en lançant une fusée ou en allumant de la poudre. Il se produit une vive clarté qui est aperçue, au même instant, dans les stations A et B. — Si la distance des deux stations principales A et C est trop grande, si elle dépasse 50 à 60 lieues, on établit

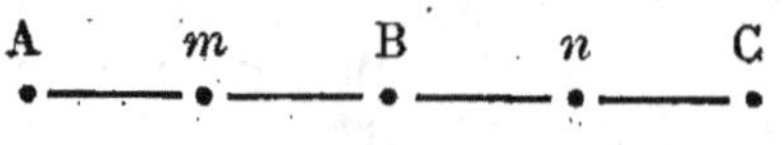

des stations intermédiaires, alternativement occupées
par des signaux et des observateurs, de telle sorte que
le signal parti de *m* puisse être vu en A et en B, de
même que le signal parti de *n* sera vu en B et en C.
Faisant la somme des différences d'heures, observées de
chaque station à la suivante, on a la différence entre les
deux stations extrêmes A et C. — C'est à l'aide de ce
procédé que *Cassini* a construit, au XVIIIe siècle, sa
célèbre carte de France.

Certains phénomènes astronomiques, qui peuvent être
aperçus en même temps de deux lieux de la Terre très-
éloignés l'un de l'autre, servent aussi de signaux instantanés; ce sont les apparitions d'étoiles filantes ou de
bolides, les éclipses des satellites de Jupiter, celles de
la Lune, les occultations des étoiles par la Lune.

93. — 3° Les *phénomènes astronomiques*, rarement
utilisés dans la méthode précédente, le sont fréquemment
avec le concours des *éphémérides*. Ce sont des tables,
calculées d'avance par les astronomes, et insérées dans
la *Connaissance des temps*, qui indiquent, pour chaque
jour, quelle heure il est à Paris quand ces phénomènes
ont lieu. Un observateur, en voyant un de ces phénomènes, peut savoir immédiatement quelle heure il est à
Paris, et il peut savoir d'ailleurs quelle heure il est dans
le lieu où il se trouve.

94. Détermination de l'heure. — Quelle que soit la
méthode employée dans la mesure d'une longitude, il
faut déterminer l'heure du lieu où l'on se trouve. On le
fait au moyen d'une *lunette méridienne* (19) ou du
théodolite (21). On installe l'instrument de manière que
l'axe optique de la lunette décrive le plan du méridien,
et on observe le passage de l'étoile sur laquelle on veut
se régler. On peut aussi observer une des étoiles dont
l'ascension droite se trouve inscrite dans la *Connaissance
des temps*. Cette ascension droite sera précisément
l'heure sidérale du lieu au moment de l'observation.

A bord des navires, on ne peut employer le procédé
qui précède ; les *marins* déduisent l'heure de la hauteur
du Soleil. Ils observent cette hauteur avec le *sextant*.

95. Notions diverses. — 1° *Heures en différents lieux de la Terre.* Tous les lieux situés sur un même méridien, ayant par conséquent la même longitude, ont, au même instant, la même heure, quelle que soit leur latitude ; ainsi Dunkerque et Barcelone. — Mais les lieux dont les longitudes diffèrent, ont, au même moment, des heures différentes. Une différence de 1° donne une différence de 4^m de temps ; 15° donnent 1^h. — Lorsqu'il est midi à Paris, il est à Rome midi 40^m, à Vienne midi 56^m, à Constantinople 1^h 47^m, à Saïgon (Cochinchine française), 6^h 5^m, à Nouméa (Nouvelle-Calédonie), 10^h 56^m du soir. Quand il est midi à Paris, il est à Londres 11^h 50^m du matin, à New-York 6^h 55^m, à Mexico 5^h 14^m, et aux îles Sandwich 1^h 19^m du matin.

2° *Semaine des trois jeudis. Quand un voyageur fait le tour de la Terre, en suivant l'équateur, s'il marche vers l'est, il gagne un jour entier ; s'il se dirige vers l'ouest, il perd un jour.* C'est ce qui a donné lieu à la *semaine des trois jeudis.* On suppose trois amis, réunis à Paris, discutant sur la rotondité de la Terre. Pour trancher la question, il est décidé que l'un deux restera à Paris, que les deux autres feront un voyage autour du monde en sens contraire, et qu'enfin, au bout d'un an, ils se réuniront de nouveau à Paris, soit le jeudi 8 décembre. Le voyageur E va s'embarquer à Marseille, pour passer par l'isthme de Suez et traverser l'Océanie. Lorsqu'il arrive à 15° à l'est de Paris, il se trouve sur un méridien qui avance de 1^h sur Paris, et quand il marque midi sur son carnet de voyage, il n'est que 11^h à Paris ; à 15° plus loin, il est en avance de 2^h sur Paris, et quand il traverse le méridien *pap'* (*fig. 26*), opposé à celui de Paris, et qui traverse l'Océanie, il a gagné 12 heures sur le temps de Paris. Pendant ce temps-là, le voyageur O s'est embarqué au Hâvre pour traverser l'Océan Atlantique, débarquer en Amérique, pour s'embarquer de nouveau et voguer sur le grand Océan. Arrivé à 15° à l'ouest de Paris, il marque 11^h, quand il est midi à Paris ; il perd ainsi 1^h par 15°, et arrivé au 180e degré, au méridien *pap'*, il a perdu 12 heures. — Si les deux voyageurs se rencontrent en *a* et comparent leurs notes, ils se trouveront en désaccord de 1 jour. Ainsi, au moment où, à Paris, il est minuit du 7 au 8 juin, le voyageur E marque sur son journal midi du 8 juin, et le voyageur O midi du 7 juin. — Dans la seconde moitié de leur course, la différence de l'heure de Paris à celle des lieux où ils passent augmente encore de 12 heures. — A l'époque fixée pour le retour, le voyageur E a compté 24 heures ou un jour de plus que le parisien sédentaire, et le voyageur O, un jour de moins ; aussi le parisien est-il tout étonné en voyant, le mercredi 7 décembre, le voyageur E entrer chez lui et lui prouver, en lui montrant les notes de son journal, qu'il revient bien le jour convenu, le jeudi 8 décembre. Le jour suivant, l'astronome resté à Paris, consulte les savants et les calendriers, et se confirme dans l'opinion qu'il est au jeudi 8 décembre. Le lendemain, vendredi 9 décembre, le voyageur O arrive à son tour, en se félicitant de son exactitude au rendez-vous, et en parcourant son journal il n'a pas de peine à prouver qu'il n'est encore qu'au *jeudi* 8 décembre. Aucun des trois ne s'est trompé ; et il y a ainsi trois jeudis dans la même semaine.

Les *marins* qui font le tour de la Terre en se dirigeant vers l'est, reçoivent un jour de plus de vivres et de solde ; ceux qui vont à l'ouest en reçoivent pour un jour de moins.

3° *Origine du même jour en différents lieux.* Le jour d'une date précise quelconque, par exemple le 8 décembre 1874, commence d'abord pour les lieux situés sous le méridien *pap′* (*fig. 26*), opposé à celui de Paris, à l'instant où l'étoile régulatrice ou le Soleil passe à ce méridien ; puis le jour de même date commence successivement à chacun des autres lieux du globe, considérés dans le sens *aEAE′* au fur et à mesure que l'étoile passe aux méridiens de ces lieux.

Imaginons un navire, parti d'un port français de la Méditerranée, ayant traversé l'isthme de Suez, et marchant à l'est, dans le grand Océan. Lorsqu'il sera arrivé au méridien *pap′*, il devra diminuer d'un jour la date de son journal du bord, s'il veut être d'accord avec les habitants du port où il abordera postérieurement. Si au contraire, parti du Hàvre, le vaisseau a passé le détroit de Magellan et marché vers l'ouest ; quand il traversera le méridien *pap′*, il devra augmenter d'un jour la date de son journal.

Le premier navire, avant de traverser le méridien *pap′*, marquait, par exemple, le 8 décembre ; après l'avoir traversé, il devra marquer le 7 décembre ; l'autre marquait d'abord le 7 décembre, il marquera le 8 immédiatement après le passage.

CHAPITRE III.

MESURE DES DIMENSIONS DE LA TERRE. — SA VRAIE FORME.
LONGUEUR DU MÈTRE.

96. Objet de ce chapitre. — En admettant que la Terre soit une sphère, il suffit, pour en connaître les dimensions, de mesurer la longueur d'un arc de 1° pris sur un grand cercle, un méridien par exemple.

Un arc de 1° ayant une longueur représentée par l,

un arc de 360°, ou la circonférence entière, vaudra $360 \times l = 2\pi \text{R}$;

d'où on tire, pour la valeur du rayon : $\text{R} = \dfrac{360\,l}{2\pi}$.

Des arcs de méridien de 1° ayant été mesurés à diverses latitudes, on a trouvé des longueurs différentes (101) ; il faudra en conclure qu'un méridien terrestre n'est pas un cercle, et que, par suite, la Terre n'est pas parfaitement sphérique (102). Les valeurs de ces arcs de 1° ont fait reconnaître que la véritable forme d'un méridien est une ellipse (103), dont les dimensions ont pu être calculées (106).

Enfin, ayant trouvé la longueur du quart du méridien, on en a pris la dix-millionième partie pour valeur du mètre (105).

97. Mesure d'un arc de méridien. — Un arc de méridien est la partie de la méridienne comprise entre deux stations D et B (*fig. 28* et *29*), par exemple, Dunkerque et Barcelone, qui ont le même méridien. On reconnaît que deux stations sont sur le même méridien quand elles ont la même longitude, c'est-à-dire quand les étoiles ou le Soleil passent exactement en même temps au méridien de chacune.

La mesure de cet arc comprend deux opérations : 1º la détermination de l'*amplitude de l'arc*, du nombre de degrés qu'il contient; 2º la détermination de la *longueur de l'arc*, de sa valeur en toises ou en mètres.

1º *Amplitude de l'arc.* Quelle que soit la forme de la Terre, *l'amplitude d'un arc de méridien* BD *est l'angle* BOD (*fig. 28*), *formé par les deux normales à la courbe*, ou autrement, par les verticales menées à ses deux extrémités Z′O et ZO, que ces verticales aillent ou non passer par le centre de la Terre. Cet angle est d'ailleurs égal à la différence des hauteurs du pôle en D et en B, et, par conséquent (88), égal à la différence des latitudes.

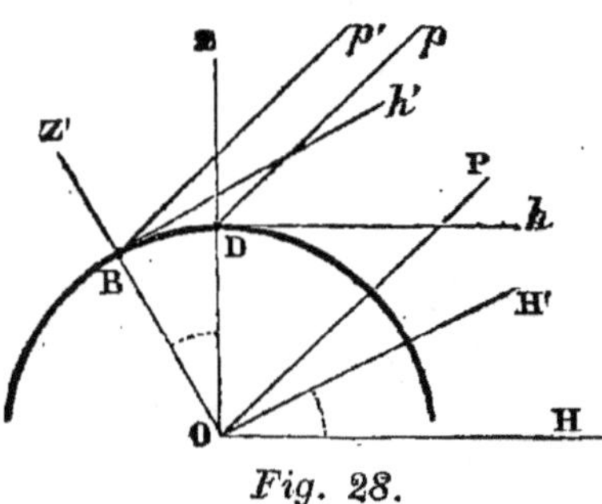

Fig. 28.

Pour déterminer l'angle des verticales, Z′OZ ou BOD, on mesure, à une extrémité de l'arc en D, la hauteur *p*D*h* du pôle au dessus de l'horizon (28) ; de même en B, on mesure la hauteur *p*′B*h*′. La différence de ces hauteurs égale l'angle cherché BOD. En effet, par le point O, où se rencontrent les verticales, menons la ligne OP, qui représente la direction du pôle ; cette ligne est parallèle aux lignes D*p* et B*p*′, à cause de la grande distance du pôle à la Terre. Traçons aussi OH perpendiculaire à OD, et OH′ perpendiculaire à OB ; nous aurons l'égalité des angles à côtés parallèles : *p*D*h*=POH et *p*′B*h*′=POH′. La différence des angles en O est POH-POH′=H′OH. Mais on a H′OH=BOD, puisque ces deux angles ont leurs côtés perpendiculaires. Donc l'angle des verticales BOD peut s'obtenir en faisant la différence des hauteurs du pôle mesurées en D et en B.

98. — 2° *Longueur de l'arc. Triangulation.* La détermination de la longueur de l'arc DB présente de grandes difficultés, à cause des obstacles et des irrégularités de terrain qu'on rencontre nécessairement quand cet espace est tant soit peu considérable. La mesure ne s'en fait pas directement; on a recours à l'opération géodésique, connue sous le nom de *triangulation*. Cette méthode consiste à employer une suite de triangles, dont on mesure directement la plupart des angles, avec un seul côté, appelé *base*. Les autres angles et les autres côtés se déterminent ensuite par le calcul, à l'aide des formules de *trigonométrie*.

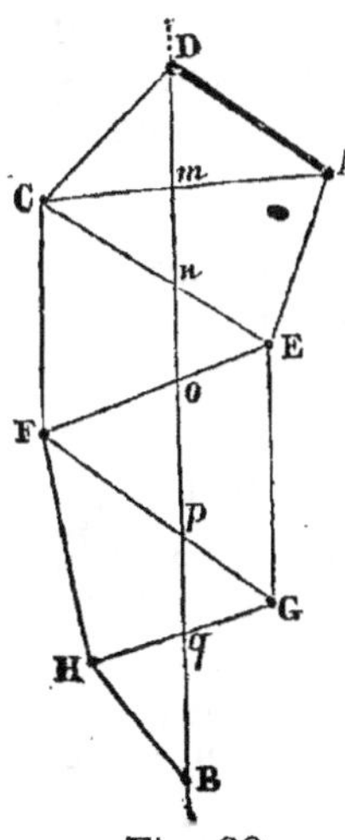

Fig. 29.

Soit DB (*fig. 29*) l'arc de méridien qu'il s'agit de mesurer. Pour faire cette mesure, on commence par tracer, sur un terrain plan et horizontal, une base DA; on la mesure très-exactement (99). Puis on choisit, de part et d'autre de la méridienne DB, des stations C, E, F... telles que, de chacune d'elles, on puisse apercevoir, à l'aide d'une lunette, les stations voisines; ce sont des sommets de collines, de tours ou d'édifices élevés. Cela fait, on suppose ces stations reliées entre elles par des lignes droites, de manière à former des triangles DAC, ACE... que traverse la méridienne DB. — On se transporte successivement dans chaque station, et, avec un théodolite (21), on mesure les angles de ces triangles. En D, on mesure l'angle ADC, et les angles ADB et BDC, formés par les lignes DA et DC et la direction de la méridienne, qui a été déterminée exactement (23-25). En A, on mesure les angles DAC, CAE; en C, les angles DCA, ACE, ECF...

Avec les éléments mesurés, on *calcule* successivement les segments de la méridienne D*m*, *mn*, *no*... et finalement l'arc entier de méridien DB. Dans le triangle ADC, on connaît le côté AD et les trois angles mesurés; à l'aide des formules de trigonométrie, on calcule les côtés DC et CA. Dans le triangle DC*m*, on a calculé le côté DC et mesuré les angles en D et en C; on peut calculer le segment de méridienne Dm, ainsi que le côté Cm et l'angle en m. Dans le triangle Cmn, le côté Cm a été calculé, l'angle en C a été mesuré et l'angle en m est connu comme complément de l'angle CmD; on peut donc calculer le côté mn, second segment de la méridienne, ainsi que Cn. On verra facilement comment on peut continuer les calculs de tous les segments de l'arc de méridien jusqu'en B; il n'y aura plus qu'à en faire la somme.

Il faut *remarquer* que les triangles à calculer ne sont pas ceux de l'espace, mais ces triangles *réduits au niveau de la mer ou à l'horizon*, c'est-à-dire ramenés à ce qu'ils seraient si toutes les stations étaient sur une surface horizontale regardée comme la continuation de la surface de la mer (111).

99. Mesure de la base. — Dans la grande triangulation effectuée en France, à la fin du siècle dernier, et qui comprenait un arc de presque 10°, s'étendant de Dunkerque jusqu'à Barcelone, la *base* mesurée directement n'était pas, comme la ligne DA (*fig. 29*), adjacente à l'extrémité de l'arc. Cette base fut choisie dans les plaines de Melun, et elle fut rattachée à l'arc par une suite de triangles.

On se servit, pour la *mesurer*, de quatre régles en platine, de deux toises de longueur, chacune reposant sur des madriers en bois portés sur des trépieds. Ces régles étaient placées successivement les unes à la suite des autres; mais, afin d'éviter de déranger celles qui étaient déjà posées, on laissait entre elles de petits intervalles, que l'on mesurait ensuite à l'aide de réglettes, mobiles dans une rainure, à l'extrémité antérieure de chaque régle. On tenait compte des variations de température, et aussi de l'inclinaison des régles, au moyen de niveaux à bulle d'air. On avait d'ailleurs comparé la longueur des régles de platine à celle de la toise en fer dont les savants français avaient fait usage en 1736 (100).

La longueur de la base fut trouvée de 6.075 toises, 98, et, après la réduction au niveau de la mer, de 6.075 toises, 90. Une toise vaut 1^m,949.

Pour *vérifier* l'exactitude de toutes les mesures et des calculs, on mesura directement, aux environs de Perpignan, une seconde base auxiliaire de plus de 6.000 toises, et la longueur trouvée par la mesure directe ne différait pas de 3 décimètres (10 pouces 8 lignes) de la longueur fournie par la triangulation.

La longueur des bases mesurées jusqu'à présent a varié entre 1/2 lieue et 5 lieues.

100. Différentes mesures de la Terre. — *Eratosthène* (né

276 ans avant J.-C.) est le premier savant connu qui ait mesuré les dimensions de la Terre. Ayant appris qu'à Syène, dans la haute Egypte, les plus grands édifices ne projetaient aucune ombre le jour du solstice d'été, il en conclut que, ce jour-là, le Soleil passait au zénith de cette petite ville. A Alexandrie, qui est à peu près sur le même méridien, il trouva que, ce même jour, la distance zénithale du Soleil à midi était de 7° 12′. L'arc de méridien compris entre ces deux villes avait donc une amplitude de 7° 12′. Sachant d'ailleurs que leur distance était de 5.000 stades, Eratosthène en déduisit, pour valeur de 1° de méridien, 694 stades. On ne connaît pas précisément la longueur du stade employé par ce savant; cependant on croit son résultat peu éloigné de la vérité.

L'abbé *Picard*, célèbre astronome français (1620-1683), inventa le procédé de triangulation que nous avons exposé (98), et fut le premier qui mesurât avec une parfaite exactitude un arc de méridien. Il établit un réseau géodésique entre Paris et Amiens, et trouva, pour 1°, une longueur de 57.060 toises. Ce résultat fut pleinement vérifié, d'abord en 1736, puis à la fin du siècle dernier.

A la fin du XVII° siècle, *Newton* et Huyghens émirent cette opinion, que si la Terre tournait sur elle-même, elle ne devait pas être parfaitement sphérique, mais renflée à l'équateur et aplatie aux pôles (108) ; que, par suite, un arc de 1° devait augmenter de longueur de l'équateur aux pôles. Les savants se préoccupèrent de cette question. Ce fut pour la résoudre que l'Académie des sciences nomma, en 1736, trois commissions, qui furent chargées de mesurer un arc de méridien : l'une en *France*, présidée par Lacaille et Cassini de Thury ; l'autre au *Pérou*, près de l'équateur, dirigée par La Condamine ; la troisième, dans le voisinage du pôle, dans la *Laponie*, ayant pour principaux membres, Clairaut et Maupertuis. Ce sont les résultats de ces trois opérations (101) qui ont mis hors de doute l'aplatissement de la Terre (102), et confirmé son mouvement de rotation (11).

La plus grande des opérations géodésiques est celle qui fut exécutée en *France*, par ordre de l'Assemblée de 1790, et qui avait pour but de déterminer le mètre. Les astronomes *Delambre* et *Méchain* mesurèrent l'arc de méridien de Dunkerque à Barcelone. — Plus tard, *Biot* et *Arago* reprirent ce travail, et le poussèrent, à travers l'Espagne, jusqu'à l'île de Formentara, une des Baléares ; ce qui donna un arc de plus de 12°.

Des mesures analogues ont été effectuées depuis, en Angleterre, dans les Indes, en Russie, etc.

101. Arc de 1°. Sa valeur à différentes latitudes. — Un arc de méridien de 1° est un arc tel que les verticales menées à ses deux extrémités font entre elles un angle de 1°.

Pour en trouver la valeur numérique, on détermine, par la triangulation (98), la longueur d'un arc de méridien d'un nombre quelconque de degrés, puis on divise la longueur obtenue par le nombre de degrés. Le quotient est égal à la quantité demandée. Ainsi, l'arc de méridien mesuré de Dunkerque à Barcelone est d'environ 10°, et sa longueur a été trouvée de 1.112 kilomètres; 1 degré a donc une valeur numérique de 111 kilomètres.

Voici, pour des latitudes différentes, les *valeurs de l'arc de 1°* telles qu'elles ont été trouvées, en 1736, au Pérou, en France et en Laponie.

Noms des stations.	Latitude moyenne.	Longueur en toises.	Longueur en mètres.
Pérou	1° 31′	56.750^t	110.608^m.
France	46° 8′	57.060^t	111.212^m.
Laponie	66° 20′	57.422^t	111.917^m.

102. Inégalités de l'arc de 1°. Conséquences. — En examinant le tableau qui précède, on voit aisément que la longueur de l'arc de 1° n'est pas la même à toutes les latitudes, et qu'elle s'accroît de l'équateur aux pôles. D'autres mesures, exécutées depuis 1736, dans bien des localités, avec toutes les ressources modernes, ont donné la même inégalité et la même croissance dans la longueur des arcs. Il résulte de ces faits plusieurs *conséquences*.

1° Le *méridien terrestre n'est pas un cercle*, et, par suite, la Terre n'est pas exactement sphérique. Autrement, toutes les verticales, normales à la circonférence, passeraient par le centre de la Terre ; et, à des angles au centre égaux, compris entre ces verticales, correspondraient des arcs égaux. Un arc de 1° aurait partout la même longueur, à toutes les latitudes.

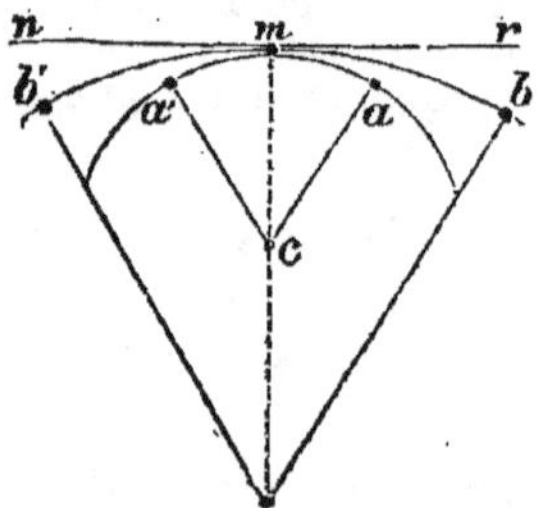

Fig. 30.

2° *Chaque méridien s'aplatit, c'est-à-dire que sa courbure va en diminuant de l'équateur au pôle.* Essayons d'expliquer cette conséquence. Soit une ligne droite *rmn* (*fig. 30*), et, au point *m*, la perpendiculaire *mo*. Traçons des arcs de cercle ayant leurs centres sur *mo*, en *o* et en *c*, et passant par le point *m*, de manière que la ligne *rmn* leur soit tangente. Formons des angles au centre égaux $aca' = bob'$; ces angles interceptent sur chaque circonférence des arcs d'égale amplitude. Mais nous avons l'arc $ama' < bmb'$, puisque le rayon $mc < mo$. L'arc plus petit *ama'* représente un arc de méridien voisin de l'équateur, et l'arc plus grand *bmb'* représente un arc voisin du pôle. Or, si nous examinons les courbures de ces deux arcs, nous voyons facilement que l'arc *ama'* est plus courbé et s'écarte davantage de la ligne droite *rmn*; l'arc *bmb'*, au contraire, s'écarte moins de la ligne droite, il a une plus petite courbure et est plus aplati. Donc, l'arc de méridien est de plus en plus aplati à mesure que l'on va de l'équateur au pôle.

103. Forme d'un méridien. — *La forme exacte d'un méridien terrestre est une ellipse.*

On nomme *ellipse une ligne* courbe, plane, telle que la somme des distances de chacun de ses points à deux points fixes, pris dans l'intérieur de la courbe et nommés *foyers*, est constante.

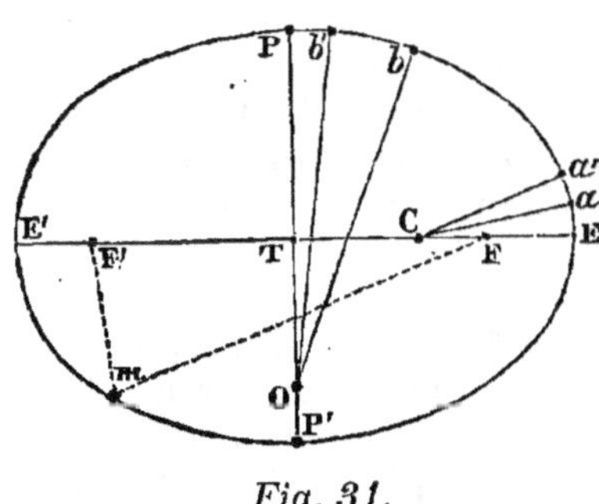

Fig. 31.

Les foyers étant F et F' (*fig. 31*), on a, pour le point quelconque *m* de la courbe, la somme $mF + mF'$ toujours de même valeur. On donne le nom de *grand axe* à la ligne EE' qui passe par les deux foyers; c'est, dans la Terre, le diamètre de l'équateur.

Le *petit axe* est la ligne PP', perpendiculaire au milieu du grand axe; il représente l'axe de la Terre. T est le *centre* de l'ellipse; une ligne *mF* qui joint un foyer à un point de l'ellipse, est un *rayon vecteur*.

Dans l'ellipse, comme dans le méridien terrestre (102), la courbure va en diminuant de E à P, pendant que l'arc de 1° va en augmentant. Prenons, dans le voisinage de E, un petit arc *aa'* tel que l'angle des verticales *ac'* soit de 1°; nous avons ainsi un arc de 1°, auprès de l'équateur. Prenons de même, dans le voisinage de P, qui représente le pôle, un arc *bb'*, tel que l'angle *bob'* soit de 1°. Il est facile de voir, en examinant la figure, que l'arc *aa'* est plus courbé, et moins grand, et que, au contraire, l'arc *bb'* est moins courbé, plus aplati, mais plus grand. *Une ellipse a donc la forme du méridien terrestre.*

On démontre d'ailleurs par des méthodes très-exactes que nous ne pouvons indiquer ici, que le méridien terrestre est une véritable ellipse. — La connaissance de deux arcs d'une ellipse suffit pour en déterminer les dimensions. Ainsi, avec les valeurs trouvées au Pérou et en Laponie, on a pu calculer les longueurs d'un arc de 1° aux autres latitudes, en France, en Angleterre, etc. Or, on a trouvé, entre ces longueurs données par le calcul, et celles qui ont été mesurées directement, une concordance satisfaisante. — La vérification a été faite sur plusieurs méridiens, ce qui autorise à admettre que *tous les méridiens sont égaux.*

Il résulte des développements qui précèdent, que les *verticales ne concourent pas toutes vers le centre de la Terre.* Les verticales voisines de l'équateur, comme *ac*, *a'c*, sont plus convergentes et se rencontrent en deça du centre du méridien elliptique ; celles qui sont voisines du pôle, comme *bo*, *b'o*, sont moins convergentes et se rencontrent au-delà du centre.

104. — *La vraie forme de la Terre est un ellipsoïde de révolution*, aplati aux pôles. On nomme ainsi le volume engendré par une demi-ellipse, PEP' (*fig. 31*), tournant autour de son petit axe PP'. Le demi-grand axe, TE, qu'on représente par *a*, s'appelle *rayon équatorial* de la Terre ; le demi-petit axe, TP$=b$, est le *rayon polaire*.

Cet ellipsoïde, du reste, diffère très-peu d'une sphère. En effet, si la Terre était représentée par un globe de 3 mètres de rayon, dans le sens de l'équateur ($a=3$), ce globe aurait seulement 1^{cm} de moins dans le sens des pôles, par conséquent 2^{m},99 ($b=2,99$), et son aplatissement serait complétement imperceptible.

L'aplatissement est donc assez petit pour que nous puissions sans inconvénient continuer à considérer la

Terre comme une sphère véritable. Nous regarderons les méridiens comme étant des cercles et non des ellipses ; et nous supposerons que les verticales passent toutes par le même point, qui sera pour nous le centre de la Terre.

Dans la figure 31, la distance des foyers FF' a été exagérée ; si l'on diminue cette distance, l'aplatissement diminue ; et, à la limite, si la distance FF' devient nulle, la courbe est une circonférence qui a son centre en T. Dans le méridien terrestre, cette hypothèse est à peu près réalisée.

105. Longueur du mètre. — L'unité de longueur, appelée *mètre*, est la dix-millionième partie du quart du méridien terrestre.

En 1790, l'Assemblée nationale décida que toutes les unités du nouveau système français des poids et mesures dériveraient de l'unité de longueur, et que cette unité de longueur serait prise dans la nature, et aurait un rapport simple avec les dimensions de la Terre. Pour en déterminer la valeur exacte, il fut nommé une commission de savants français et étrangers, chargée de vérifier les mesures déjà exécutées ; en même temps, Delambre et Méchain mesuraient l'arc entier du méridien de Paris, compris entre Dunkerque et Barcelone.

En combinant cette mesure avec celles du Pérou et de la Laponie (101), on évalua la longueur du quart du méridien à 5.130.740 toises. La longueur du mètre, qui en devait être la dix-millionième partie, fut fixée à 0 toise, 5.130.740, c'est-à-dire à 3 pieds 0 pouces 11 lignes, 296.

De nouvelles mesures exécutées en France et à l'étranger, et une discussion plus rigoureuse des résultats obtenus, ont prouvé que la valeur du quart du méridien, adoptée à la fin du siècle dernier, est trop faible de 440 toises. Cette erreur rend le *mètre légal un peu trop court*, mais d'une quantité assez petite pour être négligée, à savoir, de 0 ligne, 038, à peu près un dixième de millimètre.

CHAPITRE IV.

DIMENSIONS DE LA TERRE. — FORCE CENTRIFUGE. — CONSTITUTION
PHYSIQUE DE LA TERRE.

106. Dimensions et densité de la Terre. — En comparant
toutes les mesures d'arcs de méridien faites jusqu'ici, on a été
conduit à adopter les dimensions suivantes du globe terrestre :

Rayon équatorial......a=6.377.398 mètres =1.594 lieues.
Rayon polaire.........b=6.356.080 —   =1.589 —
Différence des deux...   21.318 —   envir. 5 —
Rayon moyen de la Terre 6.366.739 —   = 1.591 —
Circonfér. de l'équateur. 40.070.376 — =10 019 —
Circonfér. du méridien. 40.003.424 — =10.000 —
Surface de la Terre ... 509.950.000 kilomètres carrés.
Volume de la Terre...   1.082.000 millions de km. cubes.

Remarques. Quand les astronomes prennent pour *unité de
longueur* le rayon terrestre, il s'agit du rayon équatorial ; il sert
pour les distances de notre système solaire. Pour la distance des
astres entre eux, on prend pour unité de longueur la distance
de la Terre au Soleil, qui est, pour ainsi dire, le mètre céleste.

La différence des deux rayons terrestres n'atteint pas deux fois
et demi la hauteur du mont *Everest*, dans l'Himalaya (110).

La circonférence de la Terre, appelée *tour du monde*, équi-
vaut à environ cinquante fois la distance de Paris à Marseille.

On a calculé que la France occupe à peine la millième partie
de la surface du globe. — Si les mille millions d'hommes, qui
peuplent actuellement la Terre, se partageaient entre eux les
continents et les îles, chacun aurait pour sa part 200.000 mètres
carrés ou 20 hectares.

La *longueur des degrés de latitude*, mesurée sur les méridiens, varie de très-petites quantités, en augmentant légèrement
de l'équateur aux pôles (101); leur valeur moyenne est de
111.121 mètres ; la minute a 1.852m, et la seconde 31m.

La *longueur des degrés de longitude*, mesurée sur les parallèles, diminue très-rapidement. Voici, en kilomètres, cette longueur des arcs de parallèles de 1°, à différentes latitudes, de
10 en 10° :

A la latitude 0°, 1° vaut 111km. | A la latitude 50°, 1° vaut 72km.
 — 10 — 109 | — 60 — 56
 — 20 — 105 | — 70 — 38
 — 30 —   96 | — 80 — 19
 — 40 —   85 | — 90 —   0

La *densité moyenne de la Terre*, comparée à celle de l'eau,
est 5,56. Le globe terrestre contient donc de cinq à six fois
autant de matière qu'il y en a dans un volume d'eau égal au

sien. — Connaissant le poids de 1^{dme} d'eau, le volume de la Terre et sa densité, on peut facilement en calculer le poids, et, par suite, la *masse*.

Pour *déterminer la densité de la Terre*, on a eu recours au pendule, à la balance de torsion, à l'attraction des montagnes. Les résultats diffèrent, il est vrai, mais ils ne varient qu'entre 4,39 et 6,57. Cavendish, en faisant osciller une petite sphère de plomb, fixée à une balance de torsion, près d'une masse de plomb plus grande, a constaté et apprécié l'attraction de cette dernière masse par l'accélération qu'elle produisait dans le mouvement oscillatoire de la balance. Comparant à cette attraction celle de la Terre, il a calculé la masse de celle-ci, d'après le principe que les attractions sont proportionnelles aux masses.

107. Aplatissement de la terre. Force centrifuge et ses effets. — Pour *mesure de l'aplatissement de la Terre*, on prend la fraction $\dfrac{a-b}{a}$; c'est le rapport entre la différence du rayon équatorial et du rayon polaire, et le rayon équatorial. La commission chargée d'établir le système métrique avait adopté $\dfrac{1}{334}$ pour valeur de ce rapport. Depuis, on a reconnu qu'il vaut environ $\dfrac{1}{300}$.

Cet aplatissement, prouvé par la mesure des arcs de méridien (102), est une *conséquence de la force centrifuge que produit le mouvement diurne de rotation de la Terre;* de sorte que les raisons qui démontrent l'existence de cette rotation (34 à 39), démontrent en même temps l'aplatissement, et réciproquement.

L'*intensité* de la force centrifuge qui agit sur les corps placés à la surface de la Terre, varie avec leur vitesse : *elle est proportionnelle au carré de cette vitesse. Elle diminue* donc *de l'équateur jusqu'aux pôles, où elle est nulle;* car *la vitesse des différents points de la Terre* diminue de l'équateur aux pôles. En effet, chaque point parcourt une circonférence de parallèle de 360° en 24^h, et un arc de 1° en 4^m. Si l'on examine les valeurs d'un arc de parallèle de 1°, variables avec la latitude (106), on voit que la vitesse, ou l'espace parcouru dans 4^m, est de 111^{km} à l'équateur, de 85^{km} seulement à 40° de latitude, et que cette vitesse est nulle à 90°, c'est-à-dire aux pôles.

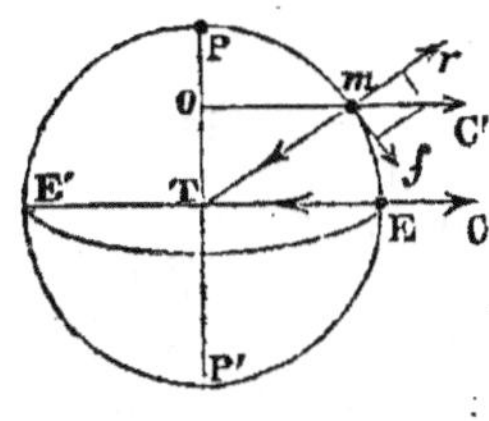

Fig. 32.

108. — La force centrifuge a dû produire *deux effets :* 1° *le renflement de la Terre à l'équateur, et son aplatissement aux pôles,* 2° *les variations de l'intensité de la pesanteur,* qui augmente de l'équateur aux pôles.

A l'équateur, la force centrifuge C (*fig. 32*) a sa plus grande intensité, car la molécule matérielle E, parcourant l'équateur, a la plus grande vitesse. De plus, la force centrifuge, agissant suivant EC, est directement opposée à la direction de la pesanteur ET; elle doit donc en diminuer sensiblement l'intensité.

On a calculé qu'elle est égale à $\frac{1}{289}$ de la pesanteur. Or, 289 est le carré de 17 ; si le mouvement de rotation de la Terre était 17 fois plus rapide, la force centrifuge serait 289 fois plus intense, c'est-à-dire égale à la pesanteur, et les corps ne pèseraient pas. — En admettant que la Terre ait été fluide au moment où elle a commencé son mouvement de rotation, la force centrifuge, plus grande à l'équateur, a dû y soulever la matière et produire le *renflement* dont l'existence est démontrée.

A une latitude moyenne, de 40° par exemple, la force centrifuge C' a une intensité moindre, puisque la molécule m ne parcourt plus qu'un petit cercle, dont le rayon est mo. Si l'on décompose la force mC', à l'aide du parallélogramme des forces, ou voit qu'elle se dédouble en deux composantes r et f. — L'une des composantes r, étant opposée à la pesanteur qui agit suivant mT, diminue l'intensité de cette force, mais moins qu'à l'équateur. D'ailleurs, la molécule m étant plus rapprochée du centre de la Terre, la pesanteur agit sur elle avec plus d'énergie. — L'autre composante f, agissant dans la direction mf, a dû, dans le principe, entraîner cette molécule du pôle vers l'équateur pour aplatir l'un et renfler l'autre.

Au pôle P, la force centrifuge est nulle ; elle ne diminue donc aucunement l'intensité de la pesanteur. Celle-ci est d'ailleurs plus grande en ce point qu'en tout autre, puisque la Terre étant aplatie, un corps placé au pôle est plus rapproché de son centre et par conséquent plus attiré.

Les variations de l'intensité de la pesanteur ont été constatées au moyen des oscillations du *pendule*. En prenant un pendule dont la longueur reste constante, et en s'avançant de l'équateur vers le pôle, on trouve que le pendule va de plus en plus vite, c'est-à-dire que le nombre de ses oscillations accomplies dans le même temps augmente. On sait que le pendule n'oscille qu'en vertu de la pesanteur ; si donc il va plus vite, en se rapprochant du pôle, c'est que la pesanteur augmente d'intensité.

109. Constitution de la Terre. — Il appartient à la *géologie* d'étudier la constitution physique de la Terre, et les diverses révolutions qui l'ont successivement modifiée. Voici, en résumé, quelques notions plus importantes.

Dans son état actuel, le globe terrestre se compose de quatre parties bien distinctes : *le noyau central, la terre ferme, la mer et l'atmosphère.*

1° *Noyau central.* La presque totalité de la partie intérieure de la Terre paraît être une masse liquide, à l'état de fusion ignée qui est maintenue par une température très-élevée. — *L'existence de cet état liquide et de cette chaleur intérieure est démontrée* par un grand nombre de phénomènes, qui n'ont trouvé que dans cette hypothèse une explication simple et facile. Les principaux de ces phénomènes sont : les tremblements de Terre, inexplicables si on suppose la Terre solide jusqu'à son centre ; les soulèvements et les affaissements du sol ; la température des eaux thermales et des eaux des puits artésiens, d'autant plus chaudes qu'elles arrivent d'une plus grande profondeur ;

les volcans et la température élevée de leurs laves ; enfin la *loi de l'accroissement de température proportionnel à l'accroissement de profondeur.*

La température n'est pas la même, dans l'intérieur du sol, à toutes les profondeurs. Près de la surface, elle change avec les saisons ; à une profondeur, variable avec la latitude et la nature du sol, mais qui ne dépasse guère 40^m, la température reste constante en toute saison ; puis, au-dessous de cette couche invariable, la *température augmente plus ou moins, mais en moyenne de 1° centigrade à mesure qu'on s'enfonce de* 30^m. Cette loi a été vérifiée par des milliers d'observations, dans les mines les plus profondes et dans les puits artésiens. A Paris, la couche invariable est à une profondeur de 27^m ; la température y est, toute l'année, de 12°, ce qui est d'ailleurs la température moyenne annuelle de Paris.

110. — 2° *Terre ferme.* La terre ferme est une croûte solide qui constitue les continents, les îles et le fond des mers, et sépare le noyau central, ou les liquides intérieurs, des fluides supérieurs. Cette couche solide a peu d'épaisseur ; on a calculé qu'elle ne va pas à 100 kilomètres de profondeur, et n'est peut-être que de 40 kilomètres (10 lieues), ce qui ne serait que $\frac{1}{150}$ du rayon de la Terre. Ce calcul repose sur la loi d'accroissement de température de 1° par 30^m. D'après cette loi, on voit qu'à une profondeur de moins de 3 kilomètres la température serait de 100°, température de l'eau bouillante ; et, à une profondeur de 100 kilomètres environ, elle serait de plus de 3.000° ; or, avant d'atteindre cette température, toutes les matières que nous connaissons entrent en fusion et se maintiennent à l'état liquide ou à l'état gazeux.

La *surface de la terre ferme offre de grandes irrégularités* apparentes. Les continents sont traversés en tous sens par des chaînes de montagnes, et le fond des mers présente des abîmes dont la profondeur égale ou surpasse la hauteur des plus grandes montagnes. — Cependant, ces inégalités sont peu sensibles si on tient compte des grandes dimensions de la Terre, et ce serait exagérer que de comparer les montagnes aux aspérités de la peau d'une orange. C'est tout au plus si on peut les comparer aux inégalités à peine perceptibles de la surface d'une bille d'ivoire. En effet, le rayon moyen de la Terre dépasse 6.000 kilomètres, tandis que les plus hautes montagnes ne s'élèvent qu'à 6 ou 8 kilomètres. La hauteur des montagnes atteint donc à peine $\frac{6}{6000}$ ou 1 millième du rayon terrestre.

Voici les *hauteurs des principales montagnes du globe, au-dessus du niveau des mers.* Dans l'*Asie* centrale, la chaîne des *Himalaya* contient les plus grandes montagnes connues : le mont *Everest* ou *Gaourichnaka* qui s'élève à 8.840^m, et quatre autres dont les hauteurs varient entre 8.580^m et 7.300^m. — En *Amérique*, l'Aconcaga, au Chili, et le pic de Sahama, au Pérou, ont 6.800^m. — En *Afrique*, après trois montagnes de l'Ethiopie et de l'Afrique équatoriale qui ont de 6.000^m à 4.600^m, on voit le *Pic de Ténériffe*, dans une des îles Canaries, qui a

3.710ᵐ. — Les points culminants de l'*Europe* sont, dans les Alpes, le Mont-Blanc qui a 4.800ᵐ. et le Mont-Rose qui en a 4.636ᵐ. — Dans l'*Océanie*, sept montagnes, dont cinq sont des volcans, ont de 4.800ᵐ à 3.700ᵐ.

Suivant *la très-grande majorité des géologues modernes*, à l'origine, toute la masse dont est formée la Terre était à une température excessivement élevée ; tous les corps simples se trouvaient en dissociation à l'état de mélange liquide ou gazeux, sans pouvoir se combiner. Peu à peu, cet immense cahos s'est refroidi à l'extérieur par le rayonnement ; des combinaisons se sont faites entre les éléments ; et les matières les moins fusibles ont pu se solidifier, et former, à la surface du noyau central toujours liquide, une croûte solide, très-mince d'abord, et qui s'est épaissie, à l'intérieur, à mesure que de nouvelles matières se solidifiaient par le refroidissement. Le noyau fluide et son écorce solide ont continué de se refroidir ; il en est résulté des contractions et des retraits inégaux, et, par suite, des fractures dans le sol, et des mouvements de bascule. Des portions de l'enveloppe se sont affaissées, en pressant les matières ignées, pendant que d'autres se soulevaient et formaient une multitude de chaînes de montagnes. — Cependant, une partie des vapeurs, restées au-dessus de la terre ferme, avaient pu se liquéfier ; et cette masse liquide se rassemblait dans les dépressions du sol et formait les *mers* ; le tout restait enveloppé par les gaz qui constituent l'*atmosphère*.

111. — 3º *Mers*. Les eaux de l'Océan couvrent la plus grande partie, les $\frac{3}{4}$ de la surface de la Terre. Elles occupent plus de place dans l'hémisphère austral que dans l'hémisphère boréal, dans le rapport de 13 à 9. En pénétrant dans les continents, elles forment des golfes et des mers intérieures, comme la Méditerranée ; quelques mers paraissent même complétement isolées, comme la mer Morte.

La *profondeur* de la mer est très-inégale. Dans l'Océan Atlantique, la profondeur moyenne paraît être de 1 kilomètre ; et de 4 kilomètres, dans l'Océan Pacifique. Du reste, il est à croire que le fond de la mer offre des inégalités comme la surface des continents, et qu'il y existe de profondes vallées ; quelques îles ne sont que les sommets de certaines montagnes sous-marines.

L'ensemble des eaux de la mer se termine par une surface qui, supposée prolongée sur tout le globe, forme la surface idéale de celui-ci, appelée *niveau de la mer*. Toutefois le niveau moyen de ces eaux n'est pas exactement le même ; ainsi, de part et d'autre de l'isthme de Panama, il paraît y avoir une différence de 1ᵐ entre le niveau de l'Atlantique et celui du Pacifique.

112. — 4º *L'atmosphère* est une enveloppe gazeuse qui entoure la Terre. Il appartient à la chimie et à la physique d'en faire connaître la composition et les propriétés.

L'atmosphère a une *hauteur* moyenne de 50 à 60 kilomètres (12 à 15 lieues) ; c'est moins de $\frac{1}{100}$ du rayon de la Terre. L'examen de quelques phénomènes, et notamment l'observation des étoiles filantes, tendent à accroître un peu cette valeur.

C'est l'atmosphère qui donne à la voûte céleste sa couleur bleue, qui produit le *crépuscule* (163), cette transition insensible du jour à la nuit et de la nuit au jour ; l'atmosphère produit aussi des phénomènes de réfraction. La *réfraction atmosphérique*, dont les principes sont étudiés, en physique, fait voir les astres dans des directions et avec des dimensions différentes de la réalité. Elle est très-sensible à l'horizon, et va en diminuant depuis l'horizon jusqu'au zénith, où elle est nulle.

CHAPITRE V.

REPRÉSENTATION DE LA SPHÈRE CÉLESTE ET DE LA TERRE. — GLOBES. — CARTES. — CARTE DE FRANCE.

On représente la sphère céleste et la Terre par des *globes* et par des *cartes*.

113. Globes. — Les globes célestes ou terrestres sont des sphères, en bois ou en carton, sur lesquelles on a marqué, à l'aide de leurs coordonnées (42), les positions respectives des principales étoiles ou des principaux lieux de la Terre. — Les globes peuvent seuls donner une représentation exacte de toutes ces positions.

Pour *construire* un globe, on commence par tracer les cercles de la sphère. On marque d'abord sur le globe un point qui sera un des pôles, le *pôle boréal*. On prend ensuite une ouverture de *compas sphérique* égale à la corde d'un quart de grand cercle du globe ; et, en mettant la pointe sèche au pôle, on trace, avec l'autre pointe du compas, un grand cercle qui représente l'*équateur* ; on trouve ensuite facilement le *pôle austral*. — Un grand cercle mené par les deux pôles figure le *cercle horaire origine* ou le *premier méridien*. À partir du cercle origine, qui coupe l'équateur au *point vernal*, on divise l'équateur, de gauche à droite, en 360 parties ou degrés d'ascension droite ; ou, à partir du premier méridien, on divise chaque moitié de l'équateur en 180°

de longitude orientale et de longitude occidentale. Des cercles menés par les pôles et par chacune de ces divisions marquent les *cercles horaires* ou les *méridiens*. — Chaque cadran du cercle origine étant partagé en 90 degrés de déclinaison ou de latitude, de chacun des pôles on mène par ces degrés des petits cercles *parallèles* à l'équateur.

On reconnaît qu'il est ensuite facile de placer chaque étoile, ou chaque point important de la Terre, à l'intersection du cercle horaire ou méridien, et du parallèle, qui répondent aux coordonnées de ce point.

Les *globes célestes* nous présentent les étoiles sur une surface convexe, tandis que nous les voyons sur la surface concave de la grande sphère céleste. En recherchant une étoile sur un globe, d'après la méthode des alignements (52), il faut supposer qu'on est placé dans l'intérieur du globe. — Les *globes terrestres* représentent les divers points de la Terre tels qu'ils sont réellement situés, c'est-à-dire sur une surface convexe.

Les globes sont trop volumineux, et difficiles à transporter ; aussi l'usage des cartes est-il bien plus répandu.

114. Cartes. Mappemondes. — Les cartes sont des figures planes qui représentent, en tout ou en partie, la surface de la sphère céleste ou de la sphère terrestre. — On appelle *mappemonde* ou *planisphère* la représentation de la sphère entière, partagée ordinairement en deux cartes, figurant chacune un hémisphère, et placées à côté l'une de l'autre. — Les *cartes particulières* ne représentent qu'une partie de la sphère, un royaume, par exemple, ou une province.

Les cartes sont *difficiles à construire*, parce que les surfaces sphériques ne sont pas développables, ne peuvent pas s'étendre sur un plan sans être plus ou moins déformées. Quelle que soit la méthode que l'on emploie pour la tracer, la carte ne peut donner exactement la configuration des constellations, ou des parties de la Terre qu'elle est destinée à représenter.

Pour *construire* une carte, on commence par en tracer le *canevas* ou le *réseau*, c'est-à-dire un ensemble de lignes qui représentent, les unes l'équateur et les

parallèles, les autres les cercles horaires ou les méridiens. — Une fois le réseau construit, on n'a qu'à placer
à vue, d'après leurs coordonnées, les points remarquables
qui doivent figurer sur la carte.

Les *méthodes* employées pour tracer le canevas des
cartes varient beaucoup. Pour les *mappemondes*, on
opère par *projection orthographique* (115), et par *projection stéréographique* (117). Pour les *cartes particulières*, on a recours à des *développements cylindrique*
(120, 121) ou *conique* (122, 123).

115. Projection orthographique. — La projection orthographique (ὀρθος, droit, γράφω, j'écris) est celle où, de chaque
point des méridiens et des parallèles, on abaisse des perpendiculaires sur un plan appelé plan de projection ; le pied de ces
perpendiculaires détermine la position de chacun de ces points.

Ce système de projection n'est qu'une application des principes de la géométrie descriptive. — Un *point* se représente par
le pied de la perpendiculaire abaissée de ce point sur le plan de
projection. — Une *ligne* se représente par la projection de l'ensemble de ses points. Une *ligne droite* se représente par un
point, si elle est perpendiculaire au plan de projection ; par une
droite égale, si elle est parallèle ; et par une droite plus courte,
si elle est oblique. — Une *circonférence* se projette suivant son
diamètre, si elle est perpendiculaire ; suivant une circonférence
égale, si elle est parallèle ; et suivant une ellipse, si elle est
oblique au plan de projection.

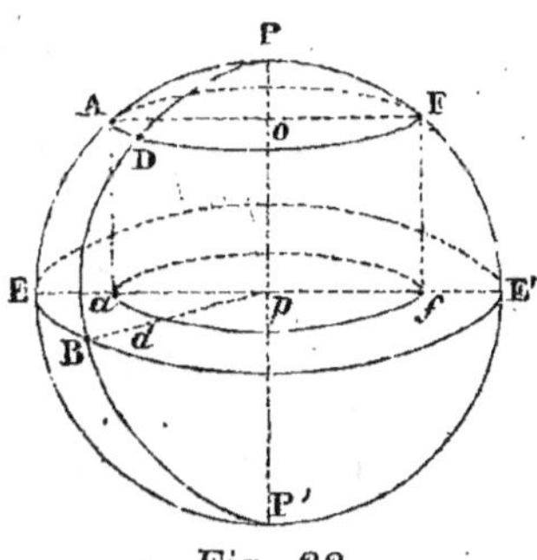

Fig. 33.

Supposons que l'on veuille projeter l'hémisphère céleste boréal
EPE' (*fig. 33*) sur l'*équateur*.
L'*équateur* EBE' est à lui-même
sa projection. Le *pôle* P se projette en *p*, au centre de l'équateur.
— Un *cercle horaire* quelconque
EPE', perpendiculaire au plan de
projection, se projette suivant son
diamètre EpE'. D'ailleurs, l'arc
EB mesurant l'angle dièdre des
cercles PEP', PBP', ces cercles
sont figurés par des rayons faisant un angle égale EpB. — Un
parallèle quelconque ADF se projette sur l'équateur suivant une
circonférence *adf*, décrite du centre avec un rayon *ap* égal au
rayon de ce parallèle AO.

Donc, pour *construire le canevas* de la carte, on décrit un
cercle avec un rayon plus ou moins grand suivant les dimensions
qu'on veut donner à la carte ; ce cercle représente l'*équateur*.
On en divise la circonférence en 360 parties égales, et on joint

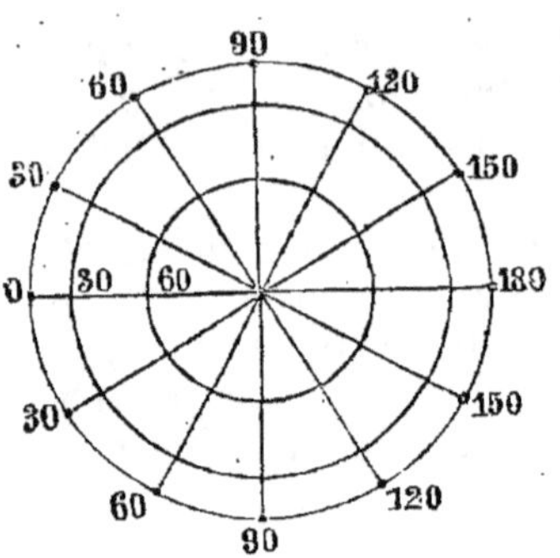

Fig. 34.

ces degrés au centre, pour figurer les *cercles horaires*. On calcule les rayons des parallèles, et on décrit du centre de la carte, avec ces rayons réduits à l'échelle adoptée, des circonférences qui représentent ces *parallèles*. On a ainsi le canevas représenté dans la *figure 34*, dans laquelle les cercles sont tracés de 30 en 30°.

Si l'on choisit le plan d'un *cercle horaire* ou d'un *méridien* pour plan de projection, les autres cercles horaires se projettent suivant des ellipses ayant la ligne des pôles pour grand axe commun ; et les parallèles, suivant des droites parallèles à la projection de l'équateur.

116. — *Défauts et usages de la projection orthographique.* Les parties de la surface voisines du sommet de l'hémisphère, étant sensiblement parallèles au plan de projection, se projettent à peu près dans leur grandeur réelle ; mais plus on s'approche des bords, plus les surfaces sont rétrécies, de telle sorte que, au bord même de la carte, les surfaces sont réduites à de simples traits.

Cependant on fait *usage* de la projection orthographique dans la construction des cartes de la Lune et des planètes, parce que, à cause de leur grande distance, la surface de ces astres se montre à nous précisément sous l'aspect qui résulte d'une telle projection.

117. Projection stéréographique. — Pour comprendre la projection stéréographique (στερεός, solide), il faut concevoir un point appelé *point de vue* O (*fig. 35*), où se trouve placé l'œil d'un observateur, et, entre lui et les objets à représenter, une surface plane transparente, appelé *tableau* EE'. Les points de ce tableau par lesquels passent les rayons visuels allant du point de vue aux différents points à projeter, sont les projections stéréographiques de ces points, appelés aussi leurs *perspectives*.

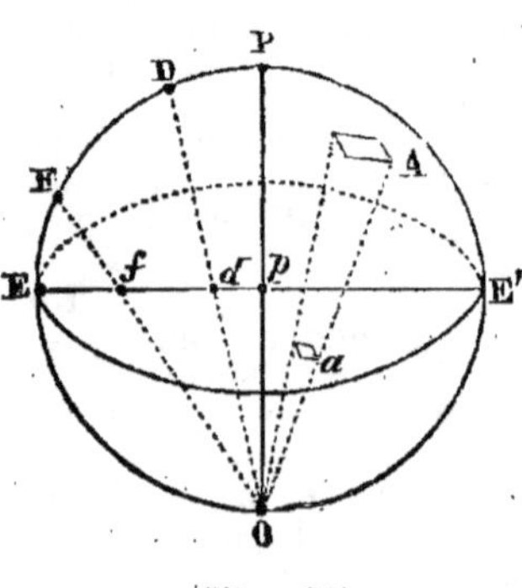

Fig. 35.

Soient O le point de vue, à l'extrémité inférieure du diamètre OP de la sphère ; EE′, le grand cercle, perpendiculaire au diamètre OP, et servant de plan du tableau ; et l'hémisphère EPE′ à projeter. — Du point O, l'œil regarde, à travers la sphère supposée transparente, l'ensemble de l'hémisphère opposé. S'il regarde le point P, le rayon visuel OP coupe le plan du tableau en p ; p est la perspective ou projection de P. De même la perspective de l'ensemble des points de l'arc DP sera la droite dp ; la perspective du petit rectangle A sera le petit rectangle a. On aura la perspective de l'hémisphère entier si l'on prend la perspective de tous les points importants de la surface de cet hémisphère.

On voit facilement les *propriétés* suivantes de la projection stéréographique :

1° La perspective d'une *droite* est un point, si elle passe par le point de vue ; et une ligne droite de longueur quelconque, dans le cas contraire.

2° Les perspectives d'un *cercle ou d'une figure plane* quelconque, dont le plan passe par le point de vue, est une droite, intersection des deux plans.

On démontre, à l'aide de la géométrie, ces autres propriétés :

3° Tous les *cercles* qui ne passent pas par le point de vue sont représentés par des cercles.

4° Si deux lignes se coupent sous un certain *angle*, leurs projections font entre elles le même angle.

118. — Dans la projection stéréographique d'un hémisphère, on prend pour plan du tableau le plan de l'*équateur*, celui d'un *méridien*, ou celui d'un *horizon*. Dans tous les cas, le point de vue est le pôle du grand cercle qui sert de tableau, opposé à l'hémisphère que l'on veut projeter.

1° *Équateur*. Dans un planisphère céleste, chaque *pôle* se projette au centre du cercle qui représente l'équateur ; les *cercles horaires*, qui passent tous par le point de vue, se projettent suivant des lignes droites, rayons de l'équateur ; les *parallèles* ont pour projections des cercles concentriques (*fig. 36*). C'est la même disposition que dans

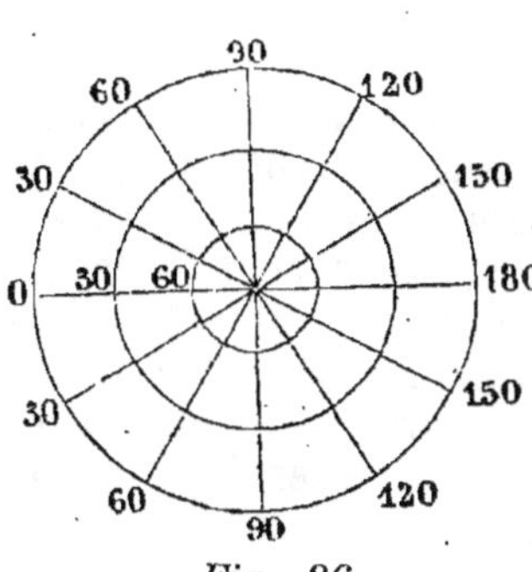

Fig. 36.

la projection orthographique (*fig. 34*), mais les parallèles sont autrement espacés et séparés par des distances plus uniformes.

Pour se représenter la sphère étoilée à l'aide d'un planisphère, il faut l'orienter, en dirigeant le pôle nord vers l'étoile polaire (53), et lui imprimer un mouvement de rotation de l'est à l'ouest.

2° *Méridien.* Dans les mappemondes terrestres, on prend de préférence, pour plan du tableau, le plan du méridien de l'île de Fer (87) ; il a l'avantage de ne traverser aucune terre importante, et de laisser d'un côté l'Amérique, de l'autre le monde ancien et l'Australie. Nous renvoyons, pour avoir une idée nette de ces projections, aux mappemondes que l'on trouve dans les atlas de géographie.

Le point de vue est l'extrémité du rayon de l'équateur perpendiculaire au méridien. L'équateur, et le méridien qui passe par le point de vue, sont seuls représentés par deux lignes droites, perpendiculaires entre elles. Tous les autres méridiens et les parallèles sont représentés par des arcs de cercle.

3° *Horizon.* Quand on veut qu'un lieu déterminé de la Terre, par exemple Paris, soit au centre de la carte, on prend pour plan du tableau l'horizon rationnel de ce lieu, et pour point de vue, ses antipodes. Le méridien du lieu se projette suivant une droite ; les pôles, en deux points de cette droite ; les méridiens, suivant des circonférences passant par ces pôles ; et les parallèles, suivant des circonférences que la géométrie descriptive apprend à construire.

119. — *Avantages, défauts, usages.* La projection stéréographique présente cet *avantage* : Une figure de petite dimension A (*fig. 35*), située sur la sphère, est représentée sur la carte par une figure semblable *a*, puisque, d'après la quatrième propriété (117), les projections de deux lignes font entre elles le même angle que ces lignes ; en particulier, les parallèles coupent les méridiens à angle droit. Toutes les dimensions d'une même figure, *peu étendue*, sont donc réduites dans le même rapport.

Le *défaut* de ce mode de projection est que les dimensions de l'ensemble du globe ne se trouvent pas, sur la carte, réduites dans le même rapport. Sur les bords, un arc, comme EF, représenté par E*f* (*fig. 35*), n'éprouve presque pas de réduction ; tandis que, vers le centre, toutes les dimensions, comme DP représenté par *dp*, se trouvent réduites à la moitié, et les surfaces au quart. Toutefois, cet inconvénient est bien moindre que dans la projection orthographique (116).

Le système de projection stéréographique est à peu près seul *employé* pour la construction des planisphères célestes et terrestres.

120. Développements cylindrique et conique. — Pour la construction des cartes particulières, on emploie des systèmes de projection appelés *développements*. La surface convexe du cylindre et du cône pouvant se développer sur un plan, on conçoit que, si l'on peut assimiler une partie d'une surface sphérique à une surface cylindrique ou conique, le développement de cette surface se fera facilement sur une carte, qui la représentera avec une exactitude satisfaisante.

Le *développement cylindrique ou développement de Mercator* est employé pour représenter les *constellations équatoriales*, c'est-à-dire cette bande du ciel qui s'étend à 30° environ des deux côtés de l'équateur.

On conçoit un cylindre tangent à la sphère, le long de la circonférence de l'équateur ; et, par la pensée, on redresse les arcs des cercles horaires suivant les génératrices du cylindre qui leur sont tangentes. On ouvre alors le cylindre suivant une de ses génératrices, et l'on déroule sa surface sur un plan. — La circonférence de l'équateur se développe suivant une ligne droite ; les génératrices sont des perpendiculaires équidistantes, qui représentent les cercles horaires. Les parallèles sont représentés par les droites parallèles à l'équateur, mais à des distances que l'on calcule de manière à ne pas trop déformer les surfaces.

La forme des constellations est conservée sur la carte ; mais ces constellations, de grandeur exacte à l'équateur, sont agrandies de plus en plus à mesure qu'elles s'en éloignent.

121. — *Cartes marines.* Les marins se servent de cartes construites d'après le développement cylindrique.

Il faut savoir d'abord que les navigateurs ne suivent pas dans leur marche un arc de grand cercle, qui serait cependant le plus court chemin d'un point à un autre, à la surface de la mer. Cet arc a le désavantage de faire, avec chaque méridien successif, un angle différent et difficile à calculer. Ils suivent une courbe, appelée *loxodromie*, qui coupe tous les méridiens suivant le même angle, et qu'il est très-facile de tracer sur les cartes de Mercator. — Pour cela, le marin relève son point, c'est-à-dire détermine la latitude (89) et la longitude (90 à 94) du point qu'il occupe sur la mer. Il trace ensuite une ligne droite entre le point correspondant de la carte et celui où il veut arriver. L'angle que fait cette droite avec les méridiens est l'angle que doit faire l'axe du vaisseau avec la ligne du nord au sud, indiquée par la *boussole*.

Dans les cartes marines, les méridiens sont représentés par des droites parallèles équidistantes, et les parallèles par des droites perpendiculaires aux premières.

122. — *Développement conique.* On substitue à la surface de la contrée que l'on veut représenter, celle d'un cône qui s'en écarte peu. L'axe de ce cône coincide avec la ligne des pôles, et ses génératrices passent par le parallèle moyen de la contrée dont on fait la carte. Les plans des méridiens terrestres coupent la surface de ce cône suivant des génératrices, et ceux des parallèles, suivant des circonférences. On ouvre le cône le long d'une génératrice, et on le développe sur un plan. Dans le canevas de la carte, les méridiens sont représentés par des lignes droites, aboutissant au sommet du cône ; les parallèles, par des arcs de cercle décrits de ce sommet.

Une modification du développement conique est connue sous le nom de *projection de Bonne*, du nom d'un géographe français qui, en 1752, en a fait ressortir les propriétés. Ce développement a été adopté pour la construction de la nouvelle *carte de France*, exécutée par les officiers du corps d'Etat-Major.

123. Carte de France. — Pour construire le canevas de la carte de France, on a pris pour point central A (*fig. 37*), qui doit occuper le centre *a* de la carte (*fig. 38*), l'intersection du méridien de Paris PAP', et du parallèle de 45 degrés de latitude MAN, qui est à peu près le parallèle moyen.

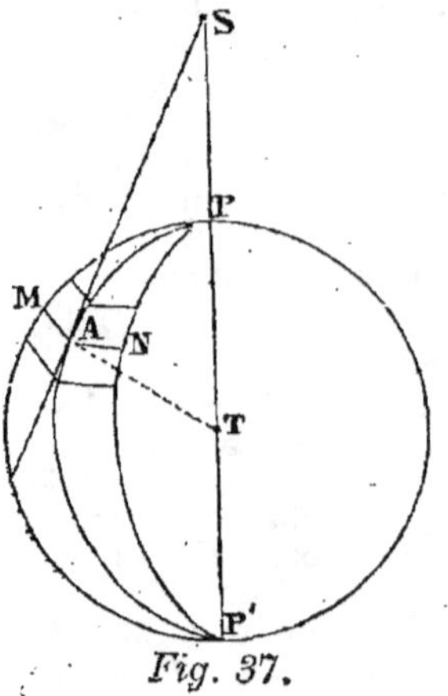

Fig. 37.

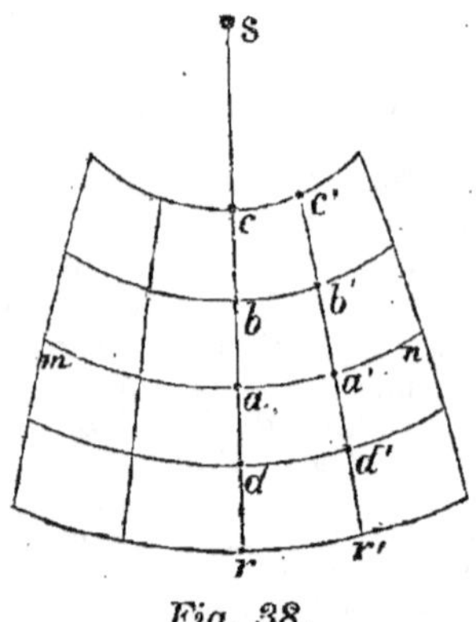

Fig. 38.

On a fait passer par le point *a* de la carte une droite indéfinie *ras*, qui représente le méridien de Paris, méridien moyen de la carte. — Par le point A du méridien de Paris, on a mené une tangente à ce méridien, AS, que l'on a supposée prolongée jusqu'à la rencontre, en S, de l'axe de la Terre. On a calculé la longueur AS, à l'aide du triangle ATS, rectangle en A, et dans lequel on connaît le côté AT, rayon de la Terre, et l'angle ATS$=90°-45°$. La longueur AS a été réduite à l'échelle; puis, avec cette longueur réduite *sa* comme rayon, et d'un point *s* comme centre, on a tracé sur la carte l'arc *man*, qui représente le *parallèle de 45°*.

Pour tracer les autres *parallèles*, on a calculé la longueur des arcs de méridien de 1° (101); on l'a réduite à l'échelle de la carte, et on l'a portée un certain nombre de fois sur *sr*, au-dessus et au-dessous du point *a*. Puis, du point *s* comme centre, avec les rayons *sb*, *sc*,.. *sd*,.. on a décrit les parallèles. — Pour représenter les *méridiens*, on a calculé la longueur du degré de chaque parallèle, et on l'a portée, après réduction, un certain nombre de fois sur chaque parallèle, de part et d'autre du méridien moyen *sar*. Par les points ainsi obtenus, on a fait passer des courbes continues *r'a'c'*. — Le canevas de la carte s'est ainsi trouvé construit.

Par un travail très-exact de triangulation géodésique (98), les officiers de l'État-Major avaient commencé par déterminer les longitudes et les latitudes, et même les hauteurs au-dessus du niveau de la mer, de tous les principaux points de la France. Ils les ont ensuite représentés graphiquement sur une carte dont le canevas avait été préalablement tracé. — Cette carte est divisée en 259 feuilles, et forme une surface totale de 82^{mq}. Elle est faite à l'échelle $\frac{1}{80000}$. Ce travail, commencé depuis plus de soixante ans, a été terminé en 1864.

124. — Il y a quelques années, *Babinet* a imaginé une projection dite *homalographique* (ὀμαλὸς, égal). Ce procédé a l'avantage de reproduire fidèlement l'étendue de toutes les parties du globe; mais les angles y sont très-altérés, ainsi que la forme des surfaces. La surface tout entière de la Terre est représentée par une ellipse, dans laquelle le grand axe est double du petit. Les parallèles sont figurés par des lignes droites parallèles à l'équateur; et les méridiens, par des ellipses.

LIVRE III.

DU SOLEIL.

—⊰⊱—

CHAPITRE Iᵉʳ.

125. — Le Soleil est un corps lumineux, d'un grand volume, placé au centre des corps célestes qui avec lui forment le *système solaire*.

Dans l'étude du Soleil, il faut savoir distinguer ses divers mouvements.

1º Le *mouvement diurne apparent* (6), ou déplacement par rapport à l'horizon. Ce mouvement paraît se faire d'orient en occident ; tous les corps célestes y participent. Il résulte en réalité du mouvement de rotation de la Terre autour de son axe, d'occident en orient (31-41).

2º Le *mouvement réel de translation* dans l'espace, qui emporte le Soleil et son système vers la constellation d'Hercule (65).

3º Le *mouvement annuel apparent*, qui déplace le Soleil sur la sphère céleste, et paraît l'entraîner lentement, autour de la Terre, d'occident en orient. On l'appelle mouvement *annuel*, parce qu'il s'accomplit dans une période de temps que nous appelons année, et mouvement *apparent*, parce qu'il s'explique par un mouvement réel de la Terre autour du Soleil, d'orient en occident (144-148).

4º Le mouvement réel de *rotation* du Soleil (223).

Pour aider les personnes peu habituées aux considérations de l'astronomie, à se faire une idée exacte de la *coexistence du mouvement diurne du Soleil, et de son mouvement annuel* sur la sphère céleste, Arago leur propose la comparaison suivante :

Qu'on imagine un globe en carton, représentant la sphère céleste avec les constellations (113), tournant d'orient en occident autour d'un axe qui figure l'axe du monde. Qu'on imagine en même temps une *mouche* suivant lentement, d'occident en orient, une circonférence voisine de l'équateur et le coupant en deux points, tracée sur ce globe. Cette mouche sera l'image du Soleil. Emportée par le mouvement général du globe, elle participera au mouvement diurne des étoiles. Mais en vertu de son mouvement propre en sens contraire de celui de la sphère, à chaque révolution elle sera un peu en retard sur ces astres, au moment de leur lever ou de leur passage au méridien. De plus, sa position, par rapport à l'équateur, changera continuellement.

126. Mouvement du Soleil sur la sphère céleste. — Le Soleil n'est pas fixe sur la sphère céleste ; il a un mouvement annuel qui résulte ou se compose de deux mouvements : un mouvement en ascension droite, et un mouvement en déclinaison, l'un et l'autre faciles à observer.

1º Le *mouvement en ascension droite* se fait d'occident en orient, et éloigne chaque jour le Soleil des constellations au milieu desquelles on l'avait d'abord observé. Le Soleil se projette dans le ciel au milieu d'étoiles qui ne sont pas visibles à l'œil nu, étant perdues dans sa trop forte lumière. Mais on peut reconnaître sa place en examinant les constellations qui l'avoisinent. Celles qui sont à l'est du Soleil se couchent après lui, et se laissent voir le soir à l'occident ; celles qui sont à l'ouest se lèvent avant lui, et on les voit le matin. Si, un jour, on voit que la constellation du Bélier se lève un peu avant le Soleil, et que celle des Gémeaux se couche un peu après, on reconnaît que le Soleil est dans la constellation du Taureau, laquelle est située entre le Bélier et les Gémeaux. Un mois après, on ne verra plus, le soir, les étoiles des Gémeaux, parce que le Soleil se trouvera au milieu de cette constellation ; mais on verra, le matin, la constellation du Taureau, placée alors entre le Soleil et la constellation du Bélier.

Pour étudier avec plus d'exactitude ce déplacement du Soleil, il faut employer les instruments d'astronomie (17). Supposons qu'on observe un jour le Soleil à son lever, et qu'on examine une étoile, par exemple l'Œil du Taureau, qui se lève en même temps que lui, et passe avec lui au méridien ; le lendemain, quand le Soleil se lèvera, cette même étoile sera levée depuis presque 4 minutes. Le Soleil, dans un jour, a donc retardé de 4 minutes de temps sur cette étoile, ou encore il a paru s'en éloigner, d'occident en orient, de presque 1º (45). Le lendemain, le retard du Soleil sur l'étoile, et en même temps sa distance à cette étoile, auront doublé ; ils seront triples au bout de 3 jours. Au bout de 6 mois environ, le Soleil se lèvera au moment du coucher de la même étoile. Enfin, au bout de 365 jours et quelque chose (une année), le Soleil se lèvera de nouveau en même temps que l'étoile, et se retrouvera au même point de la sphère céleste.

C'est à cause de ce mouvement du Soleil en ascension droite que nous pouvons apercevoir, dans le cours d'une année, à la même heure de la nuit et au même point de l'horizon, successivement toutes les constellations d'un même parallèle.

2º Le Soleil varie aussi en *déclinaison*, c'est-à-dire en distance à l'équateur ; tantôt il remonte vers notre pôle boréal, tantôt il s'en éloigne et se rapproche du pôle austral.

Cette variation est rendue sensible par l'observation du point de l'horizon où le Soleil se lève et se couche, aux différentes époques de l'année, et par la hauteur à laquelle il s'élève à midi. De l'hiver à l'été, ces points de l'horizon s'éloignent chaque jour du sud et se rapprochent du nord ; de l'été à l'hiver, ils reviennent, dans les mêmes limites, du nord au sud. De même, à chaque midi, le Soleil s'approche d'abord de notre zénith en s'éloignant de l'horizon, puis il s'éloigne de la verticale en se rapprochant de l'horizon.

127. Mouvement circulaire du Soleil sur la sphère. — *Le centre du Soleil décrit, ou paraît décrire, d'occident en orient, dans le cours d'une année, la circonférence d'un grand cercle de la sphère céleste.*

Pour connaître exactement la forme de cette courbe

décrite par le Soleil dans sa marche au milieu des constellations, on détermine chaque jour l'ascension droite
et la déclinaison de son centre, au moment de son passage
au méridien ; ces deux coordonnées donnent sa position
exacte dans le ciel. On marque ensuite, sur un globe
céleste (113), les positions correspondantes à chaque
observation ; en joignant ces points par une ligne continue, on trouve une circonférence d'un grand cercle.

Une difficulté se présente dans la *mesure de l'ascension droite
et de la déclinaison*. Elle vient de ce que le Soleil a un diamètre apparent sensible, et qu'on ne peut pas viser directement
son centre. Comme son disque, c'est-à-dire sa forme apparente,
est très-sensiblement un cercle, on détermine comme il suit la
position du centre de ce cercle. On se sert pour cette mesure
d'une lunette munie d'un réticule à fils parallèles (19) (*fig. 39*).

Pour mesurer à un jour donné l'*ascension
droite du Soleil*, on regarde passer au méridien
le premier point du disque qui s'y présente (bord
occidental), et, au moment où il affleure le fil
vertical qui passe par le centre du réticule, on
note avec précision l'heure sidérale; on note
ensuite l'instant où le dernier point (bord oriental) y passe. La demi-somme des deux heures
ainsi notées est l'heure à laquelle a passé le
centre. On en déduit l'ascension droite, comme

Fig. 39.

on l'a fait pour les étoiles (45). — On trouve ainsi que l'ascension droite du Soleil augmente en moyenne de 59′ 8″ par jour,
et qu'elle prend toutes les grandeurs possibles.

Pour mesurer la *déclinaison du centre du Soleil*, on opère
d'une manière analogue. Au moment où le Soleil passe au méridien, on amène le fil horizontal du réticule à affleurer successivement le bord inférieur ou austral, puis le bord supérieur ou
boréal, et on relève les distances zénithales correspondantes.
La demi-somme des distances ainsi obtenues, corrigée de l'erreur
de la réfraction (112), représente la distance zénithale de son
centre. De cette distance zénithale, on déduit la déclinaison (46).

La déclinaison du Soleil est nulle vers le 21 mars, puis elle
est boréale, et croît jusqu'à un maximum de 23° 27′ environ,
qu'elle atteint vers le 22 juin ; elle décroît ensuite et devient
nulle vers le 23 septembre. A partir de cette époque, elle est
australe, passe le 22 décembre par une valeur maximum égale
encore à 23° 27′, puis diminue et devient nulle le 21 mars. Ainsi
de suite indéfiniment.

128. Écliptique. — On nomme écliptique le *grand
cercle de la sphère céleste dont le Soleil semble parcourir
la circonférence*. On lui a donné ce nom, parce que les
éclipses de Soleil ou de Lune ne peuvent avoir lieu que

quand le centre de la Lune se trouve dans le plan de ce grand cercle, ou tout près de ce plan ; le Soleil et la Terre y étant toujours.

Le plan de l'écliptique coupe l'équateur et fait avec lui un angle dièdre, dont la valeur variable (154) est de plus de 23° 27', égale à la plus grande déclinaison du Soleil. Cet angle s'appelle *obliquité de l'écliptique.*

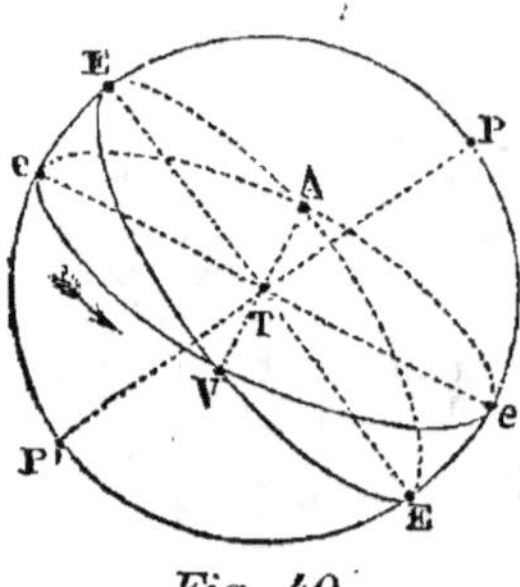

Fig. 40.

Soient un cercle horaire PEP' (*fig. 40*), PP' l'axe du monde, EE' l'équateur céleste. La courbe *ee'* représente la circonférence de l'écliptique, dont le plan fait avec l'équateur un angle *e*TE, mesuré par l'arc *e*E de 23° 1/2. La flèche tracée sur l'écliptique indique le sens du mouvement annuel apparent du Soleil.

129. — *Equinoxes.* On appelle équinoxes ou points équinoxiaux, les deux points V et A où la circonférence de l'écliptique rencontre l'équateur. Quand le Soleil est à l'un de ces points, sa déclinaison est nulle ; la durée du jour est alors égale à celle de la nuit, pour toute la Terre ; de là, ce nom d'équinoxe (*æqua nox*, nuit égale).

L'un de ces points, le point V, est l'*équinoxe de printemps* ou *point vernal.* C'est par ce point que le Soleil traverse l'équateur pour passer de l'hémisphère austral dans l'hémisphère boréal. Ce passage a lieu du 20 au 21 mars, et, au moment du passage, le *printemps* commence. — Nous avons déjà dit (43) que ce point est celui que l'on prend pour origine des ascensions droites. Conséquemment, au moment où le Soleil est à ce point, son ascension droite est nulle aussi bien que sa déclinaison. Le passage de ce point au méridien d'un lieu, marque pour ce lieu le commencement du jour sidéral (30).

L'autre point équinoxial A est l'*équinoxe d'automne.* C'est le point par lequel le Soleil passe de l'hémisphère boréal dans l'hémisphère austral ; ce qui se fait vers le 23 septembre ; et, au moment de ce passage, commence l'*automne.*

La ligne VA s'appelle la *ligne des équinoxes.*

130. — *Solstices. Tropiques.* Les *solstices ou points solsticiaux* sont les points de l'écliptique situés à 90° des points équinoxiaux, et les plus éloignés au nord et au sud de l'équateur.

Le 22 juin, le Soleil atteint sa plus grande déclinaison boréale, de 23° 1/2, au point *e'* ; il semble donc s'arrêter dans son éloignement de l'équateur (*sol stat*) : c'est le *solstice d'été*. — Le 22 décembre, le Soleil atteint sa plus grande déclinaison australe, en *e* ; ce point est le *solstice d'hiver*. — La ligne *ee'* est la *ligne des solstices*.

On appelle *tropiques* les parallèles de la sphère céleste qui passent par les solstices. Le mot tropique signifie que le Soleil, arrivé à l'un ou l'autre de ces deux cercles, s'arrête, puis *retourne* vers l'équateur (du grec τρέπω, retourner). — L'un de ces parallèles, qui passe par le solstice d'été et que le Soleil parcourt le 22 juin dans son mouvement diurne, s'appelle *tropique de Cancer*, du nom d'une constellation que le Soleil occupait autrefois à cette époque de l'année. Pour la même raison, l'autre parallèle se nomme *tropique de Capricorne* ; il passe par le solstice d'hiver, et est décrit par le Soleil le 22 décembre.

131. Zodiaque — Le *zodiaque* (ζώδια, animaux) est une zône de la sphère céleste qui s'étend à environ 8° de part et d'autre de l'écliptique, et qui comprend les constellations parcourues successivement par le Soleil dans son mouvement annuel apparent.

Voici les noms des douze constellations zodiacales, placées dans l'ordre où le Soleil les parcourt :

Le *Bélier*, le *Taureau*, les *Gémeaux*, le *Cancer*, le *Lion*, la *Vierge*, la *Balance*, le *Scorpion*, le *Sagittaire*, le *Capricorne*, le *Verseau*, les *Poissons*.

Les deux vers latins suivants, du poète Ausone, font retenir facilement ces noms, et l'ordre dans lequel les constellations se suivent.

Sunt : Aries, Taurus, Gemini, Cancer, Leo, Virgo,
Libraque, Scorpius, Arcitenens, Caper, Amphora, Pisces.

Le zodiaque est parcouru en son milieu par le Soleil, et dans le reste de sa surface par les planètes qui, en général, ne sortent pas de cette zône.

Si nous cherchons à nous rendre compte de l'état du ciel à une époque déterminée, à l'équinoxe de printemps par exemple, vers le 21 mars, nous trouverons que le Soleil est dans la constellation des Poissons. Il se présente alors au méridien en même temps que le carré de Pégase. Deux heures plus tard, le Bélier passera au méridien, avec les constellations qui se trouvent sur le même cercle horaire. Deux heures après, à 4 heures du soir, c'est le Taureau qui passera, et ainsi de suite.

132. — *Signes du zodiaque.* Pour indiquer commodément la position du Soleil dans le ciel, les premiers astronomes partagèrent le zodiaque en douze parties égales ; chaque partie était occupée par une constellation qui lui donnait son nom. Plusieurs siècles avant l'ère chrétienne, et encore du temps d'Hipparque (IIe siècle avant J.-C.), le point vernal était au commencement de la constellation du Bélier ; par conséquent, le Soleil entrait dans le Bélier vers le 21 mars. Mais, par le fait de la *précession des équinoxes* (150), le point vernal, au lieu d'être fixe sur l'écliptique, se meut d'orient en occident. Il a parcouru environ 30°, depuis Hipparque, et il se trouve aujourd'hui presque à l'extrémité de la constellation des Poissons.

A présent, il faut distinguer entre les *constellations* et les *signes* du zodiaque. Les constellations sont les groupes d'étoiles ; les signes sont les 12 arcs d'écliptique, de chacun 30°, que le Soleil parcourt à partir de l'équinoxe de printemps. Le premier signe, appelé encore signe du Bélier, commence au point vernal, et est presque tout entier dans la constellation des Poissons. Quand donc, à l'équinoxe de printemps, le Soleil entre dans le premier signe, le signe du Bélier, il est en réalité, et pour un mois encore, dans la constellation des Poissons.

Le défaut de concordance entre les signes et les constellations zodiacales, fait qu'aujourd'hui on attache peu d'importance à l'usage du zodiaque.

133. Les quatre saisons. — Le temps que le Soleil met à parcourir l'écliptique est *l'année solaire ou année tropique.*

La *durée de chacune des saisons* est réglée par le temps que le Soleil met à parcourir chacune des quatre portions de l'écliptique.

Le *printemps* commence vers le 21 mars, au moment où le Soleil passe au point vernal V (*fig. 40*), et finit quand il arrive au solstice d'été. — L'*été* se prolonge depuis le moment où le Soleil est au solstice d'été, le 21 ou 22 juin, jusqu'au moment où il arrive à l'équinoxe d'automne. — L'*automne* dure depuis l'équinoxe d'automne, le 22 ou 23 septembre, jusqu'au solstice d'hiver, le 21 ou 22 décembre ; et l'*hiver*, du solstice d'hiver à l'équinoxe de printemps.

On appelle *mois solaire* le temps que le Soleil met à parcourir un *signe* du zodiaque.

134. Instant de l'équinoxe. Position du point vernal. — La position du point vernal V, intersection de l'équateur EE' et de l'écliptique *ee'*, est un point important à connaître. Il détermine le commencement du jour sidéral (30), *l'origine des ascensions droites* (43), l'origine de la longitude astronomique (48), le commencement du printemps (133). — Mais ce point n'est pas visible sur la sphère céleste ; il n'est marqué par aucune étoile apparente. En outre, avec les instruments méridiens (19,20), on ne peut viser le Soleil qu'à midi, ce qui empêche d'observer directement l'instant de l'équinoxe et la position du Soleil à cet instant. Voici l'artifice employé pour résoudre la difficulté.

1° *Instant de l'équinoxe.* On attend le jour où la déclinaison australe du Soleil diminuant va devenir nulle, puis boréale ; et on mesure la déclinaison à deux midis successifs, avant et après l'équinoxe.

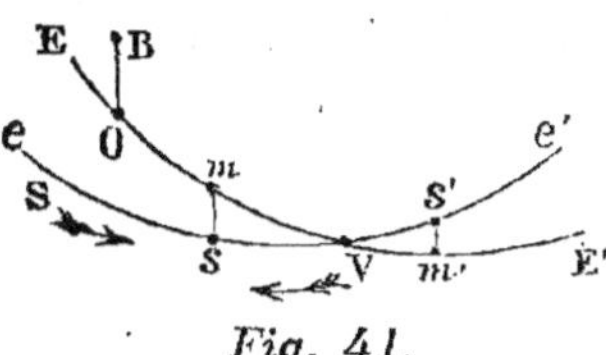

Fig. 41.

Supposons que, le 20 mars, à midi, la déclinaison du Soleil sm (*fig. 41*) ait été australe et de 7' ; que le 21, la déclinaison $s'm'$ soit devenue boréale et de 17' ; et qu'il se soit écoulé 24 heures solaires, ou $24^h 4^m$ à la pendule sidérale, entre les deux observations. Il y a eu un instant où la déclinaison a été nulle, et cet instant a été le moment de l'équinoxe, qu'il faut déterminer.

La déclinaison a varié de $sm + m's' = 7 + 17 = 24'$ dans 24^h ou $24 \times 60 = 1440^m$; en admettant que, dans un jour, la déclinaison a varié proportionnellement au temps, on peut résoudre ainsi cette question :

Pour une variation de 24', il a fallu 1440^m ;

Pour une variation de 1', il a fallu 1440 : 24^m ;

Et pour une variation de 7', il a fallu 7 × 1440 : 24 = 421^m ou 7^h 1^m.

Le Soleil a eu une déclinaison nulle, par conséquent, il est passé au point vernal, 7^h 1^m après le midi du 20 mars, c'est-à-dire le 20 mars, à 7^h 1^m du soir.

2° *Position de l'équinoxe ou point vernal sur l'équateur.* On rapporte provisoirement l'ascension droite du Soleil au cercle horaire d'une étoile brillante, passant à une petite distance du point vernal ; soit celui de α d'Andromède, que je représente par B.

Le 20 mars, à midi, on a déterminé l'ascension droite du Soleil par rapport au cercle horaire choisi BO (*fig. 41*) : soit l'arc Om pour mesure de cette ascension droite. On détermine aussi l'ascension droite du Soleil, le 21 mars, à midi ; soit l'arc Omm'. Dans un jour ou 24 h., la différence des deux ascensions droites est Om'—Om=mm'=1° environ. Il faut trouver la valeur de l'arc mV, qui, ajouté à Om, donnera l'ascension droite OV, et la position du point vernal.

En supposant que, pendant un jour, le mouvement en ascension droite a été uniforme, on peut raisonner ainsi :

Dans 24^h=1440^m, le Soleil a varié en ascension droite de 1° = 60' ; dans 1^m, il a varié de 60 : 1440 ; et dans le temps qu'il a mis pour aller de s en V, c'est-à-dire en 7^m, il a varié de $\frac{7 \times 60}{1440}$=17'' environ.

La position du point vernal est donc à une distance OV=Om+17''.

135. Longitude et latitude astronomiques. — On rapporte quelquefois la position des astres à l'écliptique, au lieu de la rapporter à l'équateur.

La *longitude,* qui remplace alors l'ascension droite, est l'arc d'écliptique compris entre le point vernal et un grand cercle qui passe par l'astre et par les pôles de l'écliptique. La *latitude* astronomique est la distance de l'astre à l'écliptique, mesurée sur le cercle qu'on vient d'indiquer ; elle remplace la déclinaison.

La latitude du Soleil est toujours nulle, puisqu'il est toujours sur l'écliptique. La longitude du Soleil est seule variable ; elle suffit pour déterminer sa position.

CHAPITRE II.

FORME DE L'ÉCLIPTIQUE. — PRINCIPE DES AIRES.

136. — La route suivie par le Soleil, dans son mouvement annuel, rapportée sur la sphère céleste, nous a paru être une circonférence qui traverserait les constellations zodiacales. Nous allons voir que la courbe que le Soleil paraît décrire dans l'espace, courbe appelée aussi *orbe*, *orbite* ou *trajectoire* du Soleil, n'est pas une circonférence exacte, mais une *ellipse dont la Terre occupe un des foyers.*

Pour arriver à ce résultat, il faut connaître et savoir mesurer, pour chaque jour de l'année, deux éléments nouveaux : la *vitesse angulaire* du Soleil, et son *diamètre apparent.*

137. Vitesse angulaire. — La vitesse angulaire du Soleil est *l'angle dont il se déplace, dans le plan de l'écliptique, pendant un jour.*

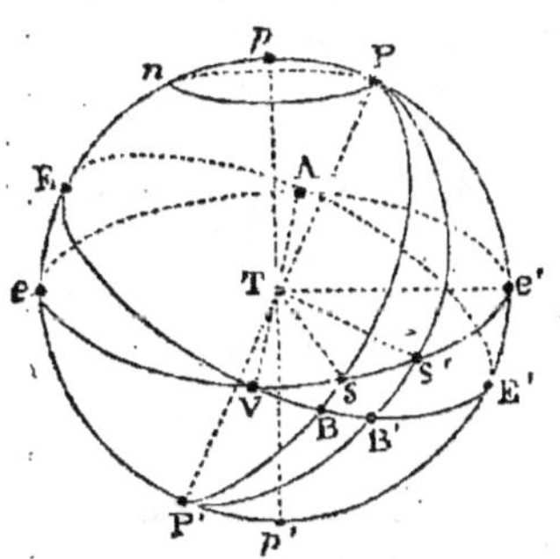

Fig. 42.

Si S (*fig. 42*) est la position du centre du Soleil sur l'écliptique un jour à midi, S' sa position le lendemain, les rayons visuels menés de la Terre au Soleil dans ces deux positions font l'angle STS', que mesure l'arc SS'. Cet angle est la vitesse angulaire.

Cet angle *varie* d'un jour à l'autre; *à des temps égaux ne correspondent pas des déplacements angulaires égaux. Donc, le Soleil ne marche pas sur l'écliptique d'un mouvement uniforme.*

La vitesse angulaire vaut en moyenne 59' 8",3 par jour; sa valeur maximum est 1° 1' 10", vers le 1er janvier, et sa valeur minimum 57' 11", vers le 2 juillet.

5

Pour déterminer cette vitesse, on mesure les arcs VB, VB', qui représentent les ascensions droites du Soleil dans deux positions, à deux midis consécutifs; et les arcs SB, S'B', qui représentent les déclinaisons. On peut résoudre les triangles rectangles SBV, S'B'V, qui font connaître les arcs VS, VS' que l'on appelle *longitudes du Soleil*(135). La différence de ces deux arcs, VS'—VS=SS', mesure le déplacement angulaire ou la vitesse angulaire STS'.

On conçoit que l'on peut de la sorte mesurer la vitesse angulaire du Soleil, pour tous les jours d'une année, et en dresser la liste.

138. Diamètre apparent. — Le diamètre apparent d'une sphère est l'angle sous lequel on voit cette sphère, ou mieux l'angle des deux rayons visuels menés à deux bords opposés. Tel est l'angle ATB (*fig. 43*), formé par les tangentes TA et TB.— Quand il s'agit du Soleil, à cause

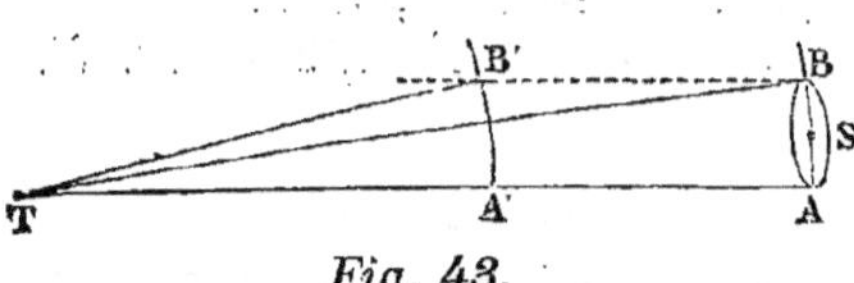

Fig. 43.

de sa grande distance à la Terre, ces tangentes sont sensiblement parallèles entre elles; alors on peut les considérer comme touchant le Soleil aux deux extrémités d'un diamètre AB.

On *mesure le diamètre apparent* du Soleil par plusieurs procédés. Les deux principaux reviennent à déterminer la différence en ascension droite ou la différence en déclinaison des deux extrémités d'un diamètre de cet astre (127).

1° A l'aide d'une lunette méridienne, on remarque l'heure exacte à laquelle le bord occidental du Soleil vient passer au méridien, puis l'heure à laquelle passe le bord oriental; la différence de ces deux heures, multipliée par 15, donne, en minutes et secondes, l'angle des deux tangentes au Soleil.

2° On mesure la distance zénithale du bord supérieur et du bord inférieur du disque du Soleil; la différence de ces deux distances est égale au diamètre apparent.

Quelle que soit la méthode employée, on reconnaît

que *le disque du Soleil, à un moment donné, a le même diamètre apparent dans tous les sens ;* ce qui démontre que son disque est exactement circulaire, et que son volume est sphérique. — On le vérifie encore avec une lunette dont le réticule est muni de deux fils parallèles, l'un fixe et l'autre mobile. On dirige la lunette de manière que l'image du Soleil soit tangente au fil fixe ; et, à l'aide d'une vis, on amène le fil mobile à se trouver aussi tangent à l'image, mais sur le côté opposé. Puis on fait tourner la lunette, en maintenant le contact pour l'un des fils ; on constate qu'il persiste aussi pour l'autre.

139. — En mesurant le diamètre apparent du Soleil tous les jours d'une année, et en faisant le tableau des valeurs trouvées, on reconnaît que ce diamètre a une valeur moyenne de 32'. Mais il n'est pas toujours le même ; il change périodiquement avec l'époque de l'année. Le diamètre va en décroissant d'une manière continue du 1er janvier, où il a un maximum de 32' 36", jusqu'au 2 juillet, époque à laquelle il atteint un minimum de 31' 39" ; puis il va en augmentant du commencement de juillet au mois de janvier suivant.

140. — De ce que le diamètre apparent du Soleil varie, il résulte que *sa distance à la Terre n'est pas toujours la même ;* elle varie continuellement, augmentant quand le diamètre apparent diminue, et diminuant quand le diamètre augmente.

En effet, un objet paraît d'autant plus grand qu'il est moins éloigné. Supposons l'observateur placé en T (*fig. 43*), et le Soleil en S, à la distance TA ; son diamètre apparent est l'angle ATB. Si le Soleil est à une distance plus petite TA', son diamètre apparent est l'angle A'TB', évidemment plus grand.

Les distances d'un même astre à la Terre sont en raison inverse de ses diamètres apparents.

Pour démontrer ce théorème, supposons les distances TA et TA' assez grandes, et les angles ATB, A'TB' assez petits pour que les diamètres réels AB et A'B' se confondent avec les arcs décrits du point T comme centre avec TA et TA' comme rayons.

Dans la circonférence du rayon TA, nous avons pour valeur des 360° : $C = 360° = 2\pi \times TA$;

d'où, un arc de 1° : $1° = \dfrac{2\pi \times TA}{360}$;

et l'arc AB, d'un nombre de degrés donné par ATB : $AB = \dfrac{2\pi \times TA \times ATB}{360}$.

Si nous prenons pour la distance : $TA = d$, et pour le diamètre apparent : $ATB = \delta$, nous aurons : $AB = \dfrac{2\pi d \delta}{360}$.

Pour une autre distance $TA' = d'$, à laquelle correspond un autre diamètre apparent A'TB', nous trouverions de même : $A'B' = \dfrac{2\pi d' \delta'}{360}$.

Et comme les diamètres réels du Soleil sont égaux : $AB = A'B'$, nous tirons des deux équations précédentes : $\dfrac{2\pi d \delta}{360} = \dfrac{2\pi d' \delta'}{360}$

et en simplifiant : $d\delta = d'\delta'$ ou $\dfrac{d}{d'} = \dfrac{\delta'}{\delta}$;

ce qui justifie notre énoncé.

A l'aide du principe qui précède, on peut, de la table des diamètres apparents successifs du Soleil, déduire celle des distances successives de cet astre à la Terre, en fonction de l'une d'elles. Ainsi, prenons pour unité de distance, $d = 1$, la distance du Soleil, le 1ᵉʳ janvier, alors que nous avons le plus grand diamètre apparent (139) : $\delta = 32'\,36''$; nous trouverons la distance $d' = x$, le 2 juillet, alors que le diamètre apparent est le plus petit, $\delta' = 31'\,39''$, en posant l'égalité : $d\delta = d'\delta'$.

Elle donne, quand on met les valeurs : $1 \times 32'\,36'' = x \times 31'\,39''$; d'où : $x = \dfrac{32'\,36''}{31'\,39''} = \dfrac{1956}{1899} = 1{,}03$.

La plus petite distance du Soleil, au moment du *périgée*, étant 1, sa plus grande distance, au moment de l'apogée, serait 1,03.

La distance du Soleil à la Terre variant continuellement, la courbe de ses positions par rapport à la Terre ne peut pas être une circonférence exacte, dont notre globe occuperait le centre.

141. Orbite elliptique du Soleil. — *Dans son mouvement annuel, le Soleil paraît décrire une ellipse trèspeu allongée, dont la Terre occupe un des foyers.*

Ce principe, qui est la première des *lois de Képler*, résulte des diverses vitesses angulaires du Soleil (137), et de ses diamètres apparents (138). Supposons que l'on ait deux tables contenant ces mesures pour tous les jours d'une année. Elles nous permettront de faire la *construction graphique* suivante, qui donnera une ovale semblable à celle que le Soleil semble décrire dans l'espace autour de la Terre.

Traçons la circonférence du grand cercle de l'écliptique (*fig. 44*). Soient T la position de la Terre au centre, et un rayon TS qui représente la direction du Soleil le 1ᵉʳ janvier. Marquons sur la circonférence l'arc SS', égal à la vitesse angulaire pendant les dix premiers jours de janvier, puis les arcs S'S", S"S''', égaux aux vitesses angulaires de chacune des séries suivantes de dix jours. Menons les rayons TS', TS", TS'''... Ils représenteront les directions

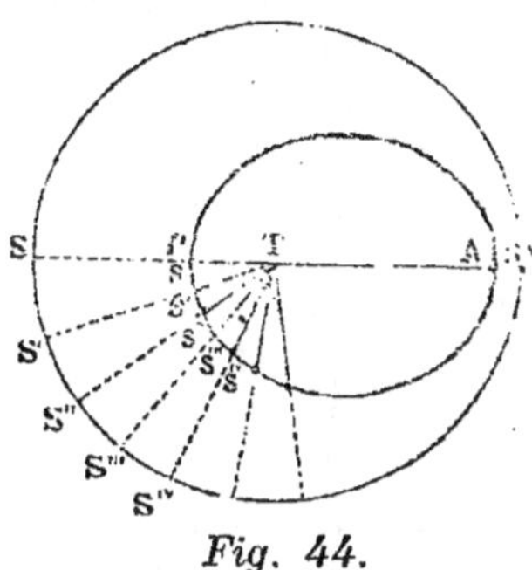

Fig. 44.

suivant lesquelles le Soleil est vu aux différentes époques de l'année. — Prenons sur la ligne TS une distance arbitraire Ts, que nous considérons comme représentant la distance qui correspond au diamètre du Soleil vu en S le 1ᵉʳ janvier. Le point *s* est la position du Soleil à cette époque. Nous pouvons évaluer ensuite (140) la distance relative du Soleil pour le 11 janvier, en fonction de son diamètre apparent, et marquer cette distance Ts' sur la ligne TS'. Le point *s'* sera la position du Soleil le 11 janvier.— En faisant de même pour les autres rayons, nous aurons ainsi les positions successivement occupées par le Soleil de dix jours en dix jours.— Si nous faisons passer une ligne continue *ss's"s'''* par ces différentes positions, nous aurons une courbe exactement semblable à la trajectoire du Soleil, et nous trouverons que cette courbe est une ellipse (103).

Cette ellipse diffère très-peu d'un cercle ; son *excentricité*, c'est-à-dire le rapport entre la distance de ses foyers et son grand axe, n'est que 0,017 ou $\frac{1}{60}$.

142. — On donne le nom de *périgée* (περιγῆ, près de la Terre) au point P de l'ellipse le plus rapproché de la Terre, et le nom d'*apogée* (ἀπόγῆ, loin de la Terre) au point le plus éloigné A. — On appelle *ligne des apsides*

le grand axe de l'orbite qui joint le périgée à l'apogée.
Cette ligne PA fait avec la ligne des solstices *ee'* (130)
un angle qui est aujourd'hui d'environ 10°, mais dont la
valeur change continuellement (150).

Le Soleil est à son périgée au moment où son diamètre paraît le plus grand, vers le 1er janvier, ce qui a
lieu dix jours environ après le solstice d'hiver ; il est à
son apogée, vers le 2 juillet, dix jours après le solstice
d'été. — *Il paraît étonnant que le Soleil soit plus près
de la Terre en hiver qu'en été.* On peut cependant le
comprendre aisément, en considérant que la quantité
de chaleur que nous recevons du Soleil dépend beaucoup moins de la distance de cet astre que de son élévation sur notre horizon et du temps qu'il y reste.

143. Principe des aires. — Le Soleil parcourt son
orbite elliptique d'un mouvement varié (137), mais soumis à une règle fixe, qui est *la seconde des lois découvertes par Képler.* Elle est connue sous le nom de *loi ou
principe des aires,* et peut se formuler ainsi :

*Le rayon vecteur du Soleil décrit, dans le plan de
l'écliptique, des aires égales en des temps égaux.* Ou,
d'une manière moins concise : l'aire ou la surface de la
portion d'ellipse (secteur elliptique), parcourue pendant
un temps quelconque par la ligne qui joint le Soleil à la
Terre (rayon vecteur), est proportionnelle au temps.

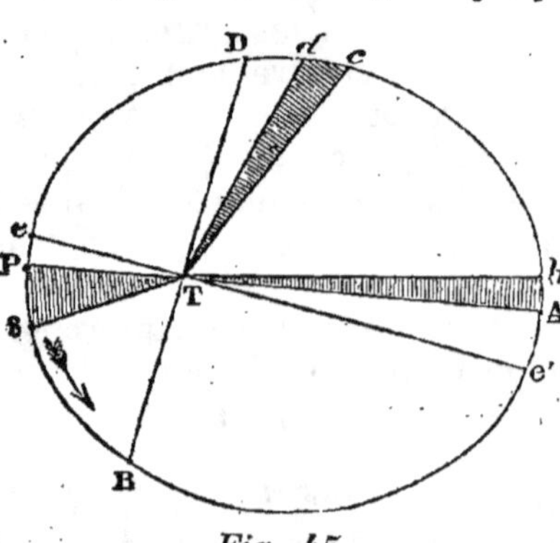

Fig. 45.

Supposons qu'on ait
marqué, à des époques
quelconques de l'année,
les arcs d'ellipse que le
Soleil parcourt dans des
temps égaux, en dix
jours par exemple; soient
P*s*, A*b*, *cd* (*fig. 45*) quelques-uns de ces arcs. Si
on joint leurs extrémités
au foyer occupé par la
Terre, on aura trois sec-
teurs elliptiques TP*s*,
TA*b*, T*cd*. L'observation
nous apprend que les aires de ces trois secteurs sont égales.

Comme *conséquence du principe des aires*, on voit que les arcs que le Soleil décrit dans des temps égaux ne sont pas égaux en longueur, et que les angles au centre appelés vitesses angulaires sont eux-mêmes inégaux. En effet les secteurs d'ellipse, quand les angles sont suffisamment petits, peuvent être considérés comme des secteurs de cercle. Or, la surface des secteurs de cercle est égale à l'arc multiplié par la moitié du rayon correspondant, et ce produit doit être constant. On aura, par exemple, $\frac{Ps \times TP}{2} = \frac{Ab \times TA}{2}$; et comme, au moment du périgée, la distance du Soleil à la Terre TP est plus petite que cette distance TA au moment de l'apogée, il faut, par compensation, que l'arc Ps soit plus grand que l'arc Ab, et conséquemment que l'angle PTs soit plus grand que l'angle ATb. On voit de même que l'arc *cd* doit être plus petit que l'arc Ps, mais plus grand que l'arc Ab. Donc au moment du périgée, le Soleil a sa vitesse angulaire la plus grande; cette vitesse va en diminuant du périgée à l'apogée, et augmente ensuite.

Le maximum de la vitesse du Soleil est de 1° 1′ 10″; il a lieu vers le 1er janvier, lorsque le Soleil passe au périgée. Le minimum a lieu le 2 juillet, quand le Soleil arrive à l'apogée; il est de 57′ 11″. — Le Soleil met le même temps à passer du périgée à l'apogée et réciproquement; car le grand axe PA, qui est en même temps la ligne des apsides, partage l'ellipse en deux parties qui ont la même surface.

CHAPITRE III.

MOUVEMENT RÉEL DE LA TERRE AUTOUR DU SOLEIL.

144. Systèmes de Ptolémée et de Copernic. — Pour expliquer le *mouvement annuel* ou mouvement propre du Soleil, comme pour expliquer son *mouvement diurne* (32, 33), il y a deux systèmes opposés : le système de Ptolémée et le système de Copernic.

Le *système de Ptolémée* admet les apparences comme des réalités. Le Soleil décrirait réellement, dans un an, d'occident en orient, une ellipse dont la Terre occuperait un des foyers. Cette ellipse serait dans un plan incliné sur l'équateur de 23° $\frac{1}{2}$, et le Soleil la parcourrait, en obéissant au principe des aires, de manière à passer au périgée le 31 décembre et à l'apogée le 1er juillet.

D'après le *système de Copernic*, au contraire, le Soleil reste immobile dans l'espace, à un foyer d'une ellipse égale à celle qu'il décrirait dans le système précédent, et située dans le plan de l'écliptique; et la Terre décrit cette ellipse autour du Soleil, aussi d'occident en orient, en observant la loi des aires ; elle passe le 1er janvier à une extrémité de son grand axe que l'on appelle *périhélie* (περὶ ἥλιος, près du Soleil), et le 2 juillet, à l'autre extrémité qui reçoit le nom d'*aphélie* (ἀπὸ, loin de).

Avant d'exposer les raisons qui font adopter aujourd'hui exclusivement le système de Copernic, nous avons à montrer que ce système explique les apparences aussi bien que celui de Ptolémée.

145. — *Les déplacements du Soleil à travers les constellations conservent les mêmes apparences, que ce soit cet astre ou la Terre qui se meuve.*

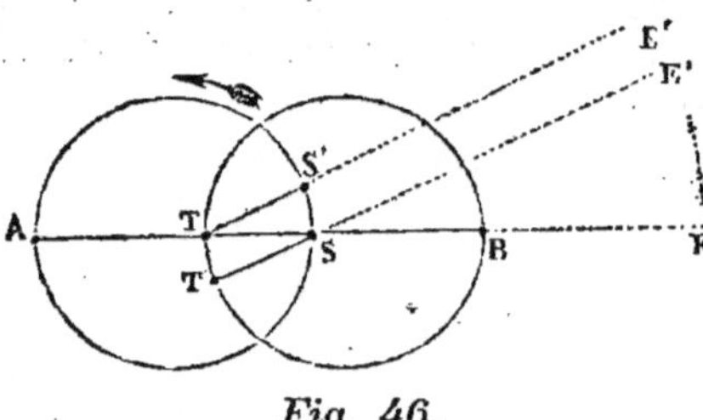

Fig. 46.

Soient en effet AS (*fig. 46*) l'ellipse que le Soleil semble décrire autour de la Terre supposée immobile en T ; et TB une ellipse égale à la première, ayant son grand axe sur la même droite et son foyer en S. Le Soleil étant en S, à son périgée, nous le voyons dans la direction d'une certaine étoile E. — Si d'abord nous supposons que la Terre reste immobile en T, et que le Soleil, par suite de son mouvement propre, vienne en S' au bout d'un certain temps, il aura parcouru l'arc SS' de son orbite, et sera vu en E', ayant semblé suivre sur la sphère l'arc EE'. Si, au contraire, nous supposons que le Soleil reste immobile en S, et que la Terre vienne en T', parcourant d'occident en orient un arc TT' = SS', le Soleil paraîtra dans la direction T'SE'.

Les deux rayons visuels $TS'E'$ et $T'SE'$ seront sensiblement parallèles et sembleront aboutir à la même étoile
E' ; car il y a une distance immense (60) de la Terre aux
étoiles, et les dimensions de l'orbite terrestre sont infi-
niment petites par rapport à cette distance. Dans les
deux hypothèses, le Soleil est donc vu au même point
du ciel E'. Il en sera de même dans tout le reste de la
courbe annuelle; et quand la Terre sera revenue en T,
après avoir fait le tour de son orbite, le Soleil paraîtra
de nouveau en E, après avoir semblé décrire, dans le
sens direct, la circonférence d'un grand cercle de la
sphère.

Le *diamètre apparent du Soleil*, et par suite sa distance à la Terre (140), varient avec le temps dans une
hypothèse comme dans l'autre. La Terre étant immobile
en T, le Soleil, au moment où il est à son périgée en S,
a son plus grand diamètre apparent. Si on suppose qu'il
passe en S', sa distance à la Terre $S'T$ étant plus grande,
son diamètre apparent aura diminué. Si, au contraire,
la Terre, d'abord en T à son périhélie, passe en T', elle
s'éloigne du Soleil resté en S ; et comme on a les deux
astres encore à la même distance $T'S = S'T$, le Soleil
sera vu sous le même diamètre apparent. — Quand la
Terre se sera transportée à l'autre extrémité du grand
axe de son orbite, en B, elle sera à sa plus grande distance du Soleil, à son aphélie, et c'est alors que le diamètre du Soleil lui paraîtra le plus petit.

Les *variations de la vitesse angulaire* (137) seront
aussi les mêmes dans les deux hypothèses. Dans le
système de Copernic, c'est le rayon vecteur de la Terre,
ST, ST', qui décrit, dans le plan de l'écliptique, des
aires égales en des temps égaux. Ainsi au lieu de la
surface TSS' qui serait décrite dans un temps donné par
le rayon vecteur du Soleil, c'est la surface STT', égale à
la première, qui sera décrite en réalité, dans le même
temps, par le rayon vecteur de la Terre.

Du reste tout ce que nous avons dit sur le mouvement
supposé du Soleil s'applique de point en point au mouvement de la Terre.

On peut d'ailleurs sans inconvénient conserver les
premières locutions, puisqu'elles sont d'accord avec les

phénomènes apparents, et qu'on peut très-facilement rectifier ce qu'elles ont d'inexact.

146. — *Parallélisme de l'axe de la Terre.* Pendant son mouvement annuel de *translation* autour du Soleil, l'axe de la Terre, c'est-à-dire la ligne imaginaire autour de laquelle se fait chaque jour son mouvement de *rotation*, conserve dans l'espace toujours la même direction, et se transporte parallèlement à lui-même (*fig. 47*). — Il en

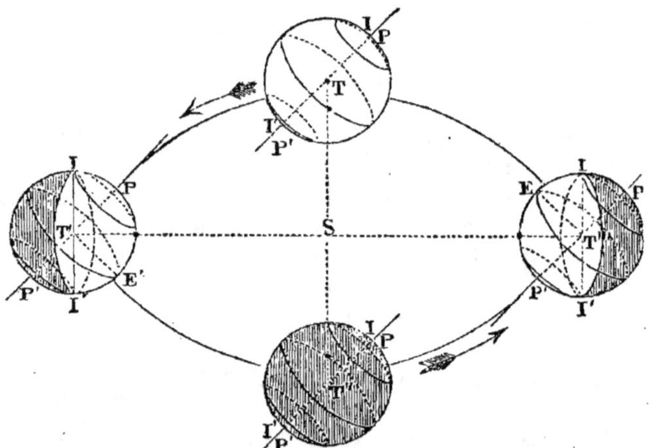

Fig. 47.

résulte d'abord que cet axe va rencontrer la sphère céleste toujours au même point pendant toute l'année, et que le pôle céleste paraît fixe. Car on peut négliger le déplacement du centre de la Terre, eu égard à la distance qui nous sépare des étoiles et aux dimensions relativement très-petites de l'orbite terrestre. — La ligne des pôles conservant la même direction, l'*équateur*, qui lui est perpendiculaire, reste parallèle à lui-même et passe toujours par les mêmes étoiles. — Enfin l'équateur restant parallèle à lui-même fait toujours, avec le plan de l'écliptique, le même angle de 23°$\frac{1}{2}$.

Ce parallélisme presque absolu (154) de l'axe de la Terre est une conséquence de l'inertie de la matière du globe. En général tout corps qui tourne sur lui-même tend à maintenir son axe de rotation dans la direction qui lui a été donnée d'abord ; et cette fixité de direction est d'autant plus grande que le mouvement est plus rapide. Des expériences faites avec un instrument appelé *gyroscope* (39) démontrent jusqu'à l'évidence ce principe de mécanique.

147. Preuves du mouvement annuel de la Terre. — Il y a cinq raisons principales qui font adopter aujourd'hui le système de Copernic à l'exclusion de celui de Ptolémée.

1º *Raison de simplicité*. Le Soleil est 1.300.000 fois aussi gros que la Terre, et il a 325.000 fois autant de masse. Puisqu'il faut que l'un des deux corps tourne autour de l'autre, avec une vitesse d'environ 9 lieues (35^{km},5) par seconde, il est bien plus simple d'attribuer ce mouvement à la Terre que de l'attribuer au Soleil.— Dans l'hypothèse où la Terre tourne autour du Soleil, il suffit qu'elle entraîne avec elle la Lune, son satellite. Dans l'hypothèse contraire, le Soleil doit entraîner avec lui, dans son déplacement autour de la Terre, les planètes, les satellites des planètes, les comètes, etc. S'il est vrai qu'il faut choisir en toutes choses l'explication la plus simple, on ne peut hésiter à adopter le système de Copernic.

2º *Raison d'analogie*. La Terre ne diffère en rien des autres *planètes*. Elle n'est même pas la plus importante : si on considère son volume, sa masse et le nombre de ses satellites, Jupiter et Mars l'emportent de beaucoup sur elle. Or, toutes les planètes ont un mouvement de translation autour du Soleil. Pourquoi la Terre ferait-elle seule exception dans le système solaire? Pourquoi ne serait-elle pas régie par les mêmes lois? Pourquoi même le Soleil tournerait-il autour de la Terre plutôt que de tourner autour de Mars, de Jupiter, ou de toute autre planète?

3º *Raison mécanique*. Le mouvement de translation de la Terre autour du Soleil est précisément celui qu'elle doit avoir si on admet les lois de Képler, et les lois de Newton sur l'attraction universelle. L'exactitude de ces lois ayant été admirablement vérifiée dans des circonstances si nombreuses et si variées, il faut en admettre la conséquence nécessaire, le mouvement de la Terre.

Indépendamment de ces preuves théoriques du mouvement de la Terre, il existe pour ainsi dire des preuves de fait : le phénomène de l'*aberration*, et la mesure des *parallaxes* de quelques étoiles.

148. — *4o Aberration.* On nomme *aberration annuelle* un phénomène en vertu duquel les étoiles sont vues successivement dans une direction un peu différente de la direction réelle ; elles y paraissent décrire annuellement, autour de leur position véritable, des ellipses dont le grand axe parallèle à l'écliptique est le même pour toutes les étoiles, de 40″,9, et dont le petit axe est variable suivant l'étoile considérée.

Ce phénomène, découvert par Bradley, en 1725, et confirmé depuis par les observations de tous les astronomes, n'a pu être expliqué dans l'hypothèse de l'immobilité de la Terre ; il est au contraire une conséquence naturelle et forcée de son mouvement de translation autour du Soleil.

Soit un observateur placé sur la Terre au point T de son orbite, et allant avec elle dans la direction T*a* (*fig. 48*). Soit un rayon de lumière ET parti de l'étoile E, et venant frapper l'œil de l'observateur avec une vitesse représentée par *m*T, de 75.000 lieues par seconde ; soit en même temps l'œil de l'observateur s'avançant, par l'effet du mouvement de translation de la Terre, suivant

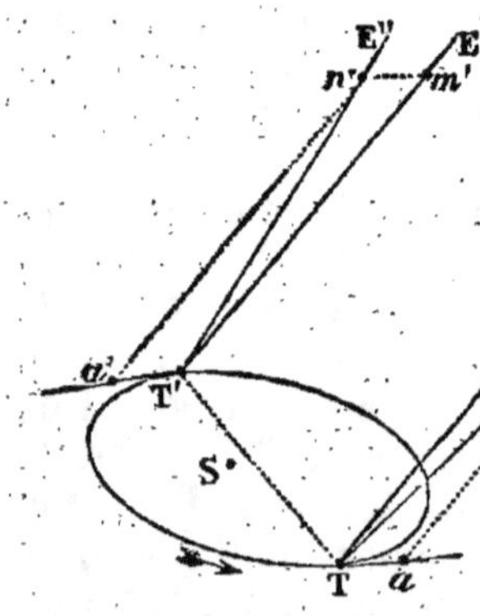

Fig. 48.

T*a*, avec une vitesse de 8 lieues par seconde. L'œil venant frapper le rayon lumineux suivant T*a*, l'effet est le même qui si le rayon venait frapper l'œil suivant la direction opposée *a*T. Tout se passe donc comme si la lumière venue de l'étoile avait en même temps deux vitesses, *m*T et *a*T. Ces deux vitesses se composent, d'après la règle du parallélogramme des vitesses exposée dans les cours de mécanique, en une vitesse résultante *n*T. Le rayon lumineux venant donc frapper l'œil suivant la direction *n*T, l'œil verra l'étoile suivant la direction TE′, comme si elle était en E′, au lieu d'être en E. — Dans tous les points de l'orbite, la déviation sera la même, donnée par l'angle ETE' ou par l'angle ET'E''. Le calcul, d'accord avec l'observation, prouve que cette déviation ne dépasse pas 20'',44. C'est la somme des angles ETE' et ET'E'', de chacun 20'',44, qui donne le maximum de 40'',9.

Une comparaison vulgaire facilitera l'intelligence de ce qui précède. Supposons la *pluie* tombant bien verticalement sur une voiture couverte. Si la voiture est en repos, la pluie tombe sur la couverture, et les voyageurs sont parfaitement à l'abri. Mais si la voiture marche, la pluie ne paraît plus tomber verticalement ; elle se dirige dans un sens contraire à la marche de la voiture, et tombe sur les genoux des voyageurs, d'autant plus obliquement en apparence que le mouvement de la voiture est plus rapide. Le voyageur dans la voiture, c'est l'astronome sur la Terre ; les gouttes de pluie qui paraissent venir obliquement sont les rayons lumineux qui viennent des étoiles.

On peut dire que le phénomène de l'aberration prouve le mouvement annuel de la Terre de la même façon que les expériences de Foucault prouvent son mouvement diurne (39). De même que le pendule et le gyroscope montrent aux yeux de l'observateur la Terre tournant autour de son axe ; de même l'aberration la montre, dans les télescopes, tournant en un an autour du Soleil.

5° *La parallaxe* de certaines étoiles (62) a été mesurée avec une exactitude satisfaisante. Si la Terre ne se déplaçait pas dans l'espace, on n'aurait pas pu prendre le diamètre de son orbite comme base pour mesurer la distance de ces étoiles à la Terre.

149. Mouvements réels de la Terre. Vitesse du mouvement annuel. — En résumé, l'étude du mouvement apparent des astres qui nous environnent, nous a fait admettre plusieurs mouvements réels de la Terre. 1° Son mouvement de *rotation* sur elle-même, autour d'un axe qui est son petit diamètre. La durée de cette rotation est le *jour* (178).

2° Le mouvement de *translation* de la Terre autour du Soleil, suivant une orbite elliptique dont cet astre occupe un foyer. La durée de ce mouvement est l'*année* (192).

La vitesse du mouvement de translation éprouve des variations. En les négligeant, on trouve que la vitesse moyenne est presque 9 lieues par seconde, ou 35.500^m. Pour calculer cette vitesse, il faut considérer l'orbite terrestre comme un cercle ayant pour rayon la distance moyenne de la Terre au Soleil (215). Il faut calculer la circonférence de ce cercle, et diviser sa longueur par le nombre de secondes contenues dans l'année.

3° La *précession des équinoxes* nous fait admettre un troisième mouvement très-lent de la Terre, *mouvement conique de son axe autour de l'axe de l'écliptique* (151).

CHAPITRE IV.

PRÉCESSION DES ÉQUINOXES. — NUTATION. — VARIATIONS SÉCULAIRES.

150. Précession des équinoxes. — La précession des équinoxes est un phénomène qui consiste en ce que le retour du Soleil aux points équinoxiaux, au point vernal par exemple, précède son retour à un même point de la sphère.

Si, à l'équinoxe de printemps d'une certaine année, une étoile occupe le point vernal V (*fig. 49*), un an après, elle ne coïncidera plus avec ce point ; elle se trouvera en s' à l'orient du point V, en sorte que le Soleil, après avoir fait le tour de l'écliptique, en revenant en *es*V,

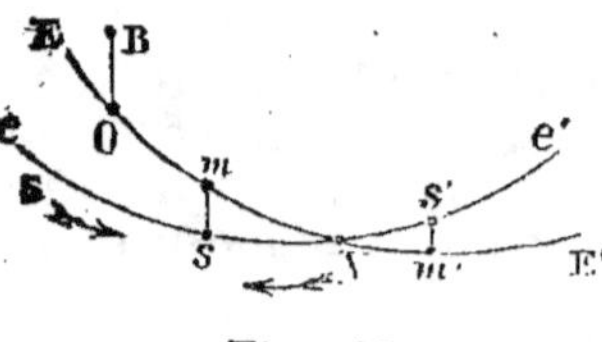

Fig. 49.

rencontrera d'abord l'équateur au point vernal V, et son retour à ce point précèdera son retour à l'étoile placée en s'.

Hipparque, qui observa la précession, l'expliquait en admettant que le point vernal et la ligne des équinoxes restaient fixes dans l'espace, pendant que toute la sphère céleste, avec toutes les étoiles, étaient entraînées dans le sens direct, c'est-à-dire d'occident en orient, autour de l'axe de l'équateur TP (*fig. 42*). Cette explication est aujourd'hui rejetée.

On explique le phénomène par la *rétrogradation du point vernal* et de la ligne des équinoxes. Les étoiles restant fixes dans l'espace, le point vernal V se déplace lentement, le long de l'écliptique, dans le sens *rétrograde*, c'est-à-dire d'orient en occident, de V en *e* (*fig. 42 et 49*), en sens contraire du mouvement annuel du Soleil, lequel se fait de *e* en V. Il se porte ainsi au devant de cet astre, qui revient vers lui, et l'atteint un peu avant d'avoir atteint de nouveau le point du ciel où il se trouvait au commencement de l'année précédente. Pour que cette rétrogradation existe, il suffit qu'au lieu de rester constamment dans la même direction, la ligne des pôles TP décrive, dans le sens rétrograde, un cône de $23°\frac{1}{2}$ d'ouverture, autour de l'axe de l'écliptique T*p*, de telle sorte que le pôle boréal parcourre une petite circonférence P*n* dont le centre est au pôle de l'écliptique *p*. En tournant ainsi, l'axe du monde entraîne dans son mouvement rétrograde l'équateur, qui lui reste perpendiculaire, avec la ligne des équinoxes et le point vernal. Les deux axes faisant un angle de $23°\frac{1}{2}$, les deux cercles font le même angle entre eux.

Les observations les plus exactes ont fait reconnaître que, dans le cours d'une année, le point vernal rétrograde de $50'',2$ en moyenne, ce qui donne un tour en 26.000 ans. Depuis Hipparque, la rétrogradation n'a été que de 28°.

151. — Dans le *système de Copernic*, la précession se définit : le phénomène par lequel l'instant d'un équinoxe précède le retour de la Terre au même point de son orbite. Pour expliquer le phénomène, nous avons attribué un mouvement conique à l'axe du monde. En réalité, c'est l'axe de la Terre qui, au lieu de rester rigoureusement parallèle à lui-même (146), pendant ou mouvement annuel, tourne lentement, de manière à décrire un cône circulaire droit autour de l'axe de l'écliptique. L'axe de Terre, en tournant, entraîne la ligne des équinoxes, et la fait rétrograder et prendre au bout d'une année une direction plus rientale, faisant avec la direction précédente un angle de $50'',2$.

On se représente aisément ce mouvement conique de la ligne des pôles en comparant le mouvement de la Terre à celui d'une *toupie*. Si, en effet, la toupie a été lancée obliquement, en même temps que sa pointe trace une courbe sur le plan du sol, on voit son axe décrire un cône plus ou moins ouvert, autour de la verticale perpendiculaire au plan de la courbe.

152. — *Cause de la précession*. La précession des équinoxes est une conséquence de l'attraction du Soleil sur la Terre, et de ce que la Terre est renflée à l'équateur et a son axe de rotation incliné sur l'écliptique. Si la Terre était exactement une sphère, les attractions exercées sur ses différentes parties produiraient le même effet que si toute sa masse était réunie au centre. Il en serait de même si l'équateur terrestre, tout en offrant un renflement, se trouvait dans le plan de l'écliptique, qui contient le Soleil. Mais l'équateur étant incliné sur ce plan, l'attraction n'est pas égale sur toutes les parties semblables de la Terre, puisque le renflement se trouve à des distances inégales au-dessus et au-dessous de l'écliptique. La théorie, en déterminant toutes les circonstances de cette inégalité, montre qu'elle doit produire dans les points équinoxiaux une rétrogradation dont elle fait connaître la valeur Ici encore l'observation confirme les conséquences de la théorie. Comme le Soleil est très-éloigné et le renflement de la Terre peu considérable, le phénomène de la précession est peu sensible chaque année ; et il faut 26.000 ans pour que les équinoxes fassent le tour de la sphère céleste.

La Lune exerce sur le renflement équatorial une action qui se joint à celle du Soleil.

153. Conséquences de la précession. — 1° *Déplacement du pôle.* Le pôle boréal se déplace peu à peu par rapport aux constellations, et décrit au milieu d'elles un petit cercle P*n* (*fig. 42*), que l'on indique souvent sur les cartes célestes. A l'époque de la construction des plus anciens catalogues d'étoiles, le pôle était éloigné de 12° de l'étoile de la petite Ourse que nous appelons la Polaire (53). Il n'en est plus aujourd'hui qu'à 1°28' environ. Il continuera à s'en rapprocher pendant 250 ans et n'en sera plus alors qu'à un demi-degré ; puis il s'en éloignera pour passer à côté de α du Cygne et de Wéga de la Lyre.

2° *Le déplacement des signes du zodiaque* a déjà été expliqué comme un des effets de la précession (132). Au temps d'Hipparque, 129 ans avant Jésus-Christ, le point vernal V se trouvait entre la constellation des Poissons et celle du Bélier, et le Soleil entrait à la fois dans la constellation et le signe du Bélier. Mais depuis cette époque il s'est écoulé plus de 2,000 ans, et le point vernal a rétrogradé de 2.000 × 50″,2 = 27°,9 environ. Il s'ensuit qu'aujourd'hui, à l'équinoxe de printemps, le Soleil est entré depuis quelques jours seulement dans la constellation des Poissons, bien que l'on continue à dire qu'il entre dans le signe du Bélier.

Ce déplacement du pôle et des équinoxes modifie à la longue l'*aspect du ciel en un lieu donné.* Les constellations actuelles de l'hiver deviendront constellations de l'été, et réciproquement. Des étoiles circompolaires, toujours visibles au-dessus de notre horizon, cesseront de l'être.

3° *Variation des coordonnées célestes.* La précession des équinoxes, en changeant chaque année la position du point vernal, qui est l'origine des ascensions droites et des longitudes, introduit des modifications annuelles dans les coordonnées célestes. sans troubler pour cela les positions relatives des étoiles. Il faut en tenir compte par le calcul quand on consulte les catalogues d'étoiles formés pour une époque déterminée.

La *déclinaison* varie aussi, puisque l'équateur est entraîné par la ligne des pôles dans son mouvement. Mais la *latitude*, c'est-à-dire la distance à l'écliptique, n'est pas altérée, puisque le plan de l'écliptique ne se déplace pas sensiblement.

4° La distinction entre l'*année tropique et l'année sidérale* (193) a pour cause la précession des équinoxes. L'année sidérale est plus longue que l'année tropique du temps que le Soleil met à aller du point vernal à l'étoile que l'on supposait placée l'année précédente à côté de ce point, c'est-à-dire du temps qu'il lui faut pour parcourir 50″,2. Or, la vitesse angulaire moyenne du Soleil, dans son mouvement annuel, est de 59′8″,3 par jour (137) ; on en déduit que, pour parcourir 50″,2, il met 20ᵐ 22ˢ.

154. Nutation. — On appelle *nutation*, des oscillations qui rapprochent et éloignent alternativement le pôle boréal de l'axe de l'écliptique, pendant sa rotation conique autour de ce dernier. Ces oscillations coïncident avec des irrégularités périodiques qu'éprouve l'obliquité de l'équateur sur l'écliptique.

D'après le phénomène de la précession des équinoxes (151), l'axe de la Terre décrit autour de l'axe de l'écliptique un cône circulaire dont l'angle au sommet, égal à l'obliquité de l'écliptique, a une valeur d'environ $23°\frac{1}{2}$. Par le phénomène de nutation, cet angle n'a pas une valeur constante ; il éprouve des variations périodiques en plus ou en moins, dans l'espace de 18 ans $\frac{1}{2}$ environ.

Ce phénomène, découvert par Bradley, en 1730, a pour effet d'empêcher le pôle de se mouvoir sur une véritable circonférence, et de lui faire suivre une courbe sinueuse. Par le mouvement de précession, le pôle parcourrait une circonférence de parallèle à l'écliptique, en 26.000 ans ; par le mouvement de nutation, il parcourrait, en 18 ans $\frac{1}{2}$, une ellipse dont le grand axe, dirigé vers le pôle de l'écliptique, serait de 18",4, et le petit axe de 13",75. En réalité, il suit une ligne sinueuse qui résulte des deux mouvements précédents.

On se représente ce double mouvement en comparant le mouvement de la Terre à celui d'une *toupie*. Lorsqu'une toupie est mal centrée, non seulement son axe décrit un cône autour de la verticale (151), mais il éprouve une sorte d'oscillation autour des génératrices successives de ce cône.

La nutation, comme la précession des équinoxes (152), est due à l'attraction du Soleil et de la Lune sur le renflement équatorial du globe.

155. Variations séculaires. — On donne ce nom à certaines irrégularités du mouvement elliptique de la Terre, autres que la précession et la nutation. Ces irrégularités s'accomplissent dans des périodes qui comprennent un grand nombre de siècles.

1° *L'obliquité de l'écliptique* (128), outre la variation qui résulte de la nutation, éprouve une diminution de 48" environ par siècle. En 1800, elle était de 23° 27' 57" ; en 1900, elle sera de 23° 27' 9". Laplace a calculé que cette obliquité ne peut diminuer que de 3°, après quoi elle recommencerait à croître. Cette variation aura pour effet de modifier l'étendue des cinq zônes terrestres (160), ainsi que la température des régions polaires.

2° *Le grand axe de l'orbite solaire* n'est pas fixe dans le plan de l'écliptique ; il se déplace avec le périgée, dans le sens direct, de 12" par an.

Comme en même temps le point vernal V ou e *(fig. 42 ou 45)* se déplace lui-même dans le sens rétrograde de 50", 2 par an (150), le périgée et le point vernal s'éloignent chaque année l'un de l'autre de 12" + 50", 2 = 1' 2", 2 augmentant ainsi l'angle eTP. Cet angle, qui vaut environ 10° actuellement, était nul en 1250. A cette époque, la ligne des solstices coïncidait avec le grand axe de l'orbite, et les saisons étaient égales deux à deux ; le printemps avait la même durée que l'été, et l'automne durait autant que l'hiver. Le grand axe a dû coïncider avec la ligne des équinoxes 4.000 ans avant l'ère chrétienne.

3° *L'excentricité de l'orbite* (141) éprouve elle-même une diminution séculaire très-faible.

La *longueur du grand axe* est la seule quantité à laquelle on n'ait pas trouvé de changement dans le système solaire.

CHAPITRE V

DU JOUR ET DE LA NUIT. — SAISONS.

§ 1. — Du jour et de la nuit ; inégalités : Zônes terrestres. Crépuscules.

156. Jour et nuit. — Dans le cours de son mouvement diurne apparent, le Soleil se trouve tantôt au-dessus, tantôt au-dessous de l'horizon d'un observateur. On nomme *jour* ou *journée*, ou encore *jour naturel*, le temps pendant lequel le Soleil est au-dessus de l'horizon, temps compris entre un lever de cet astre et son coucher suivant. La *nuit* est le temps compris entre son coucher et son lever.

Le jour et la nuit réunis forment un intervalle de temps que nous appellerons jour solaire vrai (178).

Le jour et la nuit ont généralement des durées inégales ; ces durées varient, pour un même lieu, avec l'époque de l'année, et, pour des lieux différents, avec la latitude du lieu.

C'est au mouvement du Soleil sur l'écliptique et à l'inclinaison de ce plan sur l'horizon que sont dues les inégalités du jour et de la nuit. En même temps que le Soleil semble tourner chaque jour autour de la Terre, il s'avance sur l'écliptique et change de déclinaison, de sorte qu'il ne décrit pas réellement des parallèles, mais bien des courbes analogues aux spires d'une hélice. Cependant, comme la déclinaison du Soleil varie peu chaque jour, pour plus de simplicité, nous admettrons qu'elle reste constante pendant cet intervalle de temps, et qu'en vertu du mouvement diurne l'astre décrit chaque jour un parallèle que nous considérerons comme un peu différent de celui qu'il décrivait la veille. — De plus, nous négligerons les dimensions du Soleil et, à plus forte raison, celles de la Terre, eu égard à la distance qui sépare ces deux corps, et nous regarderons chacun d'eux comme se réduisant à un point. — Enfin, pour plus de clarté, nous nous en tiendrons d'abord aux apparences, et nous attribuerons au Soleil le mouvement annuel et le mouvement diurne qui, en réalité, appartiennent à la Terre.

157. Durée du jour et de la nuit aux différentes époques de l'année. — Considérons d'abord un lieu de la Terre, situé dans l'hémisphère boréal, et à une latitude moyenne, comme celle de Paris. Dans ce lieu, la durée du jour et de la nuit varie avec l'époque de l'année. Vers la fin du mois de mars, au commencement du printemps, la durée du jour est égale à celle de la nuit. A partir de cette époque, le jour augmente et la nuit décroît. Le contraire a lieu depuis juin jusqu'en décembre, et dans ce dernier mois la nuit est bien plus longue que le jour. Le jour augmente ensuite, pour redevenir égal à la nuit, vers le 21 mars.

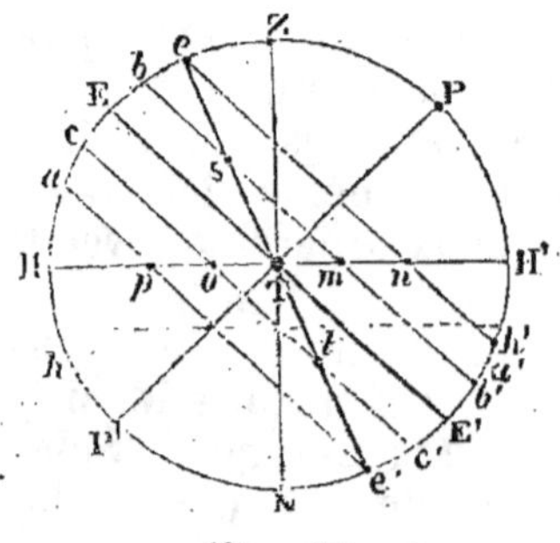

Fig. 50.

Soient un cercle (*fig. 50*) pour représenter le méridien du lieu, T la Terre réduite à un point, ZN la verticale du lieu et HH' la trace de son horizon sur le méridien. Soient aussi PP' la ligne des pôles, faisant avec l'horizon un angle PTH' égal à la latitude du lieu (88); EE' la trace de l'équateur, perpendiculaire à la ligne des pôles; et *ee'* la trace de l'écliptique, faisant avec l'équateur un angle *e*TE de 23° ½. Tous les cercles, excepté le méridien, sont perpendiculaires au plan de la figure et se projettent suivant leurs diamètres.

Supposons le Soleil sur l'écliptique, au point *équinoxe de printemps;* ce point se projette en T. Le Soleil, dans son mouvement diurne, en tournant autour de la ligne des pôles, parcourt l'équateur EE', projection de la courbe E*o*E'*e* (*fig. 51*). Il se lève à un point de l'horizon *e* qui se projette en T, monte en suivant l'arc *e*BE

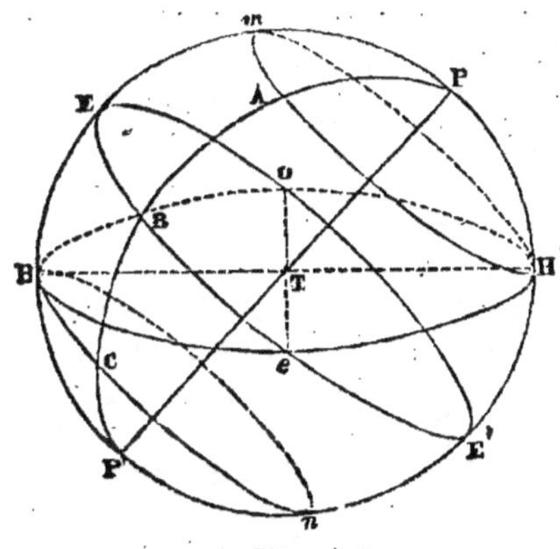

Fig. 51.

projeté en TE, et revient en parcourant l'arc E*o*, pour se coucher en un point *o* à l'occident, qui se projette également en T. Pendant qu'il parcourt l'arc *eEo*, projeté en TE, le Soleil est au-dessus de l'horizon du lieu que nous considérons, et il fait jour en ce lieu. L'arc parcouru pendant le jour s'appelle *arc diurne*. Le Soleil parcourt ensuite, pendant la nuit, l'arc *oE'e*, situé sous l'horizon et qui se projette en TE' ; cet arc de parallèle se nomme *arc nocturne*. — Comme l'équateur est coupé par l'horizon en deux parties égales, l'arc diurne égale l'arc nocturne, et le Soleil, ayant un mouvement diurne uniforme, met le même temps à parcourir chacun de ces arcs. A l'équinoxe de printemps, la durée du jour est donc égale à celle de la nuit.

Pendant le *printemps*, le Soleil occupe successivement sur l'écliptique divers points de la ligne T*e* (*fig. 50*), et le jour croît peu à peu, pendant que la nuit diminue. Quand il est en *s* par exemple, il décrit le parallèle *bsb'*, dont une partie, projetée suivant *bm*, est au-dessus de l'horizon, tandis que l'autre partie, qui se projette en *mb'*, est au-dessous. La première partie étant plus grande que la seconde, le jour dure plus longtemps que la nuit.

Lorsque le Soleil est en *e*, au *solstice d'été*, il parcourt le parallèle *ena'* ; on voit facilement que ce parallèle est celui dont la partie la plus grande est au-dessus de l'horizon. C'est donc alors qu'a lieu le plus long jour et la nuit la plus courte. — Pendant l'*été*, la déclinaison du Soleil reprend, mais dans un ordre inverse, les grandeurs qu'elle a eues au printemps ; il en sera de même de la durée du jour et de la nuit.

A l'*équinoxe d'automne*, quand le Soleil est revenu à

l'équateur, en un point qui se projette en T, le jour et la nuit sont de nouveau d'égale durée. — Pendant l'*automne*, il se trouve dans l'hémisphère austral et parcourt des parallèles de plus en plus éloignés de l'équateur. La durée du jour diminue et celle de la nuit augmente. Lorsque le Soleil est au point *t* sur l'écliptique, il parcourt le parallèle *cc'*. Or, dans ce parallèle, l'arc diurne, projeté en *co*, est plus petit que l'arc nocturne, projeté en *oc'*. Le jour est donc plus court que la nuit.

Quand le Soleil est au *solstice d'hiver*, en *e'*, il suit le parallèle *e'a*. Ce parallèle est celui dont la plus petite partie *ap* est au-dessus de l'horizon ; c'est donc le moment où le jour a sa plus courte durée. — Pendant l'*hiver*, le Soleil occupant les positions entre *e'* et T, les jours, encore plus courts que les nuits, vont cependant en augmentant.

En résumé, on voit que, pour un lieu de l'hémisphère *boréal*, de latitude moyenne, le jour est plus long que la nuit pendant le printemps et l'été ; il est plus court pendant l'automne et l'hiver. Le jour va en augmentant depuis le solstice d'hiver jusqu'au solstice d'été ; il va au contraire en diminuant du solstice d'été au solstice d'hiver.

Les mêmes phénomènes se produisent pour un lieu situé dans l'*hémisphère austral*, mais d'une manière inverse.

158. — D'après les explications qui précèdent, on a, dans l'hémisphère boréal. *le jour le plus long*, et la nuit la plus courte, au moment où le Soleil est à sa plus grande déclinaison boréale qui est de $23°\frac{1}{2}$. Le point de l'écliptique *e* où il se trouve alors, s'appelle *solstice d'été* (130), et le parallèle *ea'*, qu'il décrit dans son mouvement diurne, s'appelle *tropique de Cancer*. De tous les parallèles décrits par le Soleil, c'est celui qui est partagé par l'équateur en deux parties les plus inégales, la plus grande *en* étant au-dessus de l'horizon. Le Soleil parcourt ce parallèle vers le 21 juin. A cette époque, à Paris, le jour dure $15^h 58^m$; et la nuit $8^h 2^m$.

Au contraire, le jour est le plus court et *la nuit la plus longue* lorsque le Soleil est au point *e'* de l'écliptique le plus éloigné au sud de l'équateur. Lorsqu'il est à ce point, appelé *solstice d'hiver*, il parcourt, dans son mou-

vement diurne, le parallèle *e'a*, que l'on nomme *tropique
de Capricorne*. On voit facilement que ce parallèle est
celui dont l'arc nocturne, projeté en *pe'*, a la plus grande
valeur. A Paris, quand le Soleil est au solstice d'hiver,
c'est-à-dire vers le 21 décembre, la durée de la nuit est
de 15^h 58^m, et celle du jour, de 8^h 2^m.

**159. Durée du jour et de la nuit aux différentes lati-
tudes; tropiques terrestres et cercles polaires** — Nous
allons considérer les inégalités du jour et de la nuit
pour quatre latitudes ou quatre positions principales :
l'équateur, les pôles, les tropiques terrestres et les
cercles polaires.

1º *A l'équateur, la durée du jour égale celle de la nuit,
à quelqu'époque de l'année que l'on soit.*

Soit un lieu sur l'équateur, dont la verticale est ZN
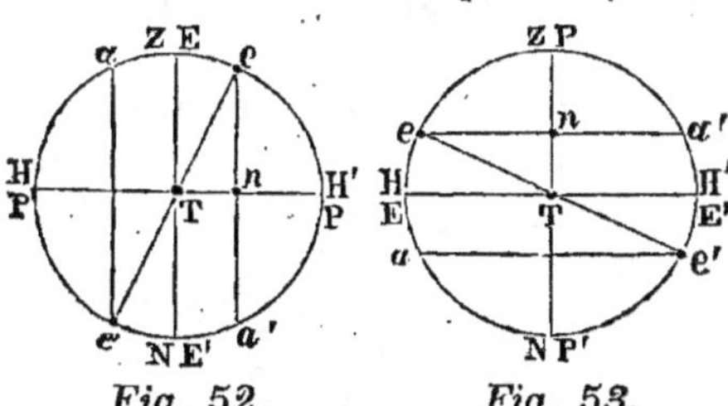
Fig. 52.   Fig. 53.

(*fig. 52*) et l'hori-
zon HH' ; la ligne
des pôles, à 90º de
la verticale, se pro-
jette en PP' sur
l'horizon, et l'équa-
teur en EE' sur la
verticale ; le plan
de l'écliptique a sa
projection en *ee'*. Tous les parallèles décrits par le
Soleil dans son mouvement diurne, étant perpendiculaires à l'horizon, sont coupés par ce plan en deux
parties égales. Le Soleil marchant chaque jour d'un
mouvement uniforme mettra toujours le même temps à
parcourir l'arc diurne, projeté en *en*, et l'arc nocturne
projeté en *na'*.

2º *Aux pôles le jour dure six mois, et la nuit autant.*

Pour un habitant du *pôle boréal*, la verticale étant ZN
(*fig. 53*) et l'horizon HH', la ligne des pôles PP' à 90º
de l'horizon se confond avec la verticale, et l'équateur
EE' avec l'horizon ; l'écliptique *ee'* fait toujours un angle
*e*TE de 23º$\frac{1}{2}$ avec l'équateur. Tant que le Soleil est dans
l'hémisphère boréal, sur la partie de l'écliptique *e*T, les
parallèles qu'il décrit dans son mouvement diurne
sont tout entiers au-dessus de l'horizon, et par conséquent il n'y a pas de nuit ; il y a un jour continu de

six mois, pendant le printemps et l'été. Le contraire
a lieu tant que le Soleil est dans l'hémisphère austral ;
les parallèles sont tout entiers sous l'horizon, et par
conséquent il n'y a pas de jour ; il y a nuit continue
pendant l'automne et l'hiver.

Pour le *pôle austral* les phénomènes se passent de
même, mais dans un ordre inverse.

3º Les *tropiques terrestres* sont des parallèles à 23º ½
de l'équateur. Celui de l'hémisphère boréal est le *tro-*
pique de Cancer ; l'autre est le tropique de Capricorne.
Ils correspondent aux parallèles célestes de même nom,
décrits par le Soleil lorsque cet astre est aux solstices.
Pour les habitants des tropiques, une fois, mais une
seule fois dans l'année, le Soleil passe au zénith, le jour
des solstices.

Soient la verticale ZN (*fig. 54*) et l'horizon HH' ; la
ligne des pôles
PP' faisant un
angle de 23º½ avec
l'horizon, et l'é-
quateur EE' ; l'é-
cliptique pourra
se projeter en *ee'*
sur la verticale.
— Au solstice
d'été, le Soleil

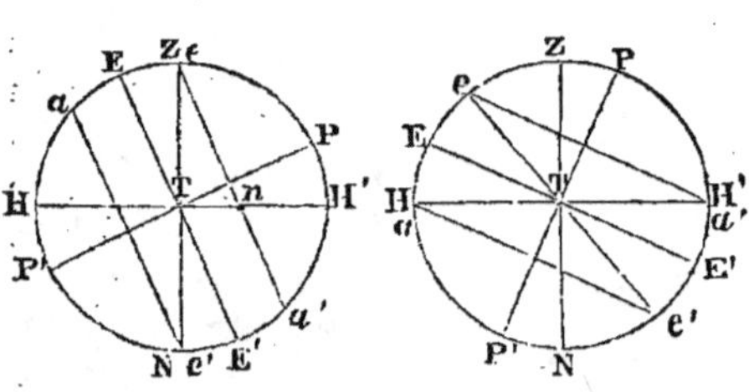

Fig. 54.   Fig. 55.

décrivant le parallèle *ena'*, passera au zénith de l'habitant du tropique de Cancer ; et au solstice d'hiver, il
passera à son nadir, par conséquent au zénith de ses
antipodes.

4º Les *cercles polaires* sont deux parallèles terrestres
situés à une distance des pôles de 23º½, égale à l'obliquité de l'écliptique, par conséquent à une distance de
l'équateur de 90 — 23 ½ = 66º ½. L'un d'eux, situé dans
l'hémisphère boréal, est le *cercle polaire arctique ;* l'autre,
dans l'hémisphère austral, est le *cercle polaire antarc-*
tique.

Pour les habitants des cercles polaires il y a, à six
mois d'intervalle, un jour de 24 heures et une nuit de 24
heures.

Soient la verticale ZN (*fig. 55*) et l'horizon HH' ; la

ligne des pôles PP', faisant avec l'horizon un angle PTH'
de 66° ½, et l'équateur EE'. L'écliptique se projette en *ee'*.
— Or, il est évident qu'au solstice d'été, quand le Soleil
décrira le parallèle H'A*m* (*fig. 51*), projeté en *ea'* (*fig. 55*),
il fera un tour entier sans descendre sous l'horizon. Au
solstice d'hiver, au contraire, il parcourra le tropique de
Capricorne *nc*H, projeté en *e'*H ou *e'a*, et situé tout entier sous l'horizon.

160. Zones terrestres. — La surface de la Terre est
partagée, par les tropiques et les cercles polaires, en
cinq bandes appelées zones : la *zone torride*, entre les
tropiques ; *deux zones tempérées*, entre les tropiques et
les cercles polaires ; et *deux zones glaciales*, au delà
des cercles polaires.

La *zone torride* est ainsi appelée parce qu'elle est plus
exposée aux ardeurs du Soleil. Elle est séparée en deux
parties égales par l'équateur, qui se nomme aussi la
ligne ; et elle s'étend à 23°½ au nord jusqu'au tropique
de Cancer, et à 23°½ au sud jusqu'au tropique de Capricorne. — Dans la zone torride, *le Soleil passe au zénith*
de chaque lieu deux fois par an. A ces deux époques, à
midi, il n'y a pas d'ombre pour une tige verticale fixée
sur le sol. Dans le reste de l'année, *les personnes de
cette zone voient leur ombre méridienne dans deux directions contraires*, tantôt du côté du nord et tantôt du
côté opposé.

Les *zones tempérées* sont ainsi nommées parce que la
température y tient le milieu entre celle de la zone
torride et celle des zones glaciales. Elles sont comprises,
dans chaque hémisphère, entre les tropiques et les
cercles polaires, d'une étendue de 43° environ, entre le
parallèle de 23°½ et celui de 66°½. — Leurs habitants
n'ont jamais le Soleil à leur zénith, et ils n'ont pas de
jour ni de nuit de 24 heures.

Les *zones glaciales* sont les pays les plus froids de la
Terre, et il y règne des glaces perpétuelles. Ces zones
sont deux calottes sphériques qui s'étendent à 23°½ tout
autour des pôles, et sont limitées par les cercles polaires.
La zone glaciale de l'hémisphère boréal s'appelle *zone
glaciale arctique* ; l'autre est la *zone glaciale antarctique*.

— Dans un lieu de la zone glaciale arctique, il y a d'abord alternative de jour et de nuit, puis un jour continu dont le milieu est au moment du solstice d'été ; ce jour est d'autant plus long que le lieu est plus près du pôle, où nous avons vu qu'il atteint une demi-année. Il y aura de même une nuit continue dont le milieu sera au solstice d'hiver. — Pour un lieu de la zone glaciale antarctique, ce sont encore les mêmes phénomènes, mais dans un ordre inverse.

161. Observations diverses. — 1° On comprend plus facilement la description et l'explication des phénomènes que nous venons d'étudier en se servant de *sphères armillaires*, ou d'autres appareils construits pour cet usage. On peut même utiliser un simple globe céleste, monté sur un horizon, et pouvant tourner autour d'un axe auquel on donne l'inclinaison voulue. Le globe étant disposé successivement dans les différentes positions que nous avons indiquées, on colle des pains à cacheter à divers points de l'écliptique. Chaque fois que l'on fait tourner le globe sur son axe, les pains à cacheter, dans leurs évolutions, marquent la route apparente du Soleil, et font comprendre la distribution du jour et de la nuit.

2° *Hauteurs méridiennes du Soleil.* En se reportant aux figures qui précèdent, on voit facilement quelles sont en chaque lieu la plus grande et la plus petite hauteur du Soleil à midi.

A l'*équateur* (*fig.* 52), la plus grande hauteur est de 90°, aux équinoxes, quand le Soleil, étant au point T de l'écliptique, passe au méridien en E ; et les plus petites sont de $90 - 23\frac{1}{2} = 66°\frac{1}{2}$, aux solstices en e et $é$.

Sur les *tropiques* (*fig.* 54), la plus grande hauteur est de 90°, à un solstice ; et la plus petite de $90 - 2 \times 23\frac{1}{2} = 43°$, à l'autre solstice.

A *Paris* (*fig.* 50), la plus grande hauteur est de $64°\frac{1}{2}$, le 21 juin, au solstice d'été ; c'est l'angle eTH, qui se mesure par l'arc eH $= 90 - e$Z $= 90 - (48° 50' - 23° 27') = 90 - 25° 23' = 64° 37'$. Au solstice d'hiver, la hauteur est de $17°\frac{1}{2}$ seulement.

Sur les *cercles polaires* (*fig.* 55), la plus grande hauteur eTH est de $2 \times 23\frac{1}{2} = 47°$, à l'un des solstices, et la plus petite est 0 à l'autre solstice.

Aux *pôles* (*fig.* 53), la hauteur est de $23°\frac{1}{2}$, à l'un des solstices ; 0 aux deux équinoxes ; et de $-23°\frac{1}{2}$, c'est-à-dire de $23°\frac{1}{2}$ au-dessous de l'horizon, à l'autre solstice. De plus, dans le courant de chaque journée, la hauteur reste sensiblement la même.

3° Longueur des jours, sous diverses latitudes :

Latitude.	Durée du jour le plus long.	Durée du jour le plus court.
0°	12 heures	12 heures.
10	12^h 35^m	11^h 25^m.
20	13^h 13^m	10^h 47^m.
30	13^h 56^m	10^h 4^m.
40	14^h 51^m	9^h 9^m.
50	16^h 9^m	7^h 51^m.
60	18^h 30^m	5^h 30^m.
66° 32′	24^h	0^h.
69° 51′	2 mois.	
78° 11′	4 mois.	
90°	6 mois.	

162. Influence de l'atmosphère sur la durée des jours et des nuits. — En astronomie, on admet que le jour commence au moment où le centre du Soleil arrive sur l'horizon à l'orient, et finit dès que ce centre touche l'horizon à l'occident. Mais l'atmosphère exerce une influence remarquable sur la durée véritable du jour, et sur le passage de la nuit au jour, et du jour à la nuit. L'air agit de deux manières : par réfraction, et par réflexion, en produisant le *crépuscule*.

La *réfraction* de la lumière solaire par l'air atmosphérique devient surtout sensible à l'horizon ; elle déplace le Soleil à nos yeux et nous le fait voir de 33′ plus élevé qu'il n'est réellement. Et comme le diamètre apparent de cet astre n'est que de 32′, au moment où, le matin, nous voyons son bord inférieur raser l'horizon, il est encore tout entier au-dessous de ce plan ; et de même, le soir, nous voyons encore son disque au-dessus de l'horizon, lorsqu'il est en réalité entièrement couché. — Il résulte de là que le jour effectif est allongé, par la réfraction, du double du temps que le Soleil met à monter ou à descendre de 33′. Sous l'équateur, le Soleil descendant verticalement ne met que 2^m 12^s pour descendre de 33′ ; par conséquent le jour y est allongé de 4^m 24^s. A Paris, le Soleil, suivant un parallèle plus oblique, met plus de temps à descendre de la même quantité, et le jour est augmenté de presque de 8^m. Aux pôles, le Soleil ne descend que très-lentement et le jour

y est allongé, par l'effet de la réfraction, d'environ trois
fo:s 24 heures.

163. Crépuscules. — On nomme crépuscule (creperus,
incertain) cette lumière douteuse qui précède le lever du
Soleil ou qui en suit le coucher. On distingue le crépuscule du matin, appelé aussi *aurore* (aurea hora, heure
dorée), et le crépuscule du soir ou la *brune*.

On ne peut dire d'une manière précise à quel moment
commence l'aurore et finit la brune, ou plutôt il n'existe
pas de transition nette de la nuit au jour. On convient
cependant d'en fixer le commencement et la fin lorsque,
par un ciel pur, les étoiles de cinquième et de sixième
grandeur cessent d'être visibles à l'œil nu, ou commencent à l'être. L'observation fait reconnaître qu'alors
le Soleil est à environ 18° au-dessous de l'horizon.

Le crépuscule diminue partout et en tout temps de
deux heures au moins la durée de ce que nous appelons
la *nuit close* ; car il faut au Soleil, matin et soir, plus
d'une heure pour franchir, même verticalement, un arc
de 18°.

Les crépuscules sont produits par la réflexion irrégulière ou dispersion que subissent les rayons solaires,
en traversant les couches supérieures de notre atmosphère. — En effet, soient A (*fig. 56*) un lieu de la Terre,
HH' son hori-
zon, et le So-
leil dans la
direction *bc*S,
tout entier
sous cet hori-
zon, un peu
avant son le-
ver ou après

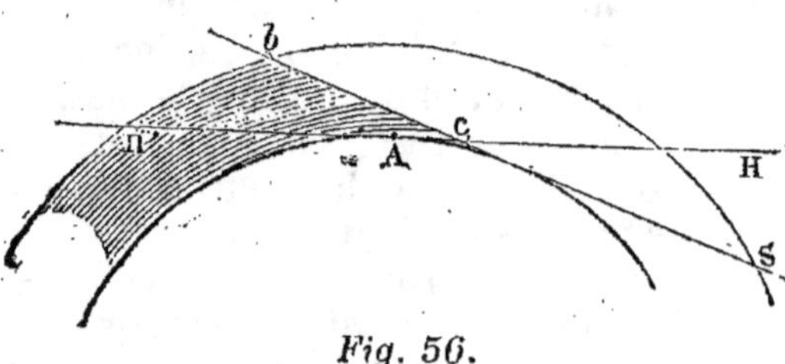

Fig. 56.

son coucher. Aucun de ses rayons lumineux ne peut
venir directement éclairer la partie de l'atmosphère *bc*H',
située au-dessus de l'horizon. Mais un grand nombre de
ces rayons pénètrent directement dans l'autre portion *bc*H.
La plus grande partie de cette lumière traverse simplement l'air ; mais une autre partie est arrêtée par les
molécules gazeuses, les gouttes d'eau et les corpuscules

en suspension dans l'atmosphère ; elle subit des ré-
flexions et des réfractions nombreuses, dont l'effet est
d'amener sur le sol en A, et dans la partie *bc*H', cette
clarté crépusculaire qui va en augmentant à mesure que
le Soleil s'avance et que l'angle S*c*H diminue. — Une
expérience bien simple fait mieux comprendre l'explication du crépuscule. Dans une chambre fermée de toutes
parts on fait entrer, par une petite ouverture, un rayon
solaire, qui peut sortir ensuite par une ouverture pratiquée en face. Ce rayon ne fait que traverser la pièce ;
mais une partie de sa lumière est réfléchie par les
grains de poussière et illumine toute la chambre.

La lumière diffuse qui vient en A, n'est pas bleue
comme pendant le jour ; elle est teinte de couleurs
orangées ou rouges. C'est que les rayons solaires ne
nous arrivent en A qu'après avoir traversé les couches
d'air voisines de la Terre, fortement chargées de vapeur
d'eau ; et cette vapeur a la propriété de décomposer la
lumière blanche et d'absorber les rayons autres que les
rayons rouges.

164. — *La durée du crépuscule* varie d'une époque à l'autre
et d'un lieu à l'autre. Nous avons dit (163) que le crépuscule se
prolonge tant que le Soleil est à moins de 18° au-dessous de
l'horizon. Or, il faut au Soleil des temps très-variables pour
monter ou descendre de 18°, suivant qu'il suit un parallèle plus
ou moins incliné à l'horizon.

La durée du crépuscule varie avec l'époque de l'année. Elle
a sa plus grande valeur au solstice d'été, et décroît du solstice
d'été à l'équinoxe d'automne. Si
l'on se reporte à la figure 57, on
comprend en effet que les arcs de
parallèles situés entre l'horizon
HH', et le plan *hh'*, parallèle à
l'horizon, mais à 18° au-dessous
(H'*h'* = 18°), sont égaux en projection, mais ne contiennent pas
le même nombre de degrés ; ainsi
l'arc qui se projette en *na'* contient un plus grand nombre de
degrés que les deux portions d'arc
qui se projettent en T*t*.

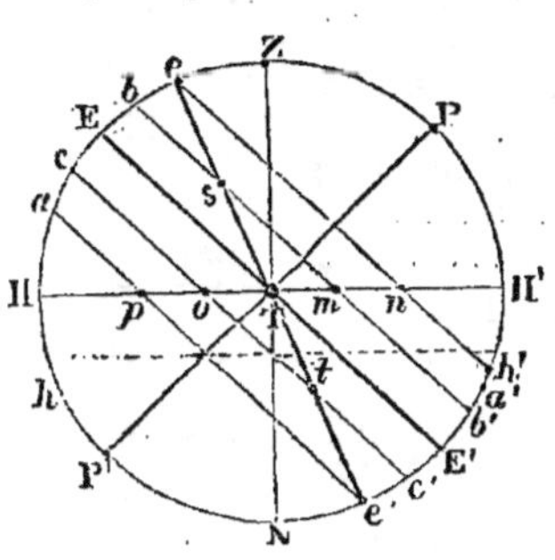

Fig. 57.

*La durée du crépuscule varie
surtout avec la latitude du lieu.*
— *A l'équateur*, le Soleil monte
et descend perpendiculairement à l'horizon, il met moins de
temps à monter de 18°, 1ʰ 12ᵐ environ ; aussi le crépuscule y

est-il plus court que partout ailleurs. La nuit close y est de 9^h 36^m, au lieu de 12^h.

A mesure qu'on s'éloigne de l'équateur et qu'on se rapproche des pôles, le crépuscule devient plus long, parce que les parallèles décrits par le Soleil sont de plus en plus inclinés sur l'horizon. — A *Paris*, à l'époque du solstice d'été, le Soleil ne descend qu'à environ 17° $42'$ au-dessous de l'horizon. Il n'y a pas véritablement de nuit close; la brune finit à l'occident après que l'aurore a commencé à l'orient, et les deux crépuscules ont une durée totale égale à celle de la nuit, huit heures environ.

Au *pôle*, où le Soleil tourne presque horizontalement, et ne progresse en hauteur que lentement à mesure qu'il avance en déclinaison, chaque crépuscule a une durée énorme, de presque deux mois. Le jour effectif surpasse de plus de trois mois le jour théorique, et la nuit complète n'a guère plus de trois mois. Pour les lieux éloignés du pôle, comme la Laponie, la baie d'Hudson, et les contrées polaires que l'homme fréquente, la durée de la nuit close sera bien moindre encore; et d'ailleurs, outre la clarté des étoiles et de la Lune, les habitants des zones glaciales sont encore éclairés, pendant leur longue nuit, par des aurores boréales très-fréquentes.

§ 2 — Saisons. Variation de température.

165. Saisons. — Les saisons, dont il a déjà été parlé (133), sont les quatre périodes de temps employées par le Soleil pour aller d'une équinoxe à un solstice, et réciproquement. Ce sont :

Le *printemps*, de l'équinoxe de printemps au solstice d'été, commençant le 20 ou 21 mars, et durant....... 92 j 20^h 59^m.

L'*été*, du solstice d'été à l'équinoxe d'automne, commençant le 20, 21 ou 22 juin, et durant.... 93 j 14^h 13^m.

L'*automne*, de l'équinoxe d'automne au solstice d'hiver, commençant le 22 ou 23 septembre, et durant.................................... 89 j 17^h 35^m.

L'*hiver*, du solstice d'hiver à l'équinoxe de printemps, commençant le 20, 21 ou 22 décembre, et durant.................................... 89 j 1^h 2^m.

La durée des quatre saisons réunies égale celle de l'année................................... 365 j 5^h 49^m.

En examinant ce tableau, on voit que les saisons sont d'*inégale durée*; l'été est la saison la plus longue, et l'hiver, la plus courte. La différence est de plus de 4 jours $\frac{1}{2}$. Le printemps et l'été durent ensemble presque 8 jours de plus que l'automne et l'hiver réunis. Il y a donc 8 jours de plus de l'équinoxe de printemps à l'équinoxe d'automne, que de l'équinoxe d'automne à l'équinoxe de printemps.

Cette inégalité peut paraître étonnante, puisque les saisons correspondent à quatre divisions égales de l'espace angulaire décrit par le Soleil dans sa course annuelle. Elle est due à la forme elliptique de l'orbite solaire (141), et à la position que le grand axe de cette ellipse occupe, par rapport à la ligne des équinoxes et à celle des solstices.

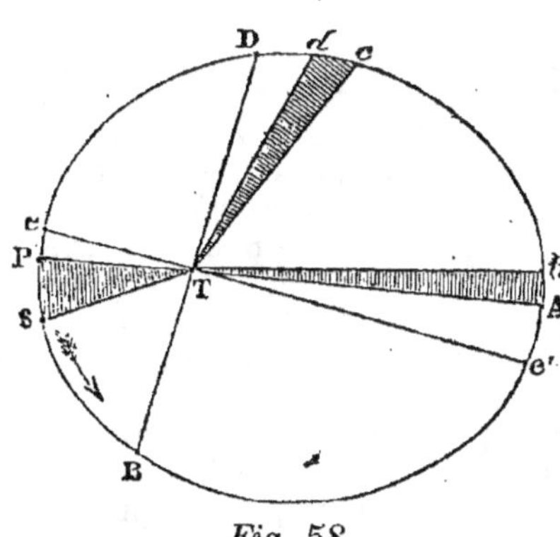

Fig. 58.

Soient en effet l'orbite elliptique du Soleil (*fig. 58*), la Terre à un foyer T, et le grand axe PA. La ligne des solstices ee' est voisine du grand axe, et fait avec lui un angle eTP, qui est actuellement de 10°; la ligne des équinoxes BD est perpendiculaire à celle des solstices. — Les arcs d'écliptique, parcourus par le Soleil dans chaque saison, sont : Be' pendant le printemps, e'D pendant l'été, De pendant l'automne, et eB pendant l'hiver. D'après le principe des aires (143), les temps employés par le Soleil à parcourir ces arcs, sont proportionnels aux surfaces des secteurs compris entre ces arcs et les rayons vecteurs du Soleil. Or, il résulte de l'examen de la figure que les quatre secteurs, rangés par ordre de grandeur décroissante, sont ceux qui représentent l'été, e'TD; le printemps, BTe'; l'automne, DTe; et l'hiver, eTB.

Nous avons vu, dans le chapitre précédent (155), que la valeur de l'angle eTP éprouve des variations sensibles, ce qui fait changer les durées relatives des saisons.

166. Variations de température. — Les saisons sont remarquables au point de vue de la durée des jours et des nuits (157), et des variations de température qui se reproduisent chaque année dans le même ordre pour un même lieu. Ces changements dépendent principalement du Soleil qui est la source de la chaleur, comme il est la source de la lumière.

La quantité de chaleur que notre globe reçoit est constamment la même ; mais elle se distribue inégalement sur les différents points de sa surface. Pour expliquer ces phénomènes, rappelons quelques principes de physique.

La chaleur du Soleil traverse certains corps, comme l'air, sans les échauffer ; mais elle est arrêtée par les nuages, les brouillards et la plupart des substances qui composent le sol.

En tombant sur les corps qui l'arrêtent, la chaleur est plus ou moins facilement absorbée par ces corps, suivant leur nature et suivant *l'obliquité des rayons solaires* qui tombent sur leur surface. Ainsi une ardoise exposée pendant quelques instants au Soleil devient brûlante, pendant qu'une pierre polie ne sera que peu échauffée. — Si on place la surface d'une ardoise bien perpendiculaire aux rayons du Soleil, et celle d'une autre très-oblique, on trouvera que la première ardoise s'échauffera plus vite que la seconde.

Ajoutons que les corps se refroidissent en rayonnant leur chaleur dans l'espace, et ceux qui l'absorbent le mieux sont aussi ceux qui la perdent le plus facilement. Ainsi l'ardoise se refroidira bien plus vite que la pierre supposée d'abord à la même température.

167. — Les *variations diurnes de température* dépendent principalement et de l'élévation du Soleil au-dessus de l'horizon (161), et du temps pendant lequel il y demeure. Durant la journée, la Terre s'échauffe tant qu'elle reçoit du Soleil plus de chaleur qu'elle n'en perd par le rayonnement. Ainsi depuis le lever du Soleil jusqu'à son passage au méridien, la chaleur solaire absorbée par la Terre va en augmentant, puisque ses rayons tombent de moins en moins obliquement. Cet effet se trouve d'ailleurs favorisé par la diminution du trajet que les rayons ont à effectuer dans l'atmosphère et de l'inclinaison sous laquelle ils rencontrent ses différentes couches. Le contraire a lieu depuis midi jusqu'au coucher du Soleil. La température du sol va donc en augmentant depuis le matin ; mais cette augmentation ne s'arrête pas à midi ; elle continue encore pendant deux ou trois heures, parce que la quantité de chaleur perdue par le rayonnement est moins grande que celle qui est reçue du Soleil. C'est donc vers deux ou trois heures après-midi que la température est à son maximum. Elle commence ensuite à décroître jusqu'au lever suivant du Soleil, où elle atteint son minimum.

168. — *Chaque saison* est caractérisée spécialement par la température générale qui lui est propre. — La température de l'*hiver* est fort basse parce que, pendant cette saison, le Soleil reste peu de temps au-dessus de notre horizon, il ne s'élève qu'à une petite hauteur, et ses rayons, qui tombent très-obliquement, ne pénètrent que difficilement dans les couches de l'atmosphère et dans le sol. D'un autre côté, le sol perd beaucoup de chaleur par le rayonnement qui se prolonge pendant de longues nuits.

Le *printemps* est plus chaud que l'hiver, parce que les jours y sont plus longs et que le Soleil monte chaque jour de plus en plus haut sur l'horizon. Mais il est moins chaud que l'été quoiqu'il y ait même longueur des jours et même hauteur du Soleil. Cela provient de ce que, au moment où le Soleil part de l'équinoxe de printemps, la Terre se trouve refroidie par suite de l'hiver et qu'elle ne s'échauffe que progressivement. Mais lorsque le Soleil atteint le solstice d'été, bien que chaque jour il décline et reste moins longtemps sur l'horizon, la Terre déjà échauffée continue de recevoir plus de chaleur qu'elle n'en perd par le rayonnement, et sa température augmente encore de manière à n'atteindre son maximum que 20 ou 30 jours après le solstice d'été. Aussi les jours les plus chauds, où, comme on dit, les *jours caniculaires*, n'arrivent que vers le milieu de juillet. A cette époque le Soleil est près du Chien, d'où le nom de caniculaire (du latin *canis*, chien).

L'*automne*, plus froid que l'été, est moins froid que l'hiver, quoiqu'il y ait parité entre ces deux saisons pour la longueur des jours et la hauteur du Soleil. Mais à l'équinoxe d'automne, la Terre est encore pourvue de la chaleur reçue pendant l'été, tandis qu'au solstice d'hiver, elle s'est déjà refroidie et continue à perdre encore chaque jour plus de chaleur par le rayonnement qu'elle n'en reçoit du Soleil. Les plus grands froids n'arrivent donc pas à l'époque du solstice d'hiver, mais environ 20 jours plus tard, vers le milieu de janvier.

169. — En appliquant les mêmes principes aux *différentes latitudes* de notre hémisphère, on comprendra facilement que les variations de température vont en croissant de l'équateur aux pôles.

A l'*équateur*, la température toujours élevée ne varie guère ; car la durée du jour est constamment la même et la hauteur du Soleil n'oscille qu'entre 90 et 67° (161). — Entre l'équateur et les tropiques sont les contrées les plus chaudes du globe ; car le jour peut y être plus long qu'à l'équateur en même temps que le Soleil monte jusqu'au zénith. Il n'y a pour chaque lieu de ces contrées que deux saisons : une plus chaude et une autre qui l'est moins, une saison sèche, et une de pluies.

Dans la *zone tempérée,* il ne peut pas faire aussi chaud que dans la zone torride. Il est vrai que les jours y sont plus longs en été, mais le Soleil ne s'élève pas autant au-dessus de l'horizon. Les hivers y sont de plus en plus longs et froids, à mesure qu'on s'éloigne des tropiques.

Dans la *zone glaciale*, la présence du Soleil au-dessus de l'horizon pendant plusieurs mois, ne compense pas la grande obliquité de ses rayons. A un tiède été, donné par un jour de quelques mois, succède un froid excessif d'une longue nuit.

Dans l'*hémisphère austral,* les mêmes vicissitudes des saisons se reproduisent, mais dans un ordre inverse. Les saisons chaudes de cet hémisphère correspondent aux saisons froides des zones boréales, et réciproquement.

170. — A la fin de l'année, l'*hémisphère boréal* et l'*hémisphère austral* ont reçu du Soleil la même quantité de chaleur. Cependant, il semble qu'il doive y avoir une différence dans la manière dont cette chaleur est distribuée entre les deux hémisphères. Au solstice d'hiver, quand le Soleil est dans l'hémisphère austral, il est plus rapproché de la Terre (142), et ses rayons doivent avoir plus de force pour échauffer les zones australes ; leur été devrait donc être plus chaud que le nôtre. Par une raison analogue, l'hiver devrait être plus froid au sud de l'équateur. Mais il ne faut pas oublier (165) que le Soleil reste 8 jours de plus dans notre hémisphère, ce qui peut compenser ce que sa plus grande distance aurait de désavantageux pour la chaleur de nos étés.

En résumé, les deux hémisphères reçoivent dans chaque saison la même quantité de chaleur. Si on y a constaté de grandes irrégularités dans la distribution des températures, il faut l'attribuer à la nature du sol, à l'étendue et à la forme des mers et des continents.

171. — Le *climat* d'un lieu ne dépend pas seulement de la latitude de ce lieu, mais aussi de diverses circonstances, telles que l'altitude plus ou moins grande, la proximité ou l'éloignement des mers, le voisinage des chaînes de montagnes et leur orientation. Nous devons nous borner à mentionner ces circonstances, ainsi que l'influence des *vents*, et en particulier des *brises de terre et de mer*, des *moussons,* des *vents alizés*. L'étude en appartient à la physique.

§ 3. — Explication des jours et des nuits, des saisons, d'après Copernic.

172. Explication des jours et des saisons. —
D'après le système de Copernic, c'est le mouvement
de *rotation de la Terre* qui produit le phénomène de la
succession du jour et de la nuit ; et les diverses positions qu'elle occupe par rapport au Soleil, en décrivant
son orbite, déterminent l'inégalité des jours et des nuits
ainsi que les vicissitudes des saisons.

Le Soleil n'éclairant à la fois que la partie de la surface de la Terre tournée de son côté, l'autre partie est
dans l'ombre. Ces deux parties sont sensiblement
égales.

On appelle *cercle d'illumination* un cercle passant par le
centre de la Terre, et perpendiculaire à la ligne qui
joint ce centre à celui du Soleil. La circonférence de ce
cercle sépare la région éclairée de celle qui est obscure.
Or, par l'effet du mouvement diurne de la Terre, en
général, chaque point de sa surface se trouve alternativement dans l'hémisphère éclairé et dans l'hémisphère
obscur. Le temps qu'il passe dans le premier s'appelle
jour ; la *nuit* est le temps pendant lequel il reste dans le
second.

Remarquons d'abord que, dans une position quelconque de la
Terre sur son orbite, *l'angle que fait la ligne des pôles avec le
cercle d'illumination est égal à la déclinaison du Soleil.*

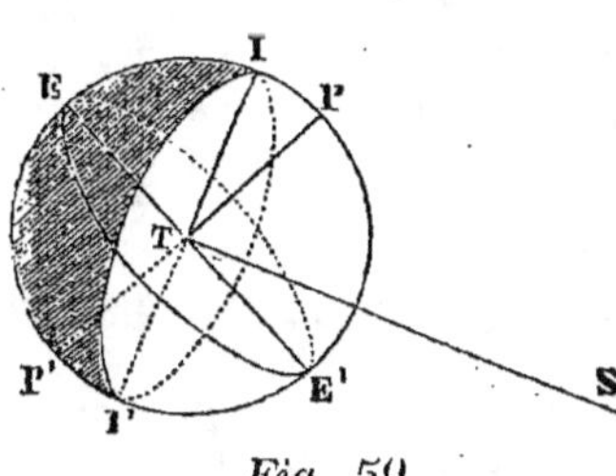

Fig. 59.

Soient en effet (*fig. 59*), PP′
la ligne des pôles, EE′ l'équateur, TS la ligne qui joint les
centres de la Terre et du Soleil,
et le cercle d'illumination II′,
perpendiculaire à TS. Un plan
passant par les lignes PT et
TS sera perpendiculaire à l'équateur, qu'il coupe suivant
ETE′, et au cercle d'illumination, qu'il coupe suivant ITI′.
Donc l'angle rectiligne ITP
mesure l'angle du cercle d'illumination et de la ligne des pôles, et l'angle E′TS mesure l'angle de l'équateur et du Soleil, c'est-à-dire la déclinaison du
Soleil. Mais les angles ITP et E′TS sont égaux comme ayant le
même complément PTS ; donc *l'angle que...*

173. — *L'inégalité du jour et de la nuit, variant avec les époques et les latitudes, s'explique facilement dans l'hypothèse du mouvement de la Terre.*

Soient S le Soleil (*fig. 60*), et TT′ T″ T‴ l'orbite dé-

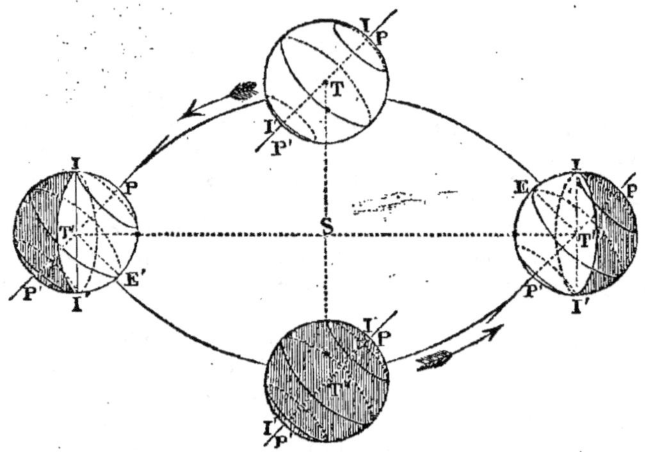

Fig. 60.

crite annuellement par la Terre. Nous la supposons d'abord en T, à l'*équinoxe de printemps*. A cette époque, l'équateur passe par le Soleil, et la déclinaison de cet astre est nulle ; le cercle d'illumination passe donc par la ligne des pôles, et se trouve perpendiculaire à l'équateur et aux parallèles qu'il partage tous en deux parties égales. Il en résulte que les deux pôles sont éclairés à la fois, et que, *pour tous les lieux de la Terre, le jour dure autant que la nuit.* En effet, chaque parallèle terrestre étant coupé en deux parties égales, une moitié se trouve éclairée, pendant que l'autre moitié est obscure ; et chaque point de la Terre, décrivant un parallèle dans son mouvement diurne, se trouve exposé au Soleil pendant la moitié du temps, et en est privé pendant l'autre moitié.

Quand la Terre décrit l'arc TT′, pendant le *printemps*, la déclinaison du Soleil est boréale et croît de 0° à 23° ½. L'angle du cercle d'illumination et de la ligne des pôles doit croître aussi, et le cercle II′ s'écarter du pôle à une distance PI de 23° ½. — Le pôle nord est pendant tout le printemps en pleine lumière, et le pôle sud reste toujours dans l'ombre. Le cercle d'illumination étant

de plus en plus incliné sur les parallèles, les partage
en parties de plus en plus inégales. Pour notre hémisphère, ce sont les plus grands segments des parallèles
qui se trouvent dans la partie éclairée ; il en résulte
pour nous une succession de jours dont la durée l'emporte de plus en plus sur celle des nuits. C'est le contraire pour l'hémisphère austral. — L'équateur, qui est
un grand cercle, est encore coupé en deux parties
égales, et le jour y reste constamment égal à la nuit.

En T′, au *solstice d'été*, le Soleil est le plus haut possible au-dessus de l'équateur, à une hauteur ST′E′=23° ½;
le cercle d'illumination est donc le plus éloigné de la
ligne des pôles, atteignant les parallèles terrestres situés
à 23° ½ des pôles et appelés cercles polaires. Le *cercle
polaire arctique*, ainsi que tous les parallèles plus rapprochés du pôle nord, est tout entier dans l'hémisphère éclairé, ce qui donne un jour de 24 heures au
moins aux habitants de ces parallèles. Le parallèle
situé à 23° ½ du pôle sud, *cercle polaire antarctique*, est
tout entier dans l'hémisphère obscur, ainsi que les
parallèles plus rapprochés de ce pôle ; ce qui donne une
nuit continue d'au moins 24 heures. — Les parallèles
compris entre les cercles polaires et l'équateur, étant
coupés encore en deux parties aussi inégales que possible, nous avons, au moment du solstice d'été, le jour
le plus long, et aussi, par conséquent, la nuit la plus
courte de l'année. — Le contraire a lieu dans l'hémisphère austral. — La ligne ST′ du Soleil à la Terre, passant par le parallèle terrestre situé à 23° ½ au nord de
l'équateur, *tropique de Cancer*, les habitants de ce parallèle voient le Soleil passer à leur zénith.

Entre T′ et T″, pendant l'*été*, la déclinaison du Soleil
décroît de 23° ½ jusqu'à 0° ; le cercle d'illumination se
rapproche de la ligne des pôles, et coupe les parallèles
en parties de moins en moins inégales. La différence
diminue entre le jour et la nuit ; le jour diminue dans
notre hémisphère et augmente dans l'autre. On retrouve
d'ailleurs les mêmes variations que pendant le printemps, mais dans un ordre inverse.

En T″, à l'*équinoxe d'automne*, la déclinaison du Soleil
redevient nulle ; le cercle d'illumination passe de nouveau par la ligne des pôles, et partage tous les parallèles en deux parties égales. Le jour redevient égal à la
nuit pour toute la Terre.

De T″ en T‴, pendant l'*automne*, la déclinaison du

Soleil devient australe : le cercle d'illumination s'écarte de la ligne des pôles. Notre pôle se trouve dans l'ombre, le pôle austral passe dans la lumière. Nos parallèles, coupés en deux parties de plus en plus inégales, ont leur plus grand segment dans l'hémisphère obscur. La nuit est donc pour nous plus longue que le jour, et va en augmentant jusqu'au solstice d'hiver.

En T''', au *solstice d'hiver*, se retrouvent toutes les circonstances indiquées au solstice d'été, avec cette différence que ce que nous avons dit du jour doit se dire de la nuit, et réciproquement.

De T''' à T, pendant l'*hiver*, se reproduisent les phénomènes de l'automne, mais inverses.

174. — *Résumons* les principales circonstances que présentent les alternatives du jour et de la nuit aux différentes latitudes.

L'*équateur* est toujours coupé par le cercle d'illumination, qui est un grand cercle, en deux parties égales, quelle que soit la position de la Terre sur son orbite. A l'équateur, le jour est donc toute l'année égal à la nuit.

Le *pôle boréal* est constamment dans l'hémisphère éclairé depuis l'équinoxe de printemps jusqu'à l'équinoxe d'automne, pendant que le *pôle austral* est dans l'hémisphère obscur; le contraire a lieu de l'équinoxe d'automne à l'équinoxe de printemps. Donc aux pôles, le jour et la nuit ont chacun une durée de six mois.

Les parallèles dont la latitude boréale ou australe est comprise entre 0° et 66° $\frac{1}{2}$, *entre l'équateur et les cercles polaires*, sont constamment coupés par le cercle d'illumination. Pour eux, la durée du jour, comme celle de la nuit, n'atteint jamais 24 heures.

Les parallèles compris *entre les cercles polaires et les pôles*, dans les zones glaciales, sont dans l'hémisphère éclairé ou dans l'hémisphère obscur pendant plus de 24 heures, et ont un jour et aussi une nuit, dont la durée dépasse 24 heures.

175. — *Saisons.* La Terre effectuant son mouvement dans le sens TT'..., elle présente au Soleil son pôle boréal pendant qu'elle va de T en T'', c'est-à-dire pendant le printemps et l'été; et son pôle austral, quand elle va de T'' en T, pendant l'automne et l'hiver.

Les *variations de température* dans chaque lieu ont deux causes principales (167) : la durée de l'exposition de ce lieu aux rayons solaires, et l'obliquité de ces rayons par rapport à la surface qui les reçoit. Or, pendant le printemps et l'été. lorsque la Terre parcourt l'arc TT'T'', chaque point de l'hémisphère boréal est plus longtemps exposé aux rayons du Soleil que les points correspondants de l'hémisphère austral, et ces rayons lui arrivent dans une direction moins oblique. — Le contraire a lieu pendant l'automne et l'hiver, lorsque la Terre parcourt l'arc T'' T''' T.

L'inégalité des saisons s'explique comme on l'a déjà fait (165), mais en remplaçant la Terre par le Soleil au foyer de l'orbite annuelle.

176. — Comme il est généralement difficile d'expliquer par des dessins la plupart des phénomènes que nous venons d'étudier, il serait bon de pouvoir se servir des appareils que l'on construit pour cet usage. A leur défaut, on peut faire l'expérience suivante :

On prend un petit globe ou une boule en bois, sur laquelle on trace des circonférences pour figurer l'équateur, les tropiques et les cercles polaires. Cette boule est traversée par une tige rigide, comme une aiguille à tricoter, pour représenter la ligne des pôles, autour de laquelle la Terre peut tourner. Au milieu d'une table, on place une bougie ou un flambeau tenant lieu du Soleil ; et sur le bord, on met un support, par exemple une bouteille, dans le bouchon de laquelle on fixe l'axe de la Terre, à la hauteur de la bougie, et de telle sorte que cet axe fasse avec la verticale un angle de $23°\frac{1}{2}$ environ. Il ne reste plus qu'à faire circuler l'appareil autour de la lumière, en ayant soin que la tige conserve invariablement une direction parallèle à sa position initiale. Si on fait tourner en même temps la boule autour de la tige, on a une reproduction assez fidèle du double mouvement de la Terre, et des vicissitudes des jours et des saisons.

CHAPITRE VI.

NOTIONS SUR LA MESURE DU TEMPS. — JOUR. — CADRANS SOLAIRES.

177. Mesure du temps. — L'homme a été conduit naturellement à admettre deux unités principales pour mesurer le temps : le *jour* et l'*année.*

Le *jour*, qui règle nos alternatives de travail et de

repos, doit être en harmonie avec le mouvement diurne du Soleil, puisque c'est ce mouvement qui produit le jour et la nuit (156).

L'*année* dépend du mouvement apparent de translation du Soleil sur l'écliptique (195).

Le *mois* est une autre unité de temps moins importante, basée sur le mouvement de la Lune autour de la Terre et sur ses phases très-faciles à suivre (233).

178. Jour. — Le jour (dies, diurnus, jour) est *le temps qui s'écoule entre deux passages consécutifs d'un même astre au même méridien*, ou, en réalité, *le temps qui s'écoule entre deux passages du méridien d'un lieu par le même astre*. Cet astre peut varier et donner des jours et des temps différents. Il peut être une étoile ou un point du ciel (*jour sidéral*), le Soleil vrai (*jour solaire vrai*) ou un Soleil fictif, appelé Soleil moyen (*jour solaire moyen*). De là aussi trois sortes de temps : le *temps sidéral*, le *temps solaire vrai* et le *temps solaire moyen*.

Quel que soit le jour, il se *divise* en 24 heures ; l'heure, en 60 minutes ; la minute, en 60 secondes.

Le *jour sidéral* est le temps qui s'écoule entre deux passages d'une étoile au méridien. On a vu (30) que, pour une même étoile, tous les jours sont rigoureusement de même longueur, et qu'ils sont tous égaux entre eux pour des étoiles différentes. Les astronomes ont pris le jour sidéral pour unité de temps, et ils le font commencer au moment où le point vernal (134) passe au méridien.

Le jour sidéral égale, en jours solaires moyens, $0^j,997.269 = 0^j 23^h 56^m 4^s$.

Le *jour solaire* est le temps qui s'écoule entre deux passages du Soleil au méridien. *Il est plus long que le jour sidéral, et a une durée variable.*

Si le Soleil était fixe dans le ciel, il passerait toujours au méridien avec les mêmes étoiles, et le jour solaire se confondrait avec le jour sidéral. Mais, à cause de son mouvement propre sur l'écliptique d'occident en orient, en sens contraire du mouvement diurne, le Soleil reste chaque jour un peu en retard sur les étoiles. Supposé qu'un jour il soit passé au méridien avec une étoile, après un jour sidéral écoulé, quand cette étoile passe de nouveau au méridien, le Soleil n'y est pas arrivé ; il est plus à l'orient, à environ 1° (58′ 58″, 5 en moyenne), et il lui faudra encore un certain temps pour parcourir cet intervalle. Donc *le jour solaire vrai est plus long que le jour sidéral*, d'environ 4ᵐ en moyenne (plus exactement 3ᵐ 56ˢ).

Si le Soleil s'écartait de l'étoile d'un mouvement en ascension droite uniforme, il retarderait chaque jour de la même quantité sur cette étoile, et les jours solaires, dont la durée aurait toujours le même excédant sur celle des jours sidéraux, seraient cependant égaux entre eux. Mais l'accroissement du Soleil en ascension droite est inégal ; conséquemment le retard sur l'étoile varie, et *les jours solaires vrais sont inégaux entre eux ;* c'est-à-dire qu'il ne s'écoule pas constamment le même temps entre deux retours du Soleil au même méridien.

Puisque la durée du jour solaire vrai est variable, on ne peut pas la prendre pour unité, dans la mesure du temps. Aussi l'a-t-on remplacée par *un jour solaire moyen* (181).

179. — *L'inégalité des jours solaires a deux causes :* le mouvement varié du Soleil sur son orbite, et l'obliquité de l'écliptique sur l'équateur.

D'après la loi des aires (143), le Soleil s'écartant du point vernal avec des vitesses inégales VS, SS′ *(fig. 61)*, on comprend aisément que son mouvement en ascension droite ait des vitesses variables VB, BB′... ce qui fait aussi varier son retard sur les étoiles.

Quand bien même le mouvement du Soleil sur l'écliptique serait uniforme, *l'obliquité* de ce plan sur l'équateur rendrait inégaux les jours solaires. En effet, le Soleil s'avançant de V en S, son ascension droite s'accroît de VB, quantité plus petite que VS ; car le triangle VBS peut être considéré comme un triangle rectiligne rectangle en B, et l'hypoténuse est

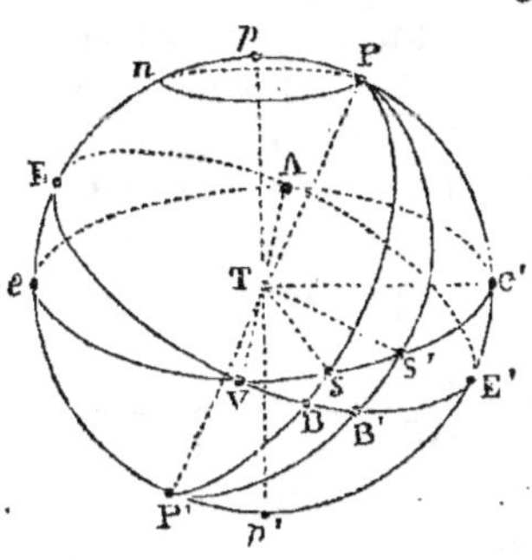

Fig. 61.

VS, plus grand que VB. Quand ensuite le Soleil décrit l'arc Se′=90°—VS, son ascension droite s'accroît de BE′, quantité évidemment plus grande que Se′, puisqu'elle égale 90°—VB.

180. — Pour remédier à l'inconvénient que présente la marche non uniforme du Soleil sur l'écliptique, on règle le temps sur un *Soleil fictif*, d'après les conventions suivantes :

Concevons un *premier Soleil fictif se mouvant sur l'écliptique* d'un mouvement *uniforme*, tandis que le Soleil vrai parcourt l'écliptique d'un mouvement *varié ;* le premier marche de manière à passer au périgée en même temps que le second. A partir de ce point, tout d'abord le Soleil fictif sera devancé par le Soleil vrai, dont la vitesse est plus grande au périgée ; puis il le rejoindra à l'apogée. A partir de l'apogée, le Soleil fictif prend de l'avance, mais il la perd ensuite, à cause du changement de vitesse du Soleil dans le voisinage du périgée ; et les deux repassent ensemble au périgée. Ce premier Soleil fictif évitera la première cause de variation du jour solaire, puisque son déplacement angulaire journalier sera constant.

Concevons un *second Soleil fictif ou Soleil équatorial,* qui marche sur l'équateur, passe à l'équinoxe de printemps en même temps que le premier Soleil fictif, et va d'un mouvement uniforme avec la vitesse du premier sur l'écliptique. Ce Soleil équatorial évitera les deux causes de variations du jour solaire que nous avons signalées (179), et les jours qu'il mesurera seront parfaitement égaux. De plus, la longueur de chacun de ses jours sera la moyenne d'un grand nombre de jours solaires vrais. C'est ce Soleil équatorial, appelé *Soleil moyen,* qui règle le temps moyen.

181. Temps vrai ; temps moyen. — On a imaginé, à côté du Soleil vrai, un Soleil fictif, appelé *Soleil moyen,* qui est supposé parcourir l'équateur, d'un mouvement uniforme, dans le temps que le véritable Soleil met à parcourir l'écliptique d'un mouvement varié.

D'après cette convention, on a deux jours solaires : le *jour solaire vrai,* qui est le temps compris entre deux passages du Soleil vrai au méridien, et le *jour solaire moyen* ou *fictif,* qui est le temps compris entre deux passages du Soleil moyen ou Soleil fictif. De là aussi les deux sortes de temps : le *temps vrai,* mesuré en jours solaires vrais, et le *temps moyen,* réglé par le Soleil fictif.

Le *jour civil* ou jour vulgaire, adopté comme unité de temps, est le jour solaire moyen. On en peut trouver la durée en calculant une moyenne entre tous les jours solaires vrais qui composent l'année.

182. — *Origine et division du jour civil.* Pour les usages de la vie, on fait *commencer* le jour civil à minuit moyen, c'est-à-dire au moment où le Soleil moyen est à son passage inférieur au méridien du lieu. — On *divise* ce jour en deux périodes égales, chacune de 12 heures. La première se compte de 0 à 12 heures, de minuit à midi ; et la seconde, se compte aussi de 0 à 12 heures, de midi à minuit.

Les *astronomes* font commencer le jour moyen à midi, c'est-à-dire au moment où passe au méridien du lieu le point de l'équateur occupé par le Soleil fictif, et ils comptent les heures d'un midi au suivant, de 0 à 24 heures.

Chez plusieurs peuples, et dans la liturgie chrétienne, le jour commence au coucher du Soleil. — Les Romains comptaient, depuis le lever du Soleil jusqu'à son coucher, quatre parties égales : prime, tierce, sexte et none ; et depuis son coucher jusqu'à son lever, *quatre veilles.*

Remarque. Nous avons vu déjà (95) quelques notions sur le commencement du jour aux différentes longitudes.

183. Comparaison du temps vrai et du temps moyen. Équation du temps. — Les astronomes connaissent fort bien le mouvement en ascension droite du Soleil vrai comme celui du Soleil moyen. On conçoit qu'ils puissent *comparer le temps qu'emploient les deux Soleils à faire leurs révolutions diurnes*, et calculer à l'avance, pour un nombre illimité de jours solaires, l'instant précis du midi vrai et du midi moyen. L'Annuaire du Bureau des Longitudes contient une table qui indique, pour toute l'année, le temps moyen à midi vrai.

On appelle *équation du temps* le temps qui, chaque jour, sépare les passages au méridien du Soleil vrai et du Soleil moyen. C'est encore *ce qu'il faut ajouter ou retrancher* au midi vrai pour avoir le midi moyen. Cette différence s'écrit, dans des *tables d'équation*, avec le signe + ou le signe —, suivant qu'il faut augmenter ou diminuer le midi vrai.

Nous donnons ici une petite table pour l'année 1875. Il y a si peu de différence, dans l'équation du temps, d'une année à l'autre, que la table calculée pour 1875 peut servir pour les années suivantes.

TABLE D'ÉQUATION DU TEMPS POUR 1875.

JANVIER.		FÉVRIER.		MARS.		AVRIL.	
1	+ 3 m. 45 s.	1	+ 13 m. 50 s.	1	+ 12 m. 36 s.	1	+ 4 m. 1 s.
11	+ 8 9	11	+ 14 30	11	+ 10 16	11	+ 1 8
21	+ 11 33	21	+ 13 53	21	+ 7 23	21	— 1 18

MAI.		JUIN.		JUILLET.		AOUT.	
1	— 3 m. 0 s.	1	— 2 m. 30 s.	1	+ 3 m. 28 s.	1	+ 6 m. 5 s.
11	— 3 48	11	— 0 44	11	+ 5 9	11	+ 5 2
21	— 3 40	21	+ 1 23	21	+ 6 6	21	+ 3 1

SEPTEMBRE.		OCTOBRE.		NOVEMBRE.		DÉCEMBRE.	
1	— 0 m. 3 s.	1	— 10 m. 16 s.	1	— 16 m. 18 s.	1	— 10 m. 52 s.
11	— 3 22	11	— 13 10	11	— 15 52	11	— 6 39
21	— 6 54	21	— 15 16	21	— 14 3	21	— 1 48

On peut remarquer, d'après cette table, que l'équation devient nulle, et que le temps moyen s'accorde avec le temps vrai, quatre fois par an : au milieu des mois d'avril et de juin, et à la fin des mois d'août et de décembre. Pendant tout le reste de l'année, le Soleil moyen avance ou retarde sur le Soleil vrai. L'avance la plus grande est de 14^{m}30^s, au milieu de février ; et le plus grand retard, de 16^{m}18^s, au commencement de novembre. Il en résulte qu'au milieu de février la matinée est raccourcie d'un quart d'heure, et la soirée rallongée d'autant, ce qui fait une différence d'une demi-heure. Le contraire a lieu au commencement de novembre. Comme les montres doivent être réglées sur le temps moyen, on voit par ce qui précède, que ceux-là font un médiocre éloge de leur montre qui disent qu'elle marche comme le Soleil.

184. Instruments de mesure. Horloges. — *Les instruments employés à mesurer le temps* sont de trois sortes :

1° Les *clepshydres* et les *sabliers*, composés ordinairement de vases qui communiquent par une étroite ouverture. Le temps est mesuré par la durée du passage d'un liquide ou d'une poussière fine d'un vase dans l'autre.

2° Les pendules ou *horloges*, les montres et les chronomètres, dans lesquels le temps est marqué par la durée de certains mouvements mécaniques uniformes.

3° Les *gnomons* et les *cadrans solaires* dans lesquels on utilise généralement l'ombre que projettent des corps opaques éclairés par le Soleil. Le plus simple de ces instruments est le gnomon (186), et on donne le nom de *gnomonique* à la science des cadrans solaires. Les gnomons et les cadrans marquent habituellement le temps vrai.

185. — Avant 1816, les *horloges* étaient réglées sur le temps vrai. Il en résultait que, le Soleil ayant un mouvement varié, tandis que les horloges ont un mouvement uniforme, si une bonne horloge marquait midi un certain jour de l'année à midi vrai, le lendemain l'accord avait cessé, et l'écart, de plus en plus considérable les jours suivants, pouvait aller jusqu'à plus de 30 minutes. Il fallait donc à chaque instant mettre l'horloge à l'avance ou au retard, pour qu'elle put s'accorder avec le Soleil.

Depuis 1816, les horloges doivent marquer le temps moyen. Pour les régler, il suffit d'observer. à l'aide d'un cadran, l'instant du passage du Soleil au méridien. et de mettre l'horloge en avance ou en retard sur midi d'une quantité égale à l'équation du temps. Par exemple, si l'observation a lieu le 11 février, et que le cadran marque midi, l'horloge bien réglée doit marquer midi, *plus* 14m30s. Si, au contraire, l'observation se fait le 1er novembre à midi vrai, l'horloge marquera midi *moins* 16m18s, par conséquent 11 heures 43m 42s.

186. Gnomon. — Le gnomon (γνώμων, indicateur) n'est autre chose qu'un objet élevé, comme une pyramide ou une simple tige verticale fixée perpendiculairement sur un plan horizontal, et exposée aux rayons du Soleil. Cet appareil très-usité chez les anciens, permet d'obtenir plusieurs indications relatives à la marche du Soleil et à la mesure du temps.

Il sert à *déterminer la méridienne du temps vrai,* par la méthode des ombres égales (24).

La méridienne étant une fois tracée, on saura, en un jour quelconque, l'instant du *midi vrai,* puisqu'à ce moment l'ombre sera dirigée suivant la méridienne.

La longueur des ombres à midi permet d'estimer *l'époque de l'année* où l'on se trouve. La longueur de l'ombre varie avec la déclinaison du Soleil; elle a son maximum au solstice d'hiver, et son minimum au solstice d'été. Ces deux époques pourront donc être connues au moyen du gnomon.

Pour chaque jour, les ombres sont fort longues lorsque le Soleil est à l'horizon, soit à l'Orient, soit à l'Occident. Elles diminuent jusqu'à midi, pour augmenter ensuite jusqu'au coucher du Soleil. En remarquant la longueur des ombres et leurs directions aux divers moments de la journée, on peut parvenir à estimer les *heures*.

187. Cadrans solaires. — Les cadrans sont des instruments qui, exposés au Soleil, doivent marquer le temps vrai. — Ils se composent essentiellement : 1° D'une tige ou arète rectiligne, nommée *style*, *toujours parallèle à l'axe du monde ;* elle est destinée à projeter une ombre sur une surface fixe, appelée *table*, plane ou courbe, de direction quelconque, mais telle que le Soleil vienne l'éclairer. — 2° Des lignes, appelées *lignes horaires*, sont tracées sur cette surface, et l'ombre du style, se portant successivement sur ces lignes, marque les heures du temps vrai. — Avec une table de l'équation du temps (183), on fait servir les cadrans à donner l'heure moyenne.

Les cadrans se distinguent entre eux d'après la disposition de leur table. Les principaux sont : le *cadran équatorial* ou équinoxial, dont la table est parallèle à l'équateur, par conséquent perpendiculaire à l'axe du monde et au style ; le *cadran horizontal*, dont la table est perpendiculaire à la verticale ; le *cadran vertical méridien*, dont la table est verticale et perpendiculaire au méridien, et le *cadran vertical déclinant*, dont la table est verticale et fait avec la méridienne un angle quelconque.

Citons encore le *cadran oriental et occidental*, dont la table coïncide avec le méridien, et qui marque les heures par des lignes parallèles, le matin sur la face orientale, et le soir sur la face occidentale ; enfin le *cadran polaire* qui, sans être vertical, est dirigé de manière à être perpendiculaire à l'équateur et à contenir les deux pôles.

188. — *Principes élémentaires des cadrans solaires.* La construction et l'usage des cadrans solaires reposent sur les considérations suivantes.

Soit AB (*fig. 62*) une ligne matérielle, parallèle à l'axe du monde, et qui sera le *style* du cadran ; soient H*xy* un plan horizontal, et dans ce plan la méridienne

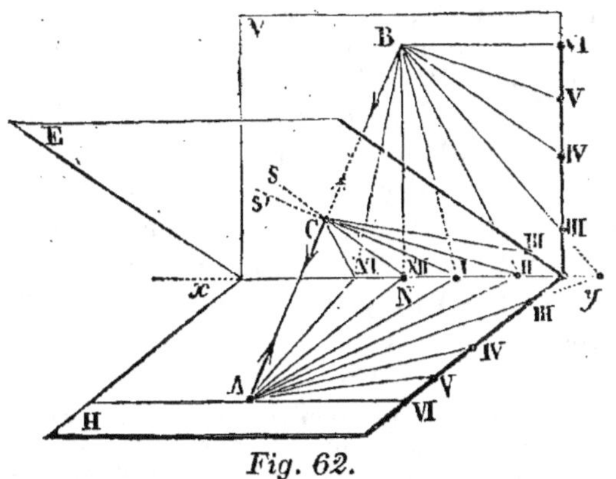

Fig. 62.

AN, à laquelle xy est perpendiculaire. Soient aussi le plan Vxy vertical, et le plan Exy perpendiculaire à l'axe AB, et par conséquent parallèle à l'équateur. Le méridien, qui coupe le plan H suivant la ligne AN, coupe le plan E suivant CN, et le plan V suivant BN. — La ligne AB, parallèle à l'axe du monde, peut être regardée comme se confondant avec cet axe, eu égard à l'immensité de la sphère céleste comparée aux dimensions de la Terre. — Outre le méridien ABN, imaginons 23 autres demi-cercles, distants les uns des autres de 15°, c'est-à-dire faisant entre eux des angles dièdres de 15°. Ils partagent la sphère en 24 parties égales, autour de AB.

Le Soleil, en accomplissant son mouvement diurne, traverse successivement chacun des 24 demi-cercles, et il met *1 heure* à passer de l'un à l'autre ; de là leur nom de *cercles horaires*. — Supposons le Soleil dans le méridien, dans la direction NCs. Les rayons solaires seront arrêtés par le style AB, et l'ombre de ce style se projettera sur les lignes AN, CN, BN. Ces lignes prendront le nom de *lignes horaires* de XII heures ou de midi ; et toutes les fois que le Soleil sera dans le méridien au-dessus de AB, l'ombre de AB se projettera dans le même plan, mais au-dessous, suivant les lignes de XII heures. — Lorsque, une heure après midi, le Soleil sera arrivé dans la direction Cs' du côté de l'occident, dans le cercle horaire de I heure, l'ombre du style sera portée à l'orient du méridien sur les lignes horaires de 1 heure, suivant AI, CI ou BI. Le Soleil tournant autour du point C ou d'un point quelconque de la ligne AB, passe successivement dans chacun des cercles horaires, et l'ombre du style AB tourne aussi de manière à se trouver à l'opposé du Soleil, et se porte successivement sur toutes les *lignes horaires*, c'est-à-dire sur toutes les intersections de ces cercles et d'une surface quelconque ou *table* de cadran solaire.

En principe, pour construire un cadran solaire, il faut concevoir 24 demi-cercles, distants de 15°, passant tous par le style ou une ligne parallèle à l'axe du monde, et marquer les traces de leurs prolongements, sur une surface quelconque.

189. Tracé des cadrans. — Construire un cadran solaire revient à graver sur une surface solide, presque toujours plane (papier, ardoise ou marbre), les *lignes horaires ;* excepté dans le cadran équatorial, les lignes des heures font entre elles des angles inégaux, dont la grandeur dépend de la direction de la table et de la latitude du lieu. Il faut ensuite fixer le *style* de manière qu'il soit parallèle à l'axe du monde.

1° Le *cadran équatorial*, dont la table est parallèle à l'équateur, n'est guère en usage ; mais il sert à la construction de tous les autres cadrans.

Voici la manière de tracer les lignes horaires. Autour du point C, pris au centre de la table (*fig. 62 et 63*), on trace une circonférence. On tire un premier rayon (CXII), lequel, le cadran une fois posé et orienté, coïncidera avec la trace du méridien du lieu sur la table, et sera la ligne de midi. On mène par le centre, perpendiculairement au premier rayon, une droite VI.C.VI qui donnera les lignes de six heures du matin et de six heures du soir. On finit de diviser la circonférence en 24 parties égales, et on mène les rayons, qui donnent toutes les lignes horaires. — Enfin on fixe une tige perpendiculaire à la table.

Pour poser et orienter un pareil cadran, on peut tracer

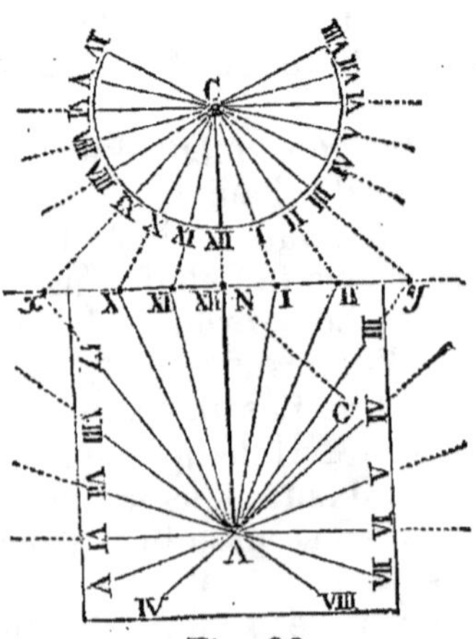

Fig. 63.

sur un plan horizontal la méridienne AN (*fig. 62*) et la ligne perpendiculaire *xy* ; puis on place le cadran équatorial de manière qu'il passe par *xy* et que la ligne de midi CXII soit dans le même plan vertical que la méridienne AN. Enfin on l'incline en lui faisant faire avec l'horizon un angle CNA égal au complément de la latitude.

Le Soleil étant au-dessus de l'équateur pendant le printemps et l'été, et au-dessous pendant l'automne et l'hiver, il faut tracer les lignes horaires d'un cadran équatorial sur les deux faces de la table, et prolonger le style des deux côtés. De cette façon, l'heure est indiquée, par l'ombre du style, sur la face supérieure pendant six mois, à partir de l'équinoxe de printemps, et sur la face inférieure pendant les six mois suivants. Aux *équinoxes*, le Soleil est dans le plan de la table, et celle-ci doit être entourée d'un rebord saillant pour recevoir, à ces époques, l'ombre du style.

190. — 2° *Cadran horizontal*. Reportons-nous à la figure 62, et supposons le cadran équatorial tracé dans le plan Exy. Remarquons qu'en faisant tourner ce plan autour de xy comme charnière, pour le rabattre sur le plan horizontal prolongé au-delà, le point C viendra se placer sur le prolongement de AN, à une distance NC facile à trouver, puisqu'elle est un des côtés du triangle rectangle ANC, dont on connaît l'hypoténuse AN, et l'angle aigu A, égal à la latitude du lieu dans lequel on doit installer le cadran. D'ailleurs, dans ce rabattement, les points XI, XII, I, II .. ne changent pas de position ; on pourra donc obtenir facilement les rabattements des lignes CXI, CXII, CI, CII... Ces notions feront comprendre ce qui suit.

Voici comment se fait l'*épure*. On trace sur le plan qui doit servir de table au cadran horizontal, une ligne AC (*fig. 63*) qui sera la méridienne, A étant le pied du style, et une autre ligne xy perpendiculaire à la première. On construit le triangle rectangle ANC dont l'angle A est égal à la latitude et, par suite, à la hauteur du pôle. On prend NC = NC', et l'on décrit du point C comme centre, avec un rayon arbitraire, une circonférence que l'on divise, à droite et à gauche de la ligne CN, en arcs de 15°, c'est-à-dire en douze parties égales. On mène des rayons aux points de division, et on les prolonge jusqu'à la rencontre de la droite xy. Joignant enfin ces points de rencontre au centre du cadran A, on a les lignes horaires du cadran horizontal, de 7 heures du matin à 5 heures du soir. Les lignes de 6 heures du matin et de 6 heures du soir sont données par la droite VI.A.VI, perpendiculaire à CA. On obtient les lignes de 4 et 5 heures du matin en prolongeant celles de 4 et 5 heures du soir ; et celles de 7 et 8 heures du soir en prolongeant celles de 7 et 8 heures du matin. — Si l'on veut faire marquer au cadran les *demi-heures* et les *quarts-d'heure*, il faut diviser en deux ou quatre parties égales, les angles formés au point C par les lignes du cadran équatorial, et prolonger les rayons diviseurs jusqu'à la ligne xy, en des points que l'on joint au point A.

Le *style du cadran horizontal* doit être fixé au point A, dans un plan vertical passant par la méridienne AN, et il doit faire avec cette ligne un angle égal à la latitude du lieu. Pour réaliser ces conditions, voici comment on peut opérer. On prend une plaque de cuivre ; on la coupe en triangle rectangle égal au triangle ANC' ; on dresse bien les côtés AC' et AN. A ce dernier côté on laisse ou on soude des tampons métalliques, pour fixer le triangle, bien perpendiculaire à la table, par des écrous qui prennent les tampons par derrière le cadran.

Pour *placer* un cadran horizontal construit d'avance, on le met bien horizontal, à l'aide d'un niveau à bulle d'air, et on le dirige de manière que l'ombre du style marque midi au moment où midi est marqué par un gnomon placé à côté, ou par une montre bien réglée sur le temps vrai.

Sur les cadrans de grandes dimensions, on peut tracer la *courbe méridienne ou courbe du temps moyen,* qui sert à déterminer le midi moyen. Cette courbe ressemble à un 8 resserré ; la méridienne la traverse à peu près par le milieu dans le sens de la longueur, et la coupe 4 fois, puisque l'équation du temps est nulle 4 fois par an. Pour la tracer, on termine le style du cadran par une plaque circulaire, percée en son milieu d'un trou qui laisse passer les rayons solaires, de telle sorte qu'on obtient un point brillant au milieu de l'ombre portée par la plaque. A l'aide d'une montre bien réglée, on peut marquer chaque jour sur le cadran la position du point brillant à midi moyen ; et on joint les points obtenus par un trait continu. — La coïncidence du point brillant avec la méridienne a lieu deux fois par jour ; pour reconnaître quelle est celle qui correspond au midi moyen, il faut inscrire le long de la courbe le nom des mois de l'année.

191. — 3º Le plan du *cadran vertical méridien* est vertical, exposé au sud et perpendiculaire à la méridienne du lieu. — Le tracé de l'épure est le même que pour le cadran horizontal, avec cette différence que l'angle aigu NAC' (*fig. 62*) doit être fait égal au complément de la latitude ; le style doit faire, avec la ligne de midi, qui est verticale, un angle aussi égal à ce complément. Le tout est disposé d'ailleurs comme on le voit dans la figure 62. Les lignes horaires rayonnent du point B, et le style a la direction BC.

4º Le *cadran vertical est dit déclinant* quand, au lieu d'être tournée exactement vers le sud, sa table dévie ou *décline* plus ou moins vers l'est ou vers l'ouest. C'est ce qui arrive pour la plupart des cadrans installés sur les façades des maisons ou d'autres édifices.

On le construit à l'aide d'un cadran horizontal dessiné auxiliairement, ou d'un cadran portatif.

CHAPITRE VII.

ANNÉE TROPIQUE. — ANNÉE CIVILE. — CALENDRIERS. — MOIS
ET PÉRIODES DIVERSES.

192. Année tropique. — On distingue plusieurs sortes
d'années : l'année tropique, l'année sidérale, et les
années civiles.

L'*année tropique* ($\tau\rho\acute{\epsilon}\pi\omega$, retourner) est l'intervalle de
temps qui s'écoule entre deux retours ou passages consécutifs du Soleil (ou en réalité de la Terre) *à un même
point équinoxial*, comme le point vernal.

Sa valeur en jours solaires moyens est de $365^j,2422$
ou $365^j\ 5^h\ 48^m\ 47^s$. En jours sidéraux, il faut compter
un jour de plus, $366^{j\ \text{sid}\cdot},2422$. Nous savons en effet
que, par suite de son mouvement annuel, le Soleil, dans
son passage au méridien, retarde chaque jour de presque
4^m sur les étoiles (126). Ces retards s'accumulent jour
par jour, et au bout de l'année font un jour entier, en
sorte que, lorsqu'une étoile se retrouve dans le méridien
en même temps que le Soleil, elle y passe pour la 366ᵉ
fois, et le Soleil pour la 365ᵉ.

Pour connaître la longueur d'une année tropique, il
suffirait de déterminer l'instant *précis* de l'équinoxe de
printemps pour deux années consécutives (134). Le
temps écoulé entre ces deux observations serait la longueur cherchée. Mais on n'aurait en réalité qu'une valeur
approchée, car une erreur de $1''$ de degré dans l'observation des ascensions droites en entraînerait une de 2^m
de temps pour l'année tropique. — Les astronomes, au
lieu de comparer deux équinoxes successifs, ont comparé deux équinoxes séparés par une longue série
d'années, par exemple par un intervalle de 100 ans. Le
temps compris entre ces deux équinoxes donne la durée
de 100 années tropiques ; en la divisant par 100, on a
la longueur d'une seule année. L'erreur possible, ne
provenant que des observations extrêmes, est, pour

100 années, la même qu'elle serait pour 1 an. Elle se trouve pour chaque année réduite au centième, et par conséquent négligeable.

193. — L'*année sidérale* est le temps que le Soleil, dans son mouvement apparent de translation, met à revenir *à une même étoile*, c'est-à-dire à parcourir exactement les 360° de l'écliptique.
— L'année sidérale est un peu plus longue que l'année tropique, d'environ $20^m\ 20^s$. En effet, à cause du phénomène de la précession des équinoxes (150, 151), le point vernal rétrograde de $50''$, 2 par an, et quand le Soleil est revenu à ce point, il lui reste encore, avant de revenir au même point de la sphère, à parcourir $50''$, 2. L'année sidérale vaut, en jours solaires moyens, $365^j,2563$.

L'*année anomalistique* est le temps que le Soleil met à revenir au *périgée*. Comme le périgée se déplace, dans le sens direct, d'environ $12''$ par an (155), cette année est plus longue que l'année sidérale du temps que le Soleil met à parcourir cette distance. Sa durée est de $365^j,2566$.

194. Calendrier. — Le mot calendrier vient de *calendes* (χαλεῖν, appeler), nom que les Romains donnaient au premier jour de chaque mois, parce que, ce jour-là, le peuple était appelé au Capitole pour entendre annoncer les fêtes du mois et les jours où tombaient les nones et les ides (208).

Le calendrier a pour objet la division du temps et les règles suivant lesquelles se fait cette division. On distingue les calendriers annuels et les calendriers perpétuels. — Les *calendriers annuels* ne donnent que pour une année la division du temps en jours et en mois, avec l'indication des principaux phénomènes astronomiques, et des fêtes religieuses et civiles qui peuvent intéresser la société. Cette division se trouve consignée dans les *annuaires* (*annus*, année) et les *almanachs* (du mot *man* qui sert aux Orientaux pour désigner la Lune). — Les *calendriers perpétuels* contiennent plutôt l'ensemble des conventions établies pour fixer la durée de l'année et la subdiviser, ou des tableaux dressés pour un grand nombre d'années.

195. Année civile. — L'année civile est une année de convention. Elle se compose d'un nombre entier de jours solaires (181), sans fraction de jour, et doit avoir une durée qui se rapproche autant que possible de célle de l'année tropique.

En un lieu donné, la température et la longueur des jours et des nuits varient périodiquement et règlent la plupart de nos travaux et de nos actions ; et ces conditions dépendent de la marche du Soleil sur l'écliptique. Il est donc utile d'avoir une division du temps en rapport avec l'année tropique, afin que les mêmes phénomènes astronomiques arrivent sensiblement les mêmes jours de l'année civile.

Mais l'année tropique comprend une fraction de jour en plus des 365 jours ; cette fraction (192) est égale à presque $\frac{1}{4}$ de jour, plus exactement $0^j,2422$. On conçoit immédiatement qu'une telle fraction ne peut figurer dans le calendrier. Autrement, le commencement de l'année se rapporterait successivement à toutes les heures de la journée ; et il serait fort incommode d'avoir à prendre l'instant d'un jour intermédiaire où une année civile finirait et où une autre commencerait. De tout temps, on a adopté, pour les usages de la vie, une année composée d'un nombre entier de jours.

Pour supprimer la fraction, il faut nécessairement faire l'année civile plus longue ou plus courte que l'année astronomique. Aussi aucun peuple ancien n'avait un calendrier qui établît d'une manière convenable l'accord des deux années. Cette concordance est à peu près complète aujourd'hui, et la *longueur moyenne* d'un nombre quelconque d'années civiles diffère extrêmement peu de la valeur exacte de l'année tropique. Pour obtenir ce résultat, on a négligé la fraction de jour pour la remplacer, au bout de quelques années, par un jour tout entier, en espaçant convenablement ces intercalations.

Exposons d'abord les principes de notre calendrier actuel, puis nous jetterons un coup d'œil sur les réformes par lesquelles il est passé, et sur les calendriers des différents peuples.

196. — Les *années civiles actuelles* sont de deux sortes : les unes *communes*, de 365 jours solaires moyens, et les autres, de 366 jours, appelées *bissextiles* (199). Sur quatre années civiles, il y en a généralement trois communes et une bissextile. On reconnaît qu'une *année est bissextile quand son millésime*, c'est-à-dire le nombre qui la désigne, *est divisible par 4*, ce qui a lieu quand les deux derniers chiffres forment un nombre divisible par 4; ainsi 1872, 1876 sont des années bissextiles, parce que 72 et 76 sont divisibles par 4.

Il n'y a que trois exceptions à cette règle, dans une période de 400 ans. Quand une année est séculaire, c'est-à-dire exprimée par un nombre terminé par deux zéros, elle devrait être bissextile d'après la règle générale ; *mais sur 4 années séculaires qui se suivent, il n'y en a qu'une de bissextile*, celle dont le nombre qu'on obtient en supprimant les deux zéros à droite, est divisible par 4 : 17.00, 18.00, 19.00 ne sont pas bissextiles; 20.00 le sera, parce que 20 est divisible par 4.

Le jour intercalaire des années bissextiles se compte à la fin du second mois de l'année, à la fin du mois de février.

197. Calendriers égyptien et grec. — Les *Egyptiens* eurent d'abord une année civile de 360 jours, divisée en 12 mois de 30 jours chacun. Cette année était trop courte de plus de 5 jours. Dans un pareil calendrier, l'équinoxe de printemps qui, l'an 1, aura été au 21 mars, sera, l'an 2, au 26, et l'an 3, au 31 de ce mois. A la fin de la 6e année, le retard sera d'un mois sur la première date, et au bout de 12 × 6 = 72 ans, le retard étant de 12 mois, l'équinoxe coïncidera de nouveau avec la date du 21 mars. — Les Egyptiens ne tardèrent pas à porter la durée de leur année à 365 jours, en ajoutant 5 jours complémentaires ou épagomènes. La durée de cette année était encore inférieure de près d'un quart de jour à celle de l'année tropique. Il en résultait qu'après 4 ans la date d'un même phénomène, l'équinoxe de printemps, par exemple, était en retard d'un jour sur la date de la première des 4 années. Ainsi, au bout de 365 × 4 = 1460 ans, l'équinoxe devait avoir eu lieu à toutes les dates de l'année et revenir à la date initiale. Les Egyptiens constatèrent cette erreur sans la corriger, et appelèrent *période sothiaque* cette période de 1460 ans. On a donné le nom d'*années vagues* à ces années dans lesquelles une même position du Soleil sur l'écliptique tombe successivement à toutes les dates de l'année.

L'année, chez les *Grecs*, fut d'abord de 354 jours, puis de 360, et enfin amenée à 365, à l'aide de mois intercalaires. Elle comprenait des mois alternativement de 29 et de 30 jours, qui commençaient à la nouvelle lune.

198. Calendrier romain. — Les Romains eurent d'abord, sous Romulus, une année de 304 jours ; Numa la porta à 355, valeur tirée des mouvements de la Lune. Cette année était divisée en 12 mois, dont les noms, pour la plupart, ont été conservés jusqu'à nous (207). — Une avance de 10 jours sur la longueur de l'année tropique amena un désaccord continuel entre les saisons et les dates. Pour y rémédier, on imagina un nouveau mois de 11 jours, ce qui porta l'année à 366 jours. Elle devenait plus longue que l'année tropique d'environ 3/4 de jours, et de là un nouveau désaccord en sens inverse ; l'équinoxe avança sur les dates officielles. On se décida alors à ne pas assigner au nouveau mois une durée fixe, mais à permettre aux pontifes de lui donner la longueur qu'ils jugeraient nécessaire à la concordance de l'année civile avec l'année tropique. Mais les pontifes ne surent pas ou ne voulurent pas assurer cette régularité ; et le calendrier romain tomba dans le désordre le plus complet. On en vint à célébrer au printemps les *autumnalia* ou fêtes d'automne, et celle de la moisson se trouvait en plein hiver. Jules César, devenu pontife, en entreprit la réforme.

199. Réforme julienne. — *Jules* César porta remède au désordre qui existait dans le calendrier romain en introduisant la réforme appelée de son nom *réforme julienne*. Il fut aidé dans ce travail par Sosigène, astronome d'Alexandrie. Pour réparer le mal qui était résulté des erreurs précédentes, il ajouta à l'année de la réforme 80 jours et lui assigna une durée de 445 jours. Cette année fut nommée l'*année de confusion ;* ce fut l'an 708 de Rome, 46 avant l'ère chrétienne.

Jules César admit que l'année solaire avait une longueur de $365^j \frac{1}{4}$ ou de $365^j, 25$. Il fit l'année commune de 365 jours. Il omettait ainsi chaque année $\frac{1}{4}$ de jour : comme $\frac{1}{4}$ de jour répété 4 fois donne un jour entier, Jules César ordonna que chaque quatrième année aurait un jour de plus et serait de 366 jours.

Le jour complémentaire devait se compter tout naturellement à la fin de l'année, qui finissait d'abord par le mois de février. Mais un scrupule religieux empêcha de l'ajouter à la fin de ce mois. Il y avait dans ce mois un sixième jour avant les calendes de mars, jour qu'on appelait *sexto-calendas*. On convint de compter ce jour deux fois, et le jour intercalaire se plaça avant ce sextocalendas et s'appela *bis-sexto*, second sixième avant les calendes. De là le nom de *bissextile* donné aux années de 366 jours (208).

Maintenant on fait les années bissextiles en donnant un 29e jour au mois de février, qui ordinairement n'en a que 28. Cependant, dans le calendrier ecclésiastique, l'intercalation se fait entre le 23 et le 24; et la fête de saint Mathias, qui tombe le sixième jour avant le 1er mars, habituellement le 24 février, se trouve le 25 dans les années bissextiles.

Après Jules César, on se trompa encore en rendant bissextile chaque troisième année. Auguste corrigea cette erreur, et c'est depuis cet empereur seulement que la réforme julienne fut exactement suivie.

L'église chrétienne adopta le calendrier julien, dans le concile de Nicée tenu en 325. De plus, en décidant qu'à l'avenir l'ère chrétienne (206) daterait de la naissance de Jésus-Christ, on reconnut que l'an IV de cette ère avait été une année bissextile. C'est pourquoi chaque année bissextile, se présentant de 4 en 4 ans, a son millésime divisible par 4.

200. Défaut de la réforme julienne. — La réforme de Jules César avait un défaut que le temps fit découvrir. L'année civile avait une longueur moyenne de 365j, 25, ce qui est un peu plus que l'année tropique composée en réalité de 365j, 2422. La différence est de 0,25−0,2422 = 0,0078. Or, cette erreur, si petite qu'elle soit, en s'accumulant, en produit une d'environ 1 jour au bout de 129 ans 0,0078 × 129 = 1,0062, et 3 jours en 3 × 129 = 387 ans.

Il en résultait qu'un phénomène astronomique, l'équinoxe de printemps par exemple, précédait un peu la date à laquelle il répondait les années précédentes; et l'année civile, un peu trop longue, se trouvait en retard sur l'année tropique. En 325, l'équinoxe de printemps, qui avait été fixé au 25 mars, d'après le calendrier julien, arrivait en réalité le 21. Les pères du concile de Nicée, pensant que l'équinoxe arrivait invariablement le 21 mars, établirent la règle que Pâques se célébrerait le premier dimanche après la pleine lune qui suivrait le 20 mars (214).

Mais en 1582, l'équinoxe, au lieu d'arriver le 21, tombait le 11, ce qui, dans certaines années, faisait célébrer la fête de Pâques un mois trop tard, et cela toutes les fois que la pleine lune tombait entre le véritable jour de l'équinoxe et le 21 mars. — Le concile de Trente reconnut la nécessité d'une réforme nouvelle; elle fut réalisée par Grégoire XIII.

201. Réforme grégorienne. — La réforme grégorienne, introduite par le pape Grégoire XIII, a consisté dans la suppression de 10 jours à l'année 1582 où se fit la réforme, et dans la suppression de 3 années bissextiles sur 4 années séculaires.

Grégoire XIII consulta d'abord les principaux savants de cette époque, et surtout un calabrais du nom de Lilio ; puis il s'arrêta à la réforme suivante :

Le calendrier julien avait intercalé 10 jours de trop depuis le concile de Nicée. Afin de ramener l'équinoxe de printemps à la date du 21 mars, comme en 325, il supprima 10 jours de l'année 1582, en décrétant que le lendemain du 4 octobre s'appellerait non pas le 5, mais le 15. — Il fallait ensuite éviter le retour des mêmes erreurs. Le défaut du calendrier julien était de donner un jour de trop en 129 ans, et 3 jours en 400 ans environ (200). Il fallait donc retrancher un jour tous les 129 ans ou 3 jours tous les 400 ans. Grégoire XIII décida que cette suppression se ferait sur les années séculaires, qui étaient toutes bissextiles d'après le calendrier julien, et que sur 4 une seule resterait bissextile, celle dont le nombre des centaines, ou le millésime après la suppression des deux zéros qui le terminent, serait encore divisible par 4. Ainsi l'année 1600 a été bissextile ; les années 17.00, 18.00 ne l'ont pas été ; 19.00 ne le sera pas davantage, mais l'année 2000 le sera.

Cette réforme grégorienne laisse encore subsister une légère erreur, l'année civile moyenne restant un peu trop longue. Après la réforme julienne, l'année était trop longue de $0^j,0078$. Une série de 400 ans devient trop longue de $400 \times 0,0078 = 3^j,12$. Après la suppression de 3 jours en 400 ans, il reste encore de trop $0^j,12$. Mais cette erreur est très-peu de chose, puisqu'il faudra plus de 3.200 ans pour que la date de l'équinoxe soit de 1 jour en retard. Pour la corriger, il faudrait retrancher une année bissextile par 4.000 ans. On comprend qu'il est inutile de s'en préoccuper maintenant.

202. Adoption de la réforme grégorienne. Vieux style; nouveau style. — La réforme grégorienne créa le *calendrier grégorien*, dont les dates furent désignées sous le nom de *nouveau style*, tandis que celles du calendrier julien formèrent le *vieux style*.

La réforme grégorienne fut adoptée successivement par tous les peuples, excepté les Russes et les Grecs qui ont seuls conservé le vieux style. Cette adoption eut lieu : à Rome le $\frac{5}{15}$ octobre, en France le $\frac{10}{20}$ décembre

1582, et la même année chez presque tous les peuples catholiques ; dans les pays catholiques d'Allemagne, en 1584, et en Pologne, en 1586.

Dans les *pays protestants*, on aima mieux, remarque Arago, n'être pas d'accord avec le Soleil que de l'être avec la cour de Rome. Ce n'est qu'en 1600 que la réforme fut adoptée par l'Allemagne, la Suède, le Danemark et la Suisse, et en 1752 par l'Angleterre.

Les *Russes* et les *Grecs schismatiques* sont les seuls peuples chrétiens qui continuent à faire usage du calendrier julien. Leurs dates sont actuellement en retard de 12 jours sur les nôtres ; car en 1582, le retard était de 10 jours, et depuis il s'est augmenté de 2 jours à cause des années 1700 et 1800 qui ont été communes pour nous et bissextiles suivant le calendrier julien. Dans les rapports avec ces deux peuples, on représente un même jour par une double date. Ainsi le 10 janvier, vieux style, qui est le 22 janvier, nouveau style, sera indiqué $\frac{10}{22}$ janvier ; on aura de même le $\frac{29\ \text{janvier}}{10\ \text{février}}$.

203. Année française ou républicaine. — En 1793, on essaya, en France, de ramener l'année et ses subdivisions au système décimal. On rétablit l'année égyptienne (197). Les 12 mois furent nommés, en suivant l'ordre des saisons :

Automne.... Vendémiaire, Brumaire, Frimaire.
Hiver....... Nivôse, Pluviôse, Ventôse.
Printemps... Germinal, Floréal, Prairial.
Eté......... Thermidor, Messidor, Fructidor.

Chaque mois était de 30 jours, et se divisait en trois *décades*, chacune de 10 jours. Comme ces 12 mois ne comprenaient que 360 jours, ils étaient suivis de 5 ou 6 jours complémentaires, appelés d'abord *sans-culottides*.

Le nom de chaque jour indiquait le rang qu'il occupait dans la décade : primidi, duodi, tridi, quartidi, quintidi, sextidi, septidi, octidi, nonidi, décadi. Le décadi ou la *décade* était le jour de repos.

On tenta de réduire le jour en 10^h, l'heure en 100^m, la minute en 100^s. Les horloges subirent même les changements nécessités par cette organisation.

L'*ère* (206) des années républicaines était le 22 septembre 1792, jour où la République fut proclamée. — Chaque année commençait le jour de l'équinoxe d'automne, au 1er vendémiaire.

Ce premier jour de chaque année tomba le *22 septembre* dans les années : I-1792, II-1793, III-1794, V-1796, VI-1797, VII-1798 ; le *23 septembre* dans les années : IV-1795, VIII-1799, IX-1800, X-1801, XI-1802, XIII-1804, XIV-1805 ; et le *24 septembre*, en l'an XII-1803.

Ce calendrier, décrété le 5 octobre 1793 (14 vendémiaire an II), n'a été aboli que le 1er janvier 1806 (20 pluviôse an XIV). Quelques républicains de nos jours le suivent encore. Pour eux le 25 février 1872 était le sextidi de la 1re décade du mois de ventôse de l'an LXXX.

204. Année lunaire. — Les *Juifs* avaient adopté une année lunaire réglée sur le mouvement et les phases de la Lune (233). Elle était composée de 12 mois, alternativement de 29 jours (pour les *mois caves*) et de 30 jours (*mois pleins*), ce qui faisait 354 jours, 11 de moins que dans l'année solaire.

Les *Turcs* et les autres *mahométans* ont conservé cette année lunaire. Le 1er de chaque mois coïncide toujours avec une nouvelle lune. Le principal inconvénient de ce calendrier, c'est que, d'une année à l'autre, les saisons changent de place d'une manière sensible, et tous les jours de l'année tropique deviennent successivement le premier jour de l'an.

205. Origine de l'année. — Le commencement de notre année civile est fixé au premier janvier, c'est-à-dire au minuit qui sépare le 31 décembre du 1er janvier ; c'est l'époque où le Soleil est au périgée. Cet usage établi par Jules César, fut abandonné, puis rétabli en France, en 1563, par un édit de Charles IX ; les autres peuples civilisés l'ont adopté.

Sous Charlemagne, l'année commençait le jour de Noël 25 décembre ; plus tard, sous les Capétiens, le jour de Pâques (214), et, dans quelques provinces, comme encore dans la chancellerie apostolique, le jour de l'Annonciation, 25 mars.

206. Ere. — On appelle ère un point de départ dans le temps auquel on rapporte toutes les années suivantes ; c'est ordinairement un fait saillant dans l'histoire du peuple qui l'adopte.

L'*ère vulgaire* ou *ère chrétienne* est l'incarnation de Jésus-Christ. On compte les années à partir de cette époque par le nom de nombre ordinal ; ainsi 1875 veut dire la 1875e année depuis le commencement de l'année où naquit Jésus-Christ. — Cette manière de compter fut introduite en Italie dans le VIe siècle par un moine nommé Denys le Petit, et acceptée en France par Pépin et Charlemagne. A cause d'une erreur dans les calculs de Denys, elle ne part en réalité que de la 4e année après la naissance de Jésus-Christ.

Les Républicains français ont adopté l'*ère de la République* et font commencer leur chronologie au 22 septembre 1792, jour où la République fut proclamée.

Les *Musulmans* datent de *l'hégyre* ou fuite de Mahomet, obligé de quitter La Mecque, en 622 après J.-C.

Les *Romains* avaient pour ère la fondation de Rome, 753 avant J.-C. ; les *Grecs*, l'ère olympique qui remonte à la première olympiade, 23 ans avant la fondation de Rome, 776 avant J.-C. — L'ère de Nabonassar, 747 avant J.-C., est due au fondateur de Babylone, célèbre par ses observations astronomiques qui servent à fixer l'origine de cette ère.

L'*ère du monde* ou de la création remonte à une époque sur laquelle les chronologistes ne sont pas d'accord ; 4.004 avant J.-C., suivant l'opinion commune, 4.963 suivant d'autres.

L'*ère julienne* est le commencement de la première *période julienne*, 4.713 avant Jésus-Christ (210).

207. Mois. — Le mois civil est une division du temps qui a son origine dans les phases de la Lune (μήν et μήνη signifient mois et Lune, νεομηνία, premier jour du mois ou nouvelle lune).

Notre année civile comprend 12 mois, de 30 et de 31 jours, excepté février qui en a 28, et 29 dans les années bissextiles. Ces mois civils remontent à Romulus qui institua d'abord 10 mois, les 10 derniers de notre année, et à Numa, qui en ajouta 2 autres, les deux premiers. Voici, avec leur durée, les noms de nos mois et l'origine de ces noms.

31 j.	JANVIER.....	januarius, de *Janus*, le plus ancien roi d'Italie, honoré comme le dieu de la paix.
28 j.	FÉVRIER	februarius, pendant lequel se célébraient des fêtes expiatoires, appelées *februales*.
31 j.	MARS........	du dieu *Mars*, père de Romulus, le *premier* mois de l'année établie par ce fondateur de Rome.
30 j.	AVRIL.......	aprilis, de *aperire* : dans ce mois la terre s'*ouvre* à la végétation.
31 j.	MAI.........	maius, de *Maia*, mère de Mercure.
30 j.	JUIN........	junius, de *Junon*.
31 j.	JUILLET.....	julius, en l'honneur de *Jules* César, qui réforma le calendrier (199) ; nommé d'abord *quintilis*, cinquième à partir de mars.
31 j.	AOUT........	augustus, en l'honneur d'*Auguste*, qui assura la réforme julienne ; nommé d'abord *sextilis*, sixième.
30 j.	SEPTEMBRE..	*septem*, sept.
31 j.	OCTOBRE....	*octo*, huit.
30 j.	NOVEMBRE..	*novem*, neuf.
31 j.	DÉCEMBRE...	*decem*, dix.

Tibère, Néron, etc., tentèrent, heureusement en vain, de donner leurs noms à ces derniers mois ; ils conservent les noms qui indiquent leur rang à partir de mars.

Pour *retrouver sans almanach* le nombre des jours de chaque mois, on peut se servir de cet ancien quatrain :

Trente jours ont novembre,   De vingt-huit il en est un ;
Juin, avril et septembre ;   Tous les autres ont trente-un.

On emploie plus souvent cet autre procédé mécanique : on donne aux doigts, en commençant par l'index, et aux intervalles qui les séparent, les noms des mois, à partir de janvier, février…, et on reprend l'index à la fin, comme s'il venait immédiatement après le petit doigt. Tous les mois qui répondent à un doigt ont 31 jours ; ceux qui répondent à un intervalle en ont 30, excepté février.

Il est parlé ailleurs de plusieurs sortes de *mois astronomiques* : le *mois solaire* qui est l'espace de temps employé par le Soleil à parcourir un signe du zodiaque (133) ; le mois lunaire synodique, de $29^j\frac{1}{2}$, qui est le temps que la Lune met à accomplir toutes ses phases et à revenir à la même position par rapport au Soleil (238); et le *mois lunaire sidéral*, de $27^j\frac{1}{3}$, temps que la Lune met à revenir à la même étoile.

208. — Les Romains partageaient leurs mois en trois parties inégales par les calendes, les nones et les ides.

Le jour des *calendes* était le premier jour de chaque mois. Les *nones* étaient les 4 ou 7 jours qui suivaient les calendes de chaque mois ; le dernier jour des nones (nonus, neuvième) était le neuvième jour avant les *ides*, et tombait le 5 de chaque mois, ou le 7 en mars, mai, juillet et octobre, suivant le nombre des nones indiqué par les vers suivants :

Sex Maius nonas, October, Julius et Mars ;
Quattuor et reliqui. Dabit idus quilibet octo.

Les *ides* étaient les 8 jours après les nones, et plus spécialement le huitième, qui tombait le 13 ou le 15 de chaque mois.

Les derniers jours du mois se comptaient par rapport aux *calendes* du mois suivant. Leur nombre variait de 15 à 18 selon la longueur du mois et la place des ides.

La date de chaque jour se tirait du rang qu'il avait avant le jour des nones, des ides et des calendes, ces trois époques comptant comme le premier jour pour avoir le rang des jours précédents. Ainsi, le premier jour avant était la veille ; la surveille était le troisième jour. On avait de la sorte : pridie (veille) calendas martis, pour le 28 février ; tertio (troisième), pour le 27 ; sexto (sixième), pour le 25, et ainsi de suite jusqu'au 14 février qui était le seizième jour avant les calendes de mars.

209. Semaine. — La semaine (septem mane, sept matins) est une période de sept jours qui n'a aucun rapport avec les phénomènes astronomiques. Les semaines se suivent sans qu'on les distingue en général par des numéros d'ordre ou autrement.

Cette division du temps a son origine dans l'histoire de la création et dans le commandement que Dieu fit à l'homme de se reposer le septième jour. Il est remarquable qu'elle se retrouve chez la plupart des peuples les plus anciens : Egyptiens, Chaldéens, Perses, Indiens, Chinois, Péruviens, comme pour attester leur origine commune et la vérité du récit de la Genèse.

Les *noms* de nos jours de la semaine sont tirés de ceux des planètes connues des anciens, parmi lesquelles ils rangeaient la Lune et le Soleil. Ainsi *lundi* (Lunæ dies) signifie jour de la Lune ; *mardi*, jour de de Mars ; *mercredi*, jour de Mercure ; *jeudi*, jour de Jupiter ; *vendredi*, jour de Vénus ; *samedi*, jour de Saturne. Le *dimanche*, jour du Seigneur (dies dominica), a conservé le nom de *jour du Soleil* dans les calendriers anglais (sunday), et allemand (sonntag).

Dans la *liturgie catholique*, on donne le nom de *féries* aux jours de la semaine, en les distinguant par leur numéro d'ordre, à partir du dimanche. Le lundi est la deuxième férie ; le mardi, la troisième, et ainsi de suite, jusqu'au vendredi qui est la sixième. Au lieu de férie première, on dit dimanche; au lieu de férie septième, le samedi se nomme sabbat.

210. Périodes ou multiples de l'année. — Les périodes sont des réunions de plusieurs années déterminées le plus souvent par le retour des mêmes faits.

Le *siècle* est la réunion de 100 ans ; c'est la plus longue période employée jusqu'ici pour mesurer le temps. Pour savoir de quel siècle de l'ère chrétienne est une année, il faut prendre la centaine immédiatement supérieure à celle exprimée dans le millésime, *dix-huit* cent soixante-quinze est du *dix-neuvième* siècle. Il y a exception pour la dernière année de chaque siècle; ainsi l'année 1800 était la dernière année du xviiie siècle, comme l'année 100 était la dernière du 1er siècle.

L'*indiction romaine* était une période de 15 ans, usitée à Rome du temps des empereurs, dans les actes publics, et employée jusqu'à nos jours dans la chancellerie du pape. Chaque indiction comprend donc 15 années dont chacune est désignée par son numéro d'ordre. La première indiction est supposée avoir commencé 3 ans avant l'ère chrétienne et le 1er janvier. — Pour trouver de quelle indiction est une année donnée, on ajoute 3 à son millésime, et on divise la somme par 15. Le quotient marque le nombre des indictions écoulées; et le reste, le numéro de l'année courante dans l'indiction suivante. $\frac{1875+3}{15}$ = 125, avec 3 pour reste. L'année 1875 est la 3e année de la 126e indiction.

Les *lustres*, chez les Romains, étaient des périodes de 4, puis de 5 ans, qui séparaient le dénombrement du peuple. — Les *olympiades*, chez les Grecs, étaient de 4 ans et séparaient deux célébrations des jeux olympiques.

La *période julienne* fut introduite, en 1583, par Joseph, fils de *Jules* Scaliger. Elle est de 7.980 ans, nombre que l'on obtient en faisant le produit des trois nombres 15, 28 et 19, lesquels marquent les durées de l'indiction, du cycle solaire (211) et du cycle lunaire (212). Les chronologistes ont adopté cette période, parce qu'elle leur est très-utile pour vérifier les dates, attendu que les trois nombres 15, 28 et 19 étant premiers entre eux, il ne peut pas se rencontrer, dans cette longue période, deux années qui comptent le même numéro à la fois pour les trois cycles indiqués. — La première année de cette période, 4.713 avant Jésus-Christ, est celle où les trois cycles sont supposés avoir commencé ensemble. Il est clair qu'au bout de 7.980 ans ils doivent revenir dans le même ordre.

211. Cycle solaire et lettres dominicales. — Le cycle solaire (jour du *Soleil*, ou dimanche, dies *dominica*), ou cycle des *lettres dominicales*, est une *période de 28 années*, à la fin de laquelle le dimanche et les autres jours de la semaine correspondent de nouveau aux mêmes dates du mois, tant que les années sont bissextiles de 4 en 4. Ce nombre est le produit de 7, nombre des jours de la semaine, par 4, période de 3 années communes et 1 bissextile.

Une année commune de 365 jours se compose de 52 semaines (52 × 7 = 364) plus un jour. Si une année commence par un dimanche, le dernier jour de l'année, qui suit les 52 semaines, sera encore un dimanche, et le lendemain, premier jour de l'année suivante, sera un lundi. Donc le premier jour d'une année commune est aussi le dernier de cette année, et le premier jour d'une année porte le nom du jour qui suit immédiatement celui qui commençait et finissait l'année précédente. — Dans les années bissextiles, il y a double changement. Si une année bissextile commence un dimanche, elle finit un lundi, et l'année suivante commence un mardi.

Les *lettres dominicales* sont les premières lettres de l'alphabet que l'on place vis-à-vis des jours du mois et qui marquent successivement, pendant le cours du cycle solaire, les jours de la semaine et principalement les dimanches de chaque année. La lettre A répond toujours au 1er janvier, B au 2.. C au 7, A au 8, etc. Si le 1er janvier d'une année est un dimanche, pendant cette année-là les dimanches sont marqués par A, les lundis par B... A est la lettre dominicale de cette année. L'année sui-

vante, le 1er janvier étant un lundi, A marquera le lundi et la
lettre précédente G sera la lettre dominicale, marquant le dimanche. — Cette lettre change donc tous les ans; les années
bissextiles ont deux lettres dominicales : une qui sert du 1er janvier au 24 février, et l'autre pour le reste de l'année.

A la fin du cycle solaire la lettre dominicale revient à la même
place et dans le même ordre.

Pour trouver quel est le rang occupé dans le cycle solaire par
une année proposée, par exemple 1875, on ajoute 9 au millésime,
parce que le cycle a commencé 9 ans avant l'ère chrétienne ;
on divise la somme par 28. Le reste marque l'année du cycle ;
s'il n'y a pas de reste, c'est la 28e. $\frac{1875+9}{28} = $ 67 avec 8 pour
reste. L'année 1875 est donc la 8e du 68e cycle solaire. *On
compte les cycles à partir de celui qui renferme l'ère
chrétienne.*

Quand on connaît le jour de la semaine par lequel un mois
commence, on trouve les dates auxquelles revient le même
jour, et le jour par lequel le mois suivant commence, en se
rappelant les nombres 1, 8, 15, 22 et 29. Ces nombres étant pris de
7 en 7, appartiennent aux mêmes jours de la semaine. Connaissant le jour qui répond au 29 d'un mois et la longueur de ce
mois (207), on trouve ensuite le premier jour du mois suivant.

212. Cycle lunaire et nombre d'or. — *Le cycle lunaire* est
une période de 19 ans, après laquelle les phases de la Lune reviennent aux mêmes dates de l'année, parce que la Lune et le
Soleil se retrouvent aux mêmes positions par rapport à la
Terre.

La durée du mois civil (28, 30 et 31 jours) n'étant pas la même
que celle qui comprend toutes les phases de la Lune (29 jours $\frac{1}{2}$),
l'âge de celle-ci ne répond pas au quantième du mois. Le grec
Méton passe pour avoir remarqué le premier que 235 mois lunaires embrassent à peu près le même laps de temps que
19 années solaires, et qu'après cette période de 19 ans les
phases de la Lune reviennent aux mêmes dates.

On a donné le nom de *nombre d'or* d'une année au numéro
qui indique le rang que cette année occupe dans le cycle lunaire
ou cycle de Méton, parce que les Athéniens, ravis de cette découverte qui leur permettait de fixer à l'avance d'une manière
précise les époques de leurs fêtes, l'inscrivirent en lettres d'or
sur leurs monuments publics.

Pour trouver le nombre d'or d'une année proposée, 1875, on
ajoute 1 au millésime, et on divise la somme par 19 ; le nombre
d'or est le reste de la division ; il est 19 s'il n'y a pas de reste.
$\frac{1875+1}{19} = $ 98 avec 14 pour reste. L'année 1875 a 14 pour
nombre d'or ; elle est la 14e du 99e cycle lunaire, en prenant
pour premier cycle celui qui a commencé un an avant l'ère
chrétienne, le 1er janvier de cette année ayant coïncidé avec
une nouvelle lune.

213. Épacte, âge de la Lune. — L'épacte (ἔπακτος, sura-
jouté) est le nombre de jours qu'il faut ajouter à l'année lunaire

(354 jours) pour avoir l'année solaire commune (365 jours) ; ou mieux, c'est le nombre qui indique l'âge de la Lune au 1er janvier.

Si la Lune a été nouvelle à minuit le 1er janvier, elle le sera encore le 355e jour de cette année, puisque 12 lunaisons ou mois lunaires se composent de 354 jours (204), et si l'année est de 365 jours, la Lune aura 365—354 = 11 jours, au 1er janvier de l'année suivante ; 11 est l'épacte de cette nouvelle année. — Au bout de la deuxième année, la Lune aura 2×11 = 22 jours ; 22 sera l'épacte de la deuxième année ; 33 serait l'épacte suivante ; mais comme sur 33 jours il y a un mois lunaire intercalaire, on le retranche en le considérant comme étant de 30 jours, et 3 sera l'épacte, puis 14, 25, 6, etc. — A la 19e année, l'épacte est 18, et alors pour l'année suivante, au lieu de 11, ce qui donnerait 29, on ajoute 12, ce qui ramène à 0 l'épacte de la première année d'une nouvelle période de 19 ans.

La *Réforme grégorienne* a nécessité quelques changements dans le cours des épactes.

Pour trouver l'épacte d'une année proposée, 1875, cherchez le nombre d'or de l'année, et divisez-le par 3. (Le nombre d'or est 14 et le reste 2.)

1° S'il reste 1, ôtez 1 du nombre d'or, et le reste sera l'épacte.

2° S'il reste 2, ajoutez 9 au nombre d'or, et la somme sera l'épacte (14+9=23, pour 1875).

3° S'il ne reste rien, ajoutez 19 au nombre d'or, et la somme sera l'épacte.

Si la somme dépasse 30, vous retranchez 30.

On appelle *âge de la Lune*, ou quantième du mois lunaire, à un jour donné, le nombre de jours écoulés depuis la dernière nouvelle lune.

L'année solaire étant plus longue de 11 jours que l'année lunaire, chaque mois civil surpasse le mois lunaire de 1 jour à peu près ; chaque date de la nouvelle lune arrive donc environ 1 jour plus tôt que dans le mois précédent. De là cette règle : *Pour trouver l'âge de la Lune à une date donnée*, ajoutez à l'épacte de l'année la date du mois et autant d'unités qu'il y a eu de mois écoulés depuis et y compris mars. La somme, diminuée de 30 s'il y a lieu, sera l'âge de la Lune. — Dans les années bissextiles, on augmente l'épacte d'une unité. — D'après cette règle, le 8 septembre 1875, l'âge de la Lune serait 37 — 30 = 7. (23+8+6 = 37). Mais il faut remarquer que l'âge de la Lune ainsi calculée n'est qu'approximatif.

214. Comput ecclésiastique ; Pâques et autres fêtes. — Le *comput ecclésiastique* comprend la détermination de l'âge de la Lune, au moyen de l'épacte et du nombre d'or ; la détermination du dimanche, par l'emploi des lettres dominicales ; enfin la fixation de Pâques au moyen de ces données , et de la règle suivante établie par le concile de Nicée.

La fête de Pâques doit toujours être célébrée le premier dimanche après la pleine lune qui suit l'équinoxe de printemps, c'est-à-dire qui tombe le 21 mars ou après.

Si la pleine lune arrive le 21 mars , et que le lendemain soit un dimanche, ce dimanche, 22 mars, sera la fête de Pâques, qui ne peut pas arriver plus tôt; cela a eu lieu en 1848. — Si la pleine lune arrive le 20 mars, il faut attendre la pleine lune suivante, le 18 avril; et si le 18 est un dimanche, Pâques ne sera que le dimanche suivant, 25 avril. On le verra en 1886. —La fête de Pâques peut donc occuper 35 places différentes, et ne peut arriver avant le 22 mars, ni après le 25 avril.

Les fêtes sont *fixes et immobiles*, ou *mobiles*. Les fêtes *fixes* arrivent toujours aux mêmes dates de l'année. Les fêtes *mobiles* dépendent de Pâques; elles en sont toujours séparées par des intervalles d'un même nombre de jours. Voici les principales :

FÊTES FIXES.		FÊTES MOBILES.
Janvier . . 1. Circoncision.		9e dim. avant Pâques Septuagésime.
— 6. Epiphanie ou Rois.		7e dim. avant Pâques. Quinquagésime.
Février. . . 2. Purification de Marie,		Mercredi suivant . . . Cendres.
Présentation de Jésus		2e dim. avant Pâques. Passion.
ou Chandeleur.		1er dim. avant Pâques. Rameaux.
Mars. . . . 25. Annonciation.		22 mars au 25 avril. . Pâques.
Juin. . . . 24. Saint Jean-Baptiste.		1er dim. après Pâques. Quasimodo.
Août. . . . 15. Assomption.		40 j. ap. Pâques, jeudi. Ascension.
Septembre. 8. Nativité de Marie ou		2e dim. après Ascens. Pentecôte.
Angevine.		57 jours après Pâques. Trinité.
Novembre . 1. Toussaint.		
Décembre.. 8. Immaculée Conception.		
— 25. Noël.		

De toutes les fêtes qui tombent sur la semaine, il n'y a d'obligatoires que l'Ascension, l'Assomption, la Toussaint et Noël.

Les quatre-temps sont les mercredi, vendredi et samedi après les Cendres, la Pentecôte, le 14 septembre et le 13 décembre.

CHAPITRE VIII.

DISTANCE DU SOLEIL A LA TERRE. — SES DIMENSIONS.
MASSE ET DENSITÉ.

215. Distance du Soleil à la Terre. — La distance du Soleil à la Terre est d'environ 23.300 fois le rayon de la Terre, ce qui fait plus de 37 millions de lieues (148.470.000 ^{km}). Pour nous former plus aisément une idée de cette distance immense, examinons les résultats de calculs faciles à faire. La *lumière* parcourt 75.000 lieues par seconde (314); elle met cependant plus de 8 minutes à nous venir du Soleil. Un boulet de canon qui serait lancé vers cet astre avec une vitesse de 500 mètres par seconde et conserverait cette vitesse, mettrait presque 10 ans pour atteindre le but; et une locomotive, marchant avec une vitesse de 15 lieues (60 k^m) à l'heure, n'y arriverait qu'après plus de 280 ans.

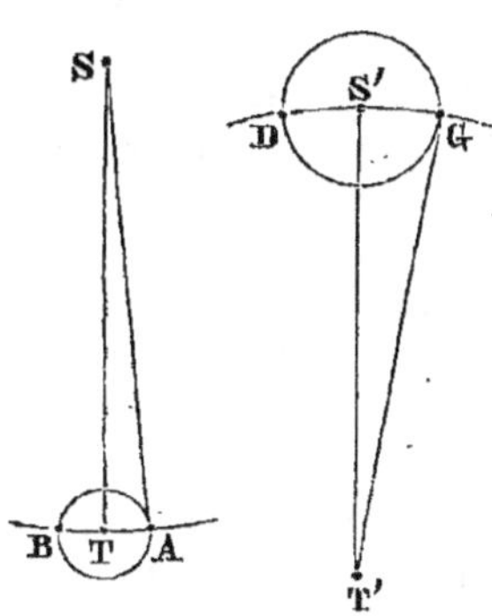

Fig. 64.   Fig. 65.

La distance du Soleil se calcule au moyen de sa parallaxe. On donne ce nom à l'angle TSA (*fig. 64*) sous lequel un observateur placé au centre du Soleil, en S, verrait le rayon de la terre TA. C'est donc le demi-diamètre apparent de la Terre, vu du Soleil. — La parallaxe est dite *horizontale* quand le Soleil est à l'horizon du point de la Terre où aboutit le rayon TA ; elle est dite *parallaxe de hauteur* dans le cas contraire. Mais il existe entre ces deux parallaxes une relation simple qui permet de les déduire l'une de l'autre.

On s'accorde aujourd'hui pour admettre, comme valeur de la parallaxe horizontale du Soleil, 8″, 86.

Cette parallaxe se détermine par plusieurs méthodes ; la plus sûre paraît être l'observation des passages de Vénus sur le disque du Soleil (309 . Les premières observations eurent lieu en 1761, et, avec plus de succès, en 1769. Les discussions qu'en firent divers savants amenèrent à des résultats variant entre 8″, 5 et 8″, 88 pour la valeur de la parallaxe. On avait adopté 8″,57. Une discussion récente des mêmes observations a fait préférer la valeur de 8″,86. Les passages de 1874 et de 1882 fixeront peut-être plus exactement cette valeur. Les premiers calculs des observateurs français de 1874 donnent la valeur de 8″,88.

216. — *Calcul de la distance.* Admettons pour parallaxe moyenne 8″, 86, et calculons, comme nous l'avons fait pour les étoiles (63), quelle distance il en résulte pour le Soleil.

Considérons une grande circonférence ayant pour centre le centre du Soleil S (*fig. 64*), et pour rayon la ligne SA, qui est la distance inconnue du Soleil à la Terre. Il est facile de voir que l'arc de circonférence BA, dont l'amplitude est très-petite, se confond sensiblement avec la corde BA qui sous-tend cet arc, et que, par conséquent, la moitié de cet arc se confond avec la moitié de la corde ou TA. D'une part, l'angle au centre TSA étant de 8″, 86, l'arc TA a la même valeur angulaire ; d'autre part, la corde TA est égale au rayon de la Terre supposé connu.

Dans la circonférence dont le rayon est SA., un arc de 8″, 86 ayant pour longueur TA ;

un arc de 1″ aurait une longueur 8,86 fois moindre : arc $1'' = \dfrac{TA}{8,86}$. Comme pour la circonférence entière on a : $2\pi SA = 360 \times 60 \times 60 \times 1''$; pour $1'' = \dfrac{TA}{8,86}$, on a, en divisant par 2π : $SA = \dfrac{360 \times 60 \times 60}{2\pi} \times \dfrac{TA}{8,86} = 23.280\,TA$.

Si nous prenons pour valeur de TA, celle du rayon équatorial de la Terre, qui est d'environ 1.594 lieues ou $6.376^{km},398$ (106), nous trouvons pour la distance du Soleil 37.117.000 lieues, ou 148.470.000^{km}.

217. Dimensions réelles du Soleil. — *Le rayon du Soleil vaut un peu plus de 108 fois celui de la Terre.*

Pour trouver cette valeur, il suffit de comparer le rayon apparent du Soleil vu de la Terre S′T′C (*fig. 65*) avec le rayon apparent de la Terre vu du Soleil TSA (*fig. 64*). Supposons deux circonférences décrites, avec la distance du Soleil à la Terre pour rayon commun, l'une du point T′ comme centre et passant par le Soleil, CS′D ; l'autre du point S comme centre et passant par la Terre, ATB. Ces deux circonférences étant égales, les angles au centre sont entre eux comme les arcs compris entre leurs côtés.

On a donc $\dfrac{T'}{S} = \dfrac{S'C}{TA}$.

Mais l'angle $T' = S'T'C = \dfrac{32'}{2} = 960''$, demi-diamètre apparent du Soleil (139); l'angle $S = TSA = 8'',86$, parallaxe du Soleil (215).

A cause de la petitesse des angles en T′ et en S, on peut regarder les arcs S′C et TA comme se confondant avec leurs cordes, c'est-à-dire avec les rayons réels qu'il s'agit de comparer. Donc S′C=R, rayon du Soleil ; et TA =r, rayon de la Terre.

En mettant ces valeurs dans la proportion ci-dessus, nous aurons : $\dfrac{T''}{S} = \dfrac{960}{8,86} = \dfrac{R}{r}$. D'où $R = \dfrac{960}{8,86} \times r = 108,35$.

218. — *La surface du Soleil égale presque 12.000 fois la surface de la Terre ; et le volume du Soleil vaut presque 1.300.000 fois celui de la Terre.* — Arago raconte qu'un professeur d'Angers, voulant donner à ses élèves une idée sensible du volume du Soleil, comparé à celui de la Terre, imagina de compter les grains de blé,

de grosseur moyenne, qui sont contenus dans un litre ; il en trouva 10.000. Un décalitre doit en contenir 10 fois plus ou 100.000, et 13 décalitres 1.300.000. Ayant mesuré 13 décalitres de blé et les ayant réunis dans un seul tas, il les mit en regard d'un seul de ces grains, et dit : « Voilà en volume la Terre, et voici le Soleil. » Cette comparaison frappa les élèves de surprise plus que ne l'avait fait l'énonciation des nombres abstraits 1 et 1.300.000.

Pour *calculer* la surface et le volume du Soleil par rapport à ceux de la Terre, on utilise les principes de géométrie d'après lesquels les surfaces de deux sphères sont proportionnelles aux carrés de leurs rayons, et leurs volumes proportionnels aux cubes de ces rayons.

Ce qui donne : $\dfrac{S = \text{surf. du Soleil}}{s = \text{surf. de la Terre}} = \dfrac{R^2 = 108{,}35^2}{r^2 = 1^2}$. D'où $S = 11.730 s$.

et $\dfrac{V}{v} = \dfrac{R^3 = 108{,}35^3}{r^3 = 1^3}$. D'où $V = 1.272.000 v$.

219. Masse du Soleil. — On appelle masse d'un corps la quantité de matière qu'il contient. En prenant pour unité de masse celle de la Terre, on trouve que *la masse du Soleil est environ 326.000*. Cela signifie que si la matière qui compose le Soleil pouvait être pesée par nos moyens ordinaires et être mise dans un des plateaux d'une balance, il faudrait, pour lui faire équilibre, entasser dans l'autre plateau 326.000 globes pareils à celui que nous habitons.

Voyons comment les astronomes ont pu entreprendre avec succès une pareille mesure.

Nous verrons les lois de la gravitation universelle (302) : *Les corps s'attirent en raison directe de leurs masses ; ils s'attirent en raison inverse du carré de leurs distances.* — En outre la puissance d'attraction d'un corps, comme la Terre ou le Soleil, s'apprécie par la vitesse qu'il imprime pendant une seconde à un autre corps qui tombe sur lui. C'est ainsi que l'intensité de la pesanteur, ou de l'attraction de la Terre sur un corps placé à sa surface à l'équateur, se représente par g, et égale $9^m, 78$, parce qu'un corps tombant librement parcourt dans la première seconde la moitié de ce chemin ou $4^m, 89$.

Si on pouvait connaître de combien le Soleil, dans une seconde, ferait tomber vers son centre un corps qui serait à une distance de ce centre égale à celle d'un rayon terrestre, on trouverait par là même sa masse par rapport à celle de la Terre. Car les masses étant proportionnelles aux attractions, et celles-ci proportionnelles aux chemins parcourus dans la première seconde de chute, on aurait : $\dfrac{M}{m} = \dfrac{A}{a} = \dfrac{E}{e = 4,89}$. D'où $M = \dfrac{E}{4,89} \times m$. (1).

La masse du Soleil égalerait la masse de la Terre multipliée par $\dfrac{E}{4,89}$.

Il existe *un corps qui tombe sous l'action attractive du Soleil* ; c'est la Terre elle-même ; et nous pouvons calculer de combien elle tombe dans une seconde.

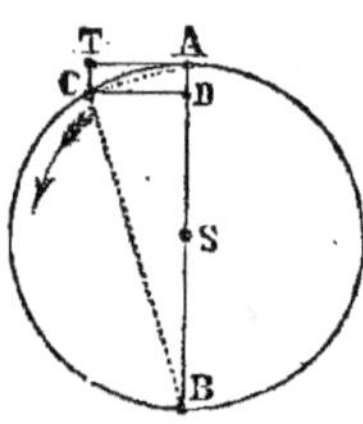

Fig. 66.

La Terre tourne autour du Soleil dans une année de 365 j,24. Mais, lancée dans ce mouvement, elle devrait suivre une ligne droite, en vertu de l'inertie, et s'écarter du Soleil selon la ligne AT, tangente à son orbite (*fig. 66*). Pour qu'elle ne s'éloigne pas du Soleil, il faut que ce corps l'attire à lui et la fasse tomber continuellement sur lui.

Considérons notre planète d'abord au point A de son orbite. Après une seconde de temps, elle aura parcouru un arc, soit AC; mais elle serait en T, sans l'attraction du Soleil ; dans une seconde elle est donc tombée d'une longueur TC qu'il s'agit de calculer.

Menons le diamètre AB, et CD perpendiculaire à ce diamètre ; nous avons TC=AD. — L'arc AC étant d'une amplitude très-petite peut être pris comme de même longueur que la demi-corde CD. L'angle ACB, inscrit dans une demi-circonférence, est droit ; et dans le triangle rectangle ACB, dans lequel CD est perpendiculaire à l'hypoténuse, un côté de l'angle droit AC donne :

$$\frac{AB}{AC} = \frac{AC}{AD} \; ; \text{ d'où on tire } AD = \frac{AC^2}{AB} \quad (2).$$

AB est connu, égal à la double distance du Soleil à la Terre (216) : AB=2R, R étant AS, la distance du Soleil.

AC est le chemin parcouru par la Terre dans une seconde ; on le calcule ainsi :

Dans un an, qui vaut, en secondes : $365,24 \times 24 \times 60 \times 60^s = t$, la Terre parcourt toute la circonférence, $2\pi R$;

dans 1^s la Terre parcourt $\dfrac{2\pi R}{t} = AC$.

Mettant ces valeurs dans (2), nous avons AD ou $TC = \dfrac{(2\pi R)^2}{t^2 \times 2R} = \dfrac{2\pi^2 R}{t^2}$.

Telle est la quantité dont la Terre tombe sur le Soleil, dans une seconde, à la distance de R=23.280 rayons terrestres ; si elle était à une distance de 1 rayon, elle serait R^2 fois plus attirée, et ferait, pendant la première seconde de chute, un chemin :

$$E = \frac{R^2 \times 2\pi^2 R}{t^2} = \frac{2\pi^2 R^5}{t^2}.$$

Cette valeur est rapportée au rayon de la Terre pris pour unité, et ce rayon a pour valeur $r = 6.377.398^m$.

Enfin, en mettant les valeurs de E, de R, de r et de t dans l'équation (1), nous avons pour valeur de la masse du Soleil comparée à celle de la Terre :

$$M = \frac{2\pi^2 R^3 \times r}{4,89 t^2} = \frac{2\pi^2 \times 23280^3 \times 6377398}{4,89 \times (365,24 \times 24 \times 60 \times 60)^2} = 326.200.$$

D'après ces calculs, la masse du Soleil vaudrait 326.200 fois celle de la Terre.

220. Densité du Soleil. — La densité d'un corps est sa masse sous l'unité de volume, ou encore la quantité de matière contenue dans un volume de ce corps, par rapport à la quantité contenue dans un même volume d'un autre corps dont la densité est prise pour unité. — *La densité du Soleil rapportée à la densité moyenne de la Terre est 0,25 ou $\frac{1}{4}$* ; c'est-à-dire que, pour un même volume, le Soleil contient 4 fois moins de matière que la Terre.

En effet, si on prend pour unité de volume le volume de la Terre, et sa masse pour unité de masse, on voit que dans 1.272.000 volumes de Soleil, il y a 326.200 masses ; dans 1 volume, il y en a 1.272.000 fois moins ou $\frac{326.200}{1.272.000} = 0,256$.

La densité moyenne de la Terre par rapport à *l'eau* est 5,56 (106). Comme la densité du Soleil n'est que les 0,256 de celle de la Terre, elle n'est, par rapport à l'eau, que $0,256 \times 5,56 = 1,423$. *Le Soleil n'est guère plus dense que l'eau.*

221. — Après les observations du passage de Vénus sur le Soleil en 1769, on avait adopté, pour parallaxe du Soleil, 8″,57, au lieu de 8″,86. Les éléments du Soleil étaient donc différents, et on admettait :

Distance du Soleil à la Terre : 24.068 rayons terrestres, environ 38 millions de lieues.

Rayon du Soleil : 112 rayons terrestres.

Surface du Soleil par rapport à celle de la Terre : 12.544 ; volume : 1.395.000 :

Masse du Soleil par rapport à la Terre : 355.500.

Densité par rapport à la Terre : 0,254 ; par rapport à l'eau : 1,412.

CHAPITRE IX.

TACHES DU SOLEIL. — SA ROTATION. — SA CONSTITUTION
PHYSIQUE ET CHIMIQUE.

222. Taches du Soleil. — On peut observer directement le Soleil, à l'aide d'une lunette munie d'un verre coloré, très-foncé, destiné à affaiblir l'éclat de ses rayons.

La surface du Soleil présente dans son ensemble une lumière d'une intensité à peu près uniforme. Cependant, mieux observée, elle semble parsemée de petits points et de rides, les uns brillants, les autres plus sombres, que leur forme a fait comparer à des *grains de riz* et à des *feuilles de saule.*

On remarque sur quelques parties du disque solaire : 1° Des *taches*, c'est-à-dire des espaces de forme irrégulière, dont la partie centrale paraît absolument noire, et s'appelle le *noyau* ou *l'ombre*. — 2° Des *pénombres* grisâtres, moins lumineuses que le reste de la surface, qui entourent les taches comme d'une bordure, à contour très-net. — 3° Des parties appelées *facules*, plus lumineuses que le reste du disque, et qui se rencontrent ordinairement dans le voisinage des taches.

C'est en 1611, immédiatement après l'invention des lunettes astronomiques, que Fabricius vit le premier les taches du Soleil, aperçues presque en même temps par Galilée et le P. Scheiner.

Les taches ne sont pas permanentes. Souvent elles se forment et disparaissent en quelques jours ; rarement elles durent plus de six semaines; on en cite seulement quelques-unes qui sont restées pendant plusieurs mois. Leur *nombre* est variable; il s'est écoulé des mois et même des années sans qu'on pût en observer une seule; dans d'autres années, elles furent si nombreuses que la lumière et la chaleur en diminuèrent d'une manière sensible. Leur *étendue*, réduite quelquefois à un point, atteint parfois quatre et cinq fois la surface de la Terre.

Si on observe les mêmes taches plusieurs jours de suite, on voit qu'*elles changent de forme et de position ;* elles semblent animées, sur le disque du Soleil, d'un mouvement commun et d'une certaine régularité. Supposé qu'on en ait observé une près du bord oriental de cet astre, on la verra avancer vers le bord occidental, qu'elle atteint en 14 jours environ ; elle disparaît alors, et reparaît 13 ou 14 jours plus tard sur le bord oriental. Ce mouvement des taches a pour caractères d'avoir lieu suivant des parallèles de forme légèrement elliptique ; d'avoir une vitesse variable, faible d'abord, mais qui augmente pour chaque tache jusqu'au milieu de sa marche sur le disque solaire, pour diminuer ensuite jusqu'au bord occidental ; enfin d'élargir la tache à mesure qu'elle s'approche du centre et de la rétrécir ensuite, tout en lui conservant sa longueur, à mesure qu'elle se rapproche du bord.

223. Rotation du Soleil sur lui-même. — Pour expliquer les modifications dans la position et la forme des taches du Soleil, Fabricius, et tous les astronomes après lui, ont admis que le Soleil a un mouvement de rotation sur lui-même, d'orient en occident, analogue à celui que nous avons reconnu à la Terre, et appelé mouvement diurne. Le Soleil tourne autour d'un axe un peu incliné sur l'écliptique, et qui fait avec ce plan un angle de $82^o\ 50'$; par conséquent l'*équateur solaire*, ou le grand cercle du Soleil perpendiculaire à son axe, fait avec l'écliptique l'angle complémentaire, de $7^o\ 10'$.

Pendant le mouvement de rotation, les taches sont, jusqu'à un certain point, adhérentes à la surface du Soleil, et tournent avec lui en nous présentant les variations de position, de forme et de vitesse que nous avons exposées. On se rend parfaitement compte de ces phénomènes en collant un carton noir, de peu d'étendue, sur la surface d'une sphère mobile, et en faisant tourner cette sphère autour d'un axe à peu près perpendiculaire au rayon visuel de l'observateur.

Les taches ne se rencontrent pas indifféremment sur tous les points du disque du Soleil. Jamais elles ne se montrent dans le voisinage des pôles, et rarement dans le voisinage immédiat de l'équateur. Elles se trouvent principalement dans deux zones comprises entre le 10ᵉ et le 30ᵉ degré de latitude, de part et d'autre de l'équateur solaire.

224. Durée de la rotation. — On évalue à 27 j $\frac{1}{3}$ la durée de la *révolution synodique*, c'est à-dire de la révolution apparente après laquelle une tache revient au même point du disque du Soleil, par rapport à l'observateur. Mais on admet 25 j $\frac{1}{2}$ pour la durée de la *révolution sidérale*, c'est-à-dire pour le temps employé par un point du Soleil à décrire une circonférence entière autour de l'axe.

Il faut remarquer en effet que, pendant que le Soleil tourne sur lui-même, il a son mouvement apparent de translation autour de la Terre ; ou mieux, en réalité, la Terre se déplace par rapport à lui, ce qui change la position du point de vue. Admettons, pour simplifier l'explication, que l'équateur solaire coïncide avec le plan de l'écliptique. La Terre étant d'abord en T (*fig. 67*), soit une tache vue en a, qui se projette au centre du disque en S. Quand la tache aura fait une révolution complète et sera revenue en a, la Terre, qui du point T se sera transportée en T', ne verra pas encore la tache se projeter au centre du Soleil. Pour que la tache accomplisse sa révolution apparente et se projette de nouveau en S, comme

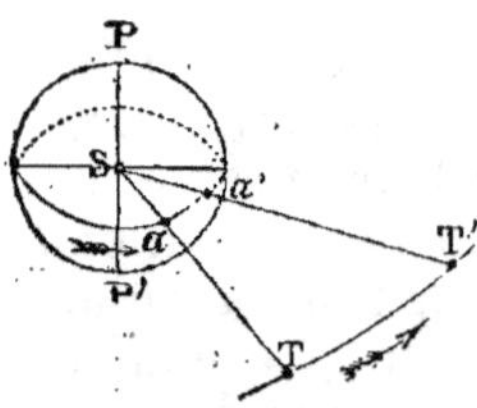
Fig. 67.

cela a lieu au bout de 27 jours $\frac{1}{3}$, il faudra qu'elle aille jusqu'en a'. Après une révolution sidérale complète, la tache a doit donc encore tourner de l'arc aa' ou de l'angle TST', égal à celui dont la Terre s'est déplacée pendant ces 27 j $\frac{1}{3}$ ou 27 j. 33 ;

Or, en 27 j. 33, la Terre tourne de $\frac{27,33 \times 360°}{365,25} = 26°,92.$

Lors donc que la tache reparaît à sa position première en a', le Soleil a tourné de 360+26,92=386°,92, et il a mis pour cela 27 j. 33 ;

Pour tourner de 360°, il a mis $\frac{360 \times 27,33}{386,92} = 25$ j. 43.

225. Constitution physique du Soleil. — L'étude du Soleil a fait de grands progrès depuis quelques années, grâce à l'*analyse spectrale*, et l'on croit avoir quelques notions certaines sur sa constitution.

D'après M. Faye, le P. Secchi, et la plupart des astronomes modernes, le Soleil est une masse sphérique, à une température élevée, et comprenant trois parties distinctes. — 1º Un *noyau central*, formé d'une matière gazeuse ou au moins d'une mobilité extrême. La température y est tellement élevée que toutes les combinaisons chimiques y sont détruites, et que les éléments s'y rencontrent gazeux et dans un état d'universelle dissociation physique et chimique Cette partie est relativement obscure, à cause du faible pouvoir émissif des gaz et de l'absence de parcelles solides appartenant à des corps fixes.

2º Une enveloppe lumineuse appelée *photosphère* ($\varphi\tilde{\omega}\varsigma$, $\varphi\omega\tau\acute{o}\varsigma$, $\varphi\acute{e}\rho\omega$, je produis la lumière). La température y est moins élevée, mais suffisante encore pour que les matières qui la composent, liquides incandescents ou poussières solides en suspension, forment comme un nuage continu, peu épais, doué d'un grand pouvoir émissif, et prodigieusement lumineux. Cette partie, d'où nous viennent la chaleur et la lumière, forme la limite apparente du disque solaire.

La photosphère se déchire parfois par place, sous l'action des courants chauds venant de l'intérieur. Les ouvertures ainsi produites sont remplies de gaz non lumineux et forment les *taches*. Le regard plongeant dans le noyau central n'en reçoit pas de lumière. Les bords de la cavité, mélanges de gaz obscurs et de liquides de la photosphère, produisent la *pénombre*, et la photosphère rejetée ou surchauffée autour de ces ouvertures formerait les *facules*.

Les courants ascendants qui viennent du noyau central, amènent à la surface les vapeurs capables de brûler, c'est-à-dire de se combiner ensemble et de produire ainsi chaleur et lumière. Les composés qui en résultent sont ramenés vers l'intérieur par des courants descendants, et cette circulation incessante entretient la surface dans le même état de chaleur et de clarté.

3º La *chromosphère*, troisième enveloppe, gazeuse, très-peu dense, d'un rose très-vif, plus froide et transparente, d'une hauteur plus grande à l'équateur et dans la région des taches.

Des *protubérances* ou *appendices lumineux* s'élèvent parfois au-dessus de la photosphère. On les a observées avec soin pendant les dernières éclipses totales de Soleil (267) et depuis en dehors des éclipses. Le P. Secchi les croit produites par de tumultueuses éruptions de substances violemment expulsées par les régions profondes de l'astre, mélanges de gaz et de vapeurs qui se condensent par le refroidissement. Pour M. Faye, ce sont des tourbillons qui se produisent dans la chromosphère et exercent un appel énergique sur les matières refroidies de la photosphère, comme les cyclones et les trombes dans notre atmosphère.

226. — Wilson et W. Herschell avaient imaginé, sur la constitution du Soleil, le système suivant, adopté et confirmé par Arago, mais aujourd'hui généralement abandonné.

Le Soleil se composerait d'un noyau central obcur, solide et à une température peu élevée ; d'une atmosphère comparable à la nôtre ; d'une immense couche de nuages, qui, suspendue à une certaine distance du globe, l'enveloppe de toutes parts, et supporte la photosphère lumineuse. Cette dernière enveloppe nous enverrait la chaleur et la lumière.

Une *tache* résulterait d'une cavité pratiquée au travers des deux atmosphères gazeuses jusqu'au globe opaque. La partie de celui-ci que cette cavité laisserait apercevoir, formerait le noyau de la tache ; le talus de la cavité donnerait la pénombre ; et la photosphère accumulée autour, les facules.

227. Constitution chimique du Soleil. — L'analyse spectrale a aidé puissamment à faire connaître la constitution physique du Soleil ; c'est à elle uniquement que l'on doit la connaissance de la constitution chimique elle-même de cet astre. M. Kirchoff et le P. Secchi se sont spécialement distingués dans ces découvertes.

Dans la partie supérieure de la *photosphère*, on a vérifié la présence de vapeurs de 16 des corps simples connus sur la Terre, presque tous de nature métallique : aluminium, barium, cadmium, calcium, cérium, chrôme, cobalt, cuivre, fer, magnésium, manganèse, nickel, plomb, potassium, sodium, strontium, titane, zinc ; de l'hydrogène en abondance et du silicium. On n'a pas pu y voir les métaux nobles, comme l'or, l'argent, non plus que l'oxygène, l'azote ; mais on y a trouvé un corps qui ne ressemble à aucun de ceux que nous connaissons sur la Terre, et auquel on a donné le nom d'*hélium* (ἥλιος, Soleil).

La *chromosphère* est formée d'hydrogène presque pur, sillonné par des jets de vapeurs incandescentes où l'analyse spectrale signale du sodium, du magnésium et même de l'eau.

228. Lumière zodiacale. — On donne ce nom à une lueur blanchâtre que l'on aperçoit quelquefois dans le ciel, principalement le soir, vers l'équinoxe de printemps, et le matin, vers l'équinoxe d'automne. Sa forme est celle d'une ellipse ou d'un fuseau très-allongé, placé tout entier dans le zodiaque, et qui paraît accompagner le Soleil comme une sorte d'auréole lumineuse.

On n'a pas d'explication satisfaisante de ce phénomène.

LIVRE IV

DE LA LUNE

CHAPITRE Ier.

NOTIONS DIVERSES. — PHASES.

229. — La Lune est, après le Soleil, l'astre qu'il nous importe le plus de connaître et qui nous intéresse le plus. Elle nous éclaire fréquemment pendant la nuit ; elle se montre à nos yeux aussi grosse que le Soleil, et se présente sous des aspects très-variés, appelés phases (233) ; elle est la cause des éclipses (257), des marées (272), et peut-être de quelques autres phénomènes que le vulgaire attribue à son influence (282). Nous avons vu comment on tient compte de la Lune dans le calendrier (204-212).

230. — La *forme* de la Lune est celle d'une sphère ; car la face qu'elle nous présente a toujours sensiblement la même étendue et la même forme circulaire. Nous le voyons d'une manière évidente quand elle est pleine ; avant et après la nouvelle lune, à côté du croissant lumineux, nous apercevons le reste de son disque éclairé d'une lumière plus faible, appelée *lumière cendrée* (236) ; et quand, le croissant étant élargi, la lumière cendrée cesse de nous montrer la seconde partie du disque, son existence nous est encore prouvée par ce fait, que les étoiles qui passent derrière cette partie invisible disparaissent à nos yeux.

La théorie démontre cependant que la sphéricité de la Lune est imparfaite, et qu'elle doit être un peu allongée dans le sens de la Terre ; c'est même par l'effet de cet allongement que sa rotation sur son axe s'exécute précisément dans le même temps que sa révolution autour de la Terre (245), et qu'elle nous présente constamment la même face.

231. Diamètre apparent de la Lune ; elle semble plus grosse à l'horizon. — Le diamètre apparent de la Lune, c'est-à-dire l'angle sous lequel nous voyons le diamètre de son arc extérieur, est peu différent de celui du Soleil (138), en moyenne de 31' 25''. Il est toujours à peu près de la même grandeur ; la distance de la Lune à la Terre reste donc à peu près constante.

D'ailleurs cette distance est plus petite que celle de tous les autres astres. La Lune accompagne donc la Terre, en tournant autour d'elle, dans son mouvement annuel autour du Soleil. C'est pour cela qu'on lui donne le nom de *satellite* de la Terre.

Quand nous observons la *Lune près de l'horizon*, elle *nous paraît plus grosse* que lorsqu'elle est à une hauteur plus grande dans le ciel. Or, c'est là une pure illusion. La Lune a toujours le même diamètre réel ; le diamètre apparent varie avec la distance, et comme, à l'horizon, la Lune est un peu plus éloignée de nous que quand elle est au méridien, son *diamètre apparent doit être un peu plus petit près de l'horizon ;* c'est ce que les mesures directes confirment pleinement. Il faut donc expliquer pourquoi la Lune nous semb e notablement plus grosse près de l'horizon, bien que son diamètre apparent soit alors un peu plus petit.

Pour apprécier la grosseur d'un objet éloigné, il nous faut tenir compte et du diamètre apparent, c'est-à-dire de l'angle sous lequel nous voyons cet objet, et aussi de la distance à laquelle nous le supposons. C'est ainsi qu'à la brune un petit oiseau qui vole devant nous, nous paraît un moucheron si nous le jugeons très-près, ou un gros oiseau si nous le croyons très-loin.

Si nous sommes malgré nous portés à croire la Lune plus grosse à l'horizon que dans le ciel, c'est que nous avons lieu de la supposer plus éloignée que dans toute autre position, et cela pour deux raisons. D'abord les rayons lumineux qui nous viennent de la Lune près de l'horizon sont bien plus affaiblis, parce qu'ils ont traversé une couche d'air plus épaisse et généralement plus dense que quand ils viennent du haut du ciel. Cette lumière venant frapper moins vivement nos yeux, nous attribuons son affaiblissement à ce qu'elle aurait parcouru une plus grande distance, et pour que la Lune conserve le même diamètre apparent quand nous lui attribuons une plus grande distance, il faut que nous la supposions plus grosse.

La seconde cause qui nous fait juger la Lune plus éloignée à l'horizon, c'est la succession d'objets qui frappent alors notre vue, dans la direction de l'astre. Lorsqu'entre notre œil et l'objet que nous regardons, nous voyons plusieurs objets, cet objet nous paraît plus éloigné. Ainsi, une plaine couverte d'arbres et de maisons nous semble plus étendue que si elle en est complétement dépourvue ; un vaisseau qui se trouve à quelques lieues sur la mer, nous paraît moins éloigné qu'un objet qui est à la même distance dans une plaine. — De même, quand nous voyons la Lune au-delà des objets qui se trouvent interposés sur le plan de notre horizon, nous la croyons beaucoup plus éloignée que quand elle paraît plus élevée ; et comme cependant nous la voyons sous le même diamètre apparent, nous jugeons qu'elle doit être plus grosse.

Cette illusion de la Lune plus grosse à son lever et à son coucher qu'au milieu de sa course, a lieu aussi pour le *Soleil* et pour les *constellations*, et s'explique de même. C'est ainsi que les constellations semblent s'élargir à l'horizon , au lieu qu'en montant vers le zénith, les étoiles paraissent se rapprocher les unes des autres. Il en résulte même que la sphère céleste nous offre l'apparence *d'une voûte très-surbaissée*, et que l'étoile polaire, qui est presque à la même distance de l'horizon et du zénith, nous semble bien plus près de ce dernier point.

232. Phases; notions préliminaires. — La Lune participe au *mouvement diurne apparent*, comme tous les astres. En outre, elle a *un mouvement propre sur la sphère céleste*, d'occident en orient, semblable au mouvement annuel du Soleil. mais plus rapide, car il s'exécute à peu près dans un *mois*. On le constate aisément par les observations suivantes. Que l'on note, un soir, les étoiles au milieu desquelles se trouve la Lune, on reconnaîtra que, le lendemain, elle est à l'est des mêmes étoiles, à une distance de 13°, et si, le premier jour, elle paraît au méridien avec ces étoiles. le lendemain elle y arrivera 50m plus tard ; et ce n'est qu'au bout de presque un mois qu'elle se retrouvera au milieu d'elles, après avoir fait tout le tour de la sphère céleste. La Lune s'écarte du Soleil comme des étoiles, mais moins vite à cause du mouvement propre apparent de cet astre sur la sphère (239).

Le mouvement propre de la Lune sur la sphère résulte de son mouvement réel qui s'effectue autour de la Terre. On le reconnaît principalement au phénomène des *phases* (233).

La Lune n'est pas lumineuse par elle-même ; elle est opaque, éclairée par le Soleil, comme la Terre. En effet, si le globe lunaire avait une lumière qui lui fut propre, comme le Soleil, on le verrait toujours sous la même forme, celle d'un disque circulaire ; au lieu que si elle est éclairée par le Soleil, la moitié de sa surface éclairée par cet astre peut seule être vue de la Terre, et l'autre moitié reste obscure et invisible. C'est ce qui explique les phases de la Lune.

Avant de décrire et expliquer ces phases, on peut très-utilement observer sur une *boule éclairée* des phénomènes analogues, de la manière suivante. On prend un globe de bois ou de carton, peint en blanc, qui représente la Lune. On l'expose à une lampe, placée à une distance convenable pour figurer le Soleil. On remarque d'abord que toujours une moitié de la boule est lumineuse, tandis que l'autre moitié reste dans l'ombre. Si l'observateur fait prendre à cette boule, par rapport à la lampe et par rapport à lui-même, des positions analogues à celles que la Lune prend successivement par rapport au Soleil et à la Terre, il constate facilement que la partie éclairée et visible pour lui passe successivement par une série de phases pareilles à celles que nous offre la Lune.

S'il place d'abord la boule entre la lampe et lui, il ne voit que la demi-sphère obscure ; s'il la fait tourner d'un quart de circonférence autour de lui, il voit la moitié de la partie éclairée qui paraît comme un demi-cercle ; portant la boule à l'opposé du flambeau, il voit en plein toute la partie éclairée, sous la forme d'un cercle entier ; un autre quart de révolution montre un autre demi-cercle tourné en sens inverse du premier ; et si la boule est ramenée à sa première position, elle ne présente plus que la partie obscure —L'observateur aura vu les quatre phases principales de la Lune, et il aura pu examiner toute la série variée et continue des phases intermédiaires. Il aura pu constater aussi que la convexité du demi-cercle et du croissant est constamment tournée vers la lampe, et les cornes à l'opposé.

On peut faire la même expérience pendant le jour, en exposant au Soleil la boule qui représente la Lune ; ou avec un globe dont l'une des moitiés, représentant la partie éclairée, serait peinte en blanc, et l'autre en noir.

233. Description des phases de la Lune. Son lever et son coucher à des heures variables. — On désigne par le nom de *phases* (φάσις, φἀινω, paraître) les formes ou aspects divers sous lesquels la Lune apparaît successivement. En même temps que ses phases se reproduisent périodiquement dans l'intervalle d'un mois environ, l'heure de son lever et de son coucher éprouve aussi des changements notables ; elle retarde sur le Soleil de 50^m environ par jour.

A une époque qui se renouvelle au moins 12 fois par an, il y a *nouvelle lune* ou *néoménie* (νέος, μήν ou μήνη, nouveau, mois ou lune). La Lune est invisible, quand même elle est sur l'horizon. — Elle se couche alors et se lève en même temps que le Soleil.

Le lendemain ou le surlendemain, *le soir*, un peu après le coucher du Soleil, on aperçoit la Lune à l'occident, sous la forme d'un croissant plus ou moins délié L_4 (*fig. 68*), dont les pointes ou les *cornes* sont en haut, tournées du côté de l'orient. — Ce croissant, emporté par le mouvement diurne, disparaît bientôt sous l'horizon. — Les jours suivants, le croissant augmente d'épaisseur L_2, et il est de plus en plus éloigné de l'horizon quand le Soleil se couche.

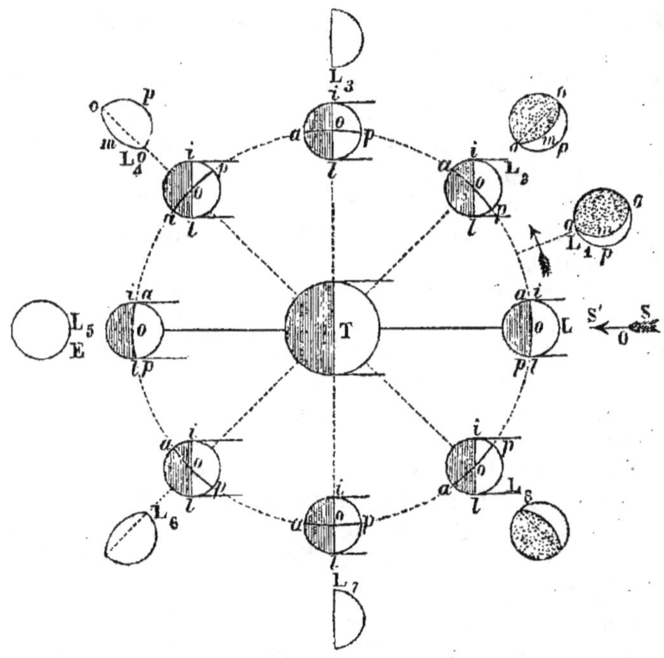

Fig. 68.

Sept ou huit jours après la nouvelle lune, c'est le *premier quartier*. La Lune apparaît sous la forme d'un demi-cercle L_3, dont la convexité regarde le Soleil. Elle passe au méridien 6ᵘ après le Soleil, vers le temps où il se couche, et se couche elle-même à minuit.

Les jours suivants, le bord oriental de la Lune, que nous avons vu d'abord concave, puis droit, devient convexe, et la partie visible de la Lune est formée d'un demi-cercle et d'une demi-ellipse qui se raccordent L_4. — Elle est de plus en plus éloignée du Soleil et se couche après minuit.

Le quatorzième jour, arrive la *pleine lune*. Elle a la

8.

forme exacte d'un cercle L_5. — Elle se lève à l'orient au moment où le Soleil se couche à l'occident; elle passe au méridien à minuit, et se couche au moment où le Soleil se lève à l'orient, nous éclairant ainsi pendant toute la nuit.

Dans la *seconde partie de sa révolution* autour de la Terre, la Lune repasse par les mêmes phases que précédemment, mais dans un ordre inverse. Elle n'est plus visible le soir après le coucher du Soleil ; mais le matin, avant que le Soleil se lève à l'orient, on la voit à l'occident, et on remarque qu'à partir de la pleine lune, la portion du disque, tournée vers l'occident, diminue d'épaisseur et prend une forme elliptique de plus en plus aplatie L_6.

Sept jours après avoir été pleine, la Lune est à son *dernier quartier*. Son disque L_7 a repris la forme d'un demi-cercle, dont la convexité est tournée cette fois vers l'orient. — Elle se lève à minuit, passe au méridien 18 heures après le Soleil ou à 6^h du matin, et se couche vers midi.

Enfin, le contour droit de la Lune se creuse et prend une forme elliptique ; l'astre reparaît encore comme un *croissant* L_8, qui devient de plus en plus délié, et dont les cornes sont tournées vers l'occident, toujours à l'opposé du Soleil.

Le sixième jour après le dernier quartier, le vingt-neuvième jour environ après celui que nous avions pris pour point de départ, la Lune disparaît ; c'est la néoménie ou *nouvelle lune*. Elle reste invisible deux ou trois jours, puis elle reparaît, se couchant après le Soleil ; et les mêmes phénomènes se reproduisent indéfiniment, dans le même ordre.

Ce n'est pas seulement la nuit que l'on peut observer la Lune à l'œil nu ; toutes les fois qu'elle n'est pas trop rapprochée du Soleil, on la voit sans peine en plein jour.

234. Explication des phases. — Les phases que nous venons de décrire s'expliquent facilement si on admet que la Lune est, comme la Terre, un corps sphérique, opaque et non lumineux, dont une moitié seulement, celle qui fait face au Soleil, est éclairée par cet astre,

Comme elle change continuellement de position relativement au Soleil et à nous, nous apercevons une partie plus ou moins grande de sa moitié éclairée. De là les diverses phases ou aspects qu'elle nous présente.

Pour simplifier les explications, nous supposerons la Terre immobile en T (*fig. 68*), et notre horizon s'étendant de l'est E à l'ouest O ; le Soleil dans la direction S'S, assez éloigné pour que ceux de ses rayons qui atteignent les différents points de l'orbite lunaire, soient regardés comme parallèles entre eux ; et la Lune se mouvant autour de la Terre dans une orbite circulaire, qui se confond avec le plan de l'écliptique. Ces suppositions sont un peu différentes de la réalité, mais elles ne modifient pas sensiblement les apparences, et facilitent beaucoup l'explication.

Dans chaque position de la Lune, la partie éclairée de sa surface est limitée par un *cercle d'illumination il*, perpendiculaire à la direction SS', dans laquelle viennent les rayons solaires. D'autre part, placés sur la Terre T, quand même la surface entière de la Lune serait éclairée, nous ne pouvons voir que la moitié de l'astre qui nous fait face, et cette portion de surface est limitée par le *cercle de contour apparent ap*, perpendiculaire à la ligne qui joint le centre de la Terre à celui de la Lune. Nous ne pouvons donc voir, à chaque instant, que la partie commune à l'hémisphère éclairé et à l'hémisphère apparent, cette partie étant comprise entre le cercle d'illumination et le cercle de contour apparent.

Soit d'abord la Lune en L, entre le Soleil et la Terre ; les deux cercles *il* et *ap* se confondent, et la face obscure est toute entière tournée vers la Terre. La Lune est alors invisible ; c'est la nouvelle lune ou néoménie. Etant du même côté que le Soleil, par rapport à la Terre, elle se lève et se couche en même temps que lui.

Quelques jours après, la Lune occupe des positions comme L_2, et le cercle apparent *ap* fait un angle aigu avec le cercle d'illumination *il*. Elle ne laisse donc voir de sa surface que le fuseau *lop*, compris entre deux demi-circonférences. La demi-circonférence *op* du cercle apparent est vue de face et se projette sur la voûte céleste suivant une demi-circonférence *opo*, tandis que la demi-circonférence *ol* du cercle d'illumination se projette obliquement, suivant une demi-ellipse *omo*. La Lune apparaît donc sous la forme d'un croissant limité par une demi-circonférence et une demi-ellipse, qui ont le même grand axe *oo*, et dont le milieu *mp*, d'abord très-mince, s'élargit de plus en plus.

Lorsque la Lune est en L_3, le cercle d'illumination *il* est à angle droit avec le cercle apparent *ap*; nous voyons la moitié de la partie éclairée, le quart de la surface totale; c'est le *premier quartier*. La demi-circonférence *op*, vue de face, se projette suivant une demi-circonférence; et la demi-circonférence *ol*, dont le plan est perpendiculaire au plan de projection, se projette suivant son diamètre. La Lune paraît donc suivant un demi-cercle. — Elle est alors à 90° du Soleil, en *quadrature*; elle se lève et se couche 6 heures après lui.

En L_4, les deux cercles font un angle obtus *lop*. La Lune apparaît sous la forme *opom*, la demi-circonférence et la demi-ellipse étant de part et d'autre de l'axe commun.

Quand la Lune est en L_5, les deux cercles se confondent, et sont vus de face; elle apparaît sous la forme d'un cercle complet : c'est la *pleine lune*. Etant, par rapport à la Terre, dans une direction *opposée* à celle du Soleil, elle paraît à l'orient au moment où le Soleil se couche à l'occident; puis, le lendemain matin, elle se couche à l'occident au moment où le Soleil se lève à l'orient.

Quand la Lune est en L_6, elle reprend la forme qu'elle avait en L_4. En L_7, elle montre encore le quart de sa surface, *dernier quartier*. Comme elle est à 270 ou 90° du Soleil, elle se lève 18 heures après lui, ou 6 heures après son coucher, c'est-à-dire à minuit; et à 6 heures du matin, elle sera à son coucher, ayant toujours sa convexité du côté du Soleil, par conséquent à l'orient.

En L_8 reparaîtra la forme du croissant; mais quand il sera levé à l'orient, ses cornes seront dirigées du côté de l'occident.

235. Syzygies et quadratures. — On appelle *syzygies* (σύν, ζεύγνυμι, joindre ensemble) les positions de la

Terre, de la Lune et du Soleil sur la même ligne. L'une des syzygies s'appelle *conjonction* et l'autre *opposition*.

Il y a *conjonction* quand la Lune en L et le Soleil sont dans la même direction et du même côté de la Terre. La Lune et le Soleil ont alors la même longitude, c'est-à-dire se trouvent sur le même cercle de latitude céleste (135). C'est le moment de la nouvelle lune; la Lune est alors invisible. — Il y a *opposition* en L_5 quand la Lune est à l'opposé du Soleil, la Terre étant entre ces deux astres; leurs longitudes diffèrent de 180°. C'est le moment de la pleine lune, qui est toute la nuit sur l'horizon.

Il y a *quadrature* (quadratus, à angle droit) en L_3 et L_7, quand les deux lignes menées de la Terre à la Lune et au Soleil font un angle droit ou un quadrant. Les longitudes diffèrent alors de 90° et de 270°, de 1 ou 3 quadrants. Dans le premier cas, en L_3, la Lune est à son premier quartier; elle brille de 6 heures du soir à minuit; dans le second cas, en L_7, c'est le dernier quartier, qui nous éclaire de minuit à 6 heures du matin.

On donne le nom d'*octants* (octans, huitième partie) aux quatre positions qui tiennent chacune le milieu entre deux des précédentes.

Quelquefois les expressions *nouvelle lune*, *premier quartier*, *pleine lune*, *dernier quartier*, ne désignent pas des phases, mais quatre périodes de la révolution lunaire. On dit que la Lune est nouvelle pendant tout le temps qu'elle met à aller de la conjonction à la quadrature, de L en L_3; qu'elle est dans son premier quartier, quand elle va de L_3 à L_5, etc. — Les deux premières périodes forment le *cours* ou le *croissant*; les deux autres le *décours* ou le *déclin*. — Pour reconnaître, au simple aspect de la Lune, si elle *Croît* ou si elle *Décroît*, remarquons que, vue dans l'espace, elle paraît former, quand elle *Croît*, un *D*, et quand elle *Décroît* un *C*; ce qui a fait dire que la Lune est une menteuse.

On a parlé ailleurs de *l'âge de la Lune*, et de la manière de le trouver au moyen de l'épacte (213).

236. Lumière cendrée. — On nomme ainsi cette lumière pâle et très-faible que nous présente quelquefois l'hémisphère sombré de la Lune opposé au Soleil. Cette lumière paraît peu après la nouvelle lune, c'est-à-dire lorsque le croissant est encore très-délié ; elle diminue, pour disparaître avant le premier quartier. Elle reparaît ensuite après le dernier quartier.

Pour expliquer la lumière cendrée, il faut remarquer que la Terre, éclairée par le Soleil, renvoie une partie de la lumière solaire, qui, à son tour, illumine la Lune. Cette lumière, nous revenant de la Lune, est affaiblie par une double réflexion ; elle peut cependant éclairer assez la partie de son hémisphère obscur tournée vers la Terre pour nous la rendre visible.

Lorsque la Lune est nouvelle en L, la quantité de lumière que la Terre renvoie à son hémisphère non éclairé par le Soleil est la plus grande possible ; mais ce reflet ne peut être sensible pour nous, à cause de la clarté du Soleil. Lorsqu'elle se montre sous la forme de croissant délié, quelques jours après ou avant la nouvelle Lune, en L_1 et même en L_2 et L_8, le reflet devient visible le soir ou le matin. Peu à peu la quantité de lumière reçue de la Terre diminue, en même temps que l'épaisseur du croissant augmente.

D'après ces explications, on comprend qu'un observateur placé sur notre satellite verrait la Terre sous différents aspects semblables aux phases lunaires. Dans la position L, quand il y a pour nous nouvelle lune, il y aurait, pour l'observateur lunaire, *pleine terre*. Quand, en L_5, la Lune est à son premier quartier, la Terre lui semblerait à son dernier quartier. Au moment de la pleine lune, en L_5, il y aurait *nouvelle terre*. Toujours les deux phases de la Lune et de la Terre seraient complémentaires.

CHAPITRE II.

MOUVEMENTS DE LA LUNE.

237. — La Lune possède plusieurs mouvements qu'il faut savoir distinguer :

1° Le *mouvement diurne* apparent (6) ou déplacement par rapport à l'horizon ;

2° Le *mouvement propre mensuel de translation autour de la Terre ;* d'où résultent les phases de la Lune (234), et que l'on peut confondre avec sa *révolution synodique* ou son mouvement apparent par rapport au Soleil (238), ou avec sa *révolution sidérale* ou son déplacement par rapport aux étoiles (238-239) ;

3° Le mouvement de *rétrogradation des nœuds* (242) ;

4° Le mouvement annuel de *translation autour du Soleil,* que la Lune emprunte au mouvement de la Terre (144).

5° Un mouvement de *rotation* sur elle-même (245).

238. Révolutions synodique et sidérale. — Il y a *deux manières de compter les révolutions mensuelles de la Lune autour de la Terre,* suivant qu'on rapporte son déplacement au Soleil ou à une étoile.

La *révolution synodique de la Lune* (σὺν ὁδός, rencontre), appelée aussi *lunaison* ou *mois lunaire synodique,* est l'intervalle de temps qui s'écoule entre deux retours consécutifs de la Lune à une même syzygie, spécialement à une conjonction ; ou, ce qui revient au même, l'intervalle de temps qui sépare deux nouvelles lunes ou deux pleines lunes successives. Sa valeur est, en jours solaires moyens, de $29^j \frac{1}{2}$, ou plus exactement $29^j,5306$.

Pour déterminer exactement cette durée, on attend le moment d'une éclipse de Lune (258) ; on fixe l'instant précis du milieu du phénomène, lequel coïncide avec celui de l'opposition. On fait la même chose quelques années plus tard ; puis on divise par le nombre des lunaisons qui ont eu lieu, le temps compris entre les deux éclipses. Plus il y a d'années écoulées entre les deux observations, plus le résultat est exact.

La *révolution sidérale* de la Lune ou *mois lunaire sidéral* est le temps que la Lune, dans son mouvement réel de translation autour de la Terre, met à revenir à une même étoile ou à un même point fixe de la sphère céleste, c'est-à-dire à parcourir exactement les 360° de son orbite. Elle est d'environ 27$^j\frac{1}{3}$, plus exactement 27^j,3216.

D'après cela, la Lune décrit chaque jour dans le ciel un arc de 13° environ, pendant que le Soleil ne décrit qu'un arc d'un peu moins de 1°.

239. — La *durée de la révolution* sidérale de la Lune est, comme on le voit, plus courte que celle de la révolution synodique. La *différence entre ces deux durées* provient de ce que, le Soleil se déplaçant chaque jour parmi les étoiles dans le même sens que la Lune, il faut moins de temps à celle-ci pour revenir à l'étoile qu'elle a quittée un mois auparavant, que pour revenir au Soleil qui, depuis un mois, s'est avancé de près de 30° au-delà de la même étoile, sur son orbite annuelle. Il en est de cela comme de l'aiguille à minute d'une montre. Lorsqu'elle se trouve sur l'aiguille des heures et en même temps sur le chiffre de I heure, elle ne fera qu'un tour pour revenir au chiffre I ; mais elle doit faire un peu plus d'un tour pour arriver de nouveau à l'aiguille des heures; car celle-ci a elle-même avancé un peu dans la même direction.

Connaissant la durée d'une révolution synodique, qui est de 29^j,53 , on en déduit facilement la durée de la révolution sidérale. La vitesse angulaire du Soleil (137) étant en moyenne de 59′ 8″,3 par jour, pendant une lunaison de 29^j,53, il parcourt 29,53×59,14=1746′,40=29°,10.

D'après cela la Lune, pour parcourir un arc de 360+29,10 = 389°,10, met 29^j,53 ;

pour parcourir 1°, elle mettra $\dfrac{29,53}{389,10}$;

et pour parcourir 360°, elle mettra $\dfrac{360\times29,53}{389,10}=27^j,32$.

La Lune accomplit donc sa révolution sidérale en 27^j 7^h 40^m,

240. Mouvement circulaire de la Lune sur la sphère céleste. Variation du diamètre apparent. — La *Lune décrit ou paraît décrire, d'occident en orient, dans le cours d'un mois lunaire sidéral, la circonférence d'un grand cercle de la sphère céleste.*

Pour connaître ce mouvement de la Lune, on opère

comme on l'a fait pour le Soleil (127). On détermine, jour par jour, l'ascension droite et la déclinaison de cet astre ; on marque ensuite sur un globe céleste les positions déterminées par ces mesures, et on joint ces points par une ligne continue ; on reconnaît que cette ligne est une circonférence de grand cercle. L'orbite de la Lune est donc plane.

Il est à remarquer que l'on ne voit pas toujours le disque entier de la Lune ; cela rend moins facile que pour le Soleil, la détermination des coordonnées de son centre. Il faut commencer par mesurer son diamètre apparent. Pour cela, on mesure, avec le micromètre ou l'héliomètre (138), la distance de ses cornes si elle se présente sous la forme de croissant, son plus grand diamètre si elle a la forme d'une ovale.

On mesure ensuite, avec le mural (20), la *déclinaison* du bord supérieur ou bien du bord inférieur de cet astre, suivant que l'un ou l'autre est visible.

La déclinaison du centre égale la déclinaison de ce bord plus ou moins la moitié du diamètre apparent.

Pour les ascensions droites, on agit d'une manière analogue. Avec la lunette méridienne, on observe l'heure du passage du bord occidental ou du bord oriental. On ajoute ensuite ou on retranche la moitié du temps que le disque tout entier met à traverser le méridien. Le résultat est l'heure du passage du centre.

Le *diamètre apparent* de la Lune a une valeur moyenne de 31' 25", presque aussi grande que celle du Soleil qui est de 32'. Il varie, dans l'intervalle d'une lunaison, entre 29' 22" et 33' 30". Il faut en conclure que la Lune n'est pas toujours à la même distance, et que, par conséquent, *elle ne décrit pas une circonférence dont la Terre occuperait le centre.*

241. Orbite elliptique de la Lune. — Dans son mouvement réel autour de la Terre, *la Lune décrit dans l'espace une ellipse dont la Terre occupe un des foyers.* Cette ellipse est ce qu'on nomme l'orbite de la Lune. — De plus, *le rayon vecteur de la Lune décrit, dans le plan de son orbite, des aires égal s en des temps égaux.* — La Lune suit donc les deux premières lois de Képler (296).

On vérifie la forme elliptique de l'orbite lunaire comme on l'a fait pour le Soleil (141 à 143). On note, de jour en jour, la *vitesse angulaire* (137) de la Lune, ainsi

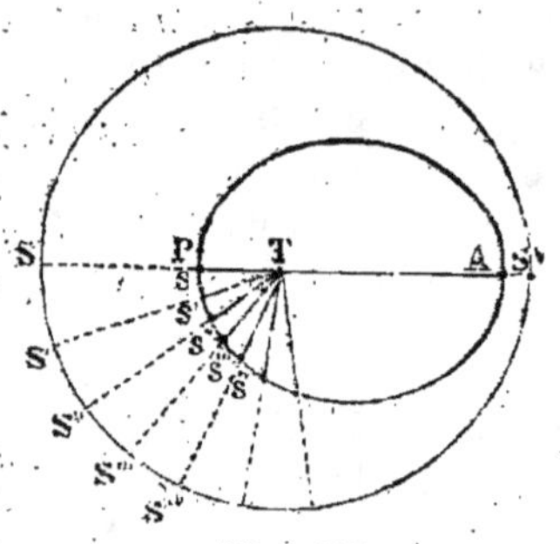

Fig. 69.

que son *diamètre apparent*. On trace sur le papier (*fig. 69*), autour d'un point T pris comme centre, des angles égaux aux vitesses angulaires; sur les côtés de ces angles, on prend des longueurs inversement proportionnelles aux diamètres observés, et, en réunissant les extrémités de ces rayons, on obtient une ellipse dont la Terre T occupe un des foyers.

On nomme *périgée* l'extrémité P du grand axe qui est le point de l'orbite le plus rapproché de la Terre; il répond au maximum de vitesse de la Lune. L'*apogée* est le point A, le plus éloigné de la Terre; c'est là que la Lune va le moins vite. — Les deux positions P et A sont aussi nommées *apsides*, et le grand axe PA de l'orbite lunaire prend le nom de ligne des apsides.

L'aplatissement d'une ellipse s'apprécie par son *excentricité*, c'est-à-dire le rapport entre la distance des foyers et le grand axe. Pour l'orbite lunaire, elle est égale à 0,055, trois fois plus grande que celle de l'orbite solaire, qui est 0,017 (141).

242. Obliquité de l'orbite lunaire; nœuds, leur rétrogradation. — Le plan de l'orbite de la Lune coupe le plan de l'écliptique sous un angle constant de 5° 9' environ ; cet angle est *l'obliquité de l'orbite lunaire sur l'écliptique*. — On donne le nom de *ligne des nœuds* à la ligne suivant laquelle ces deux plans se coupent. Les *nœuds* eux-mêmes sont les points de rencontre de l'orbite de la Lune et du plan de l'écliptique. Ce sont les deux points par lesquels la Lune traverse l'écliptique; l'un s'appelle *nœud ascendant*, par lequel elle passe de l'hémisphère austral dans l'hémisphère boréal; l'autre est le *nœud descendant*.

Les nœuds se déplacent sur l'écliptique, et leur ligne tourne autour du centre de cette courbe d'un mouvement *rétrograde*, de 3' 10" par jour; elle fait un tour entier en 19 ans environ ou 18 ⅗. *La rétrogradation des nœuds* de l'orbite lunaire sur l'écliptique est de même genre, quoique bien plus rapide, que le double mouvement de la ligne des équinoxes sur l'équateur terrestre, étudiés sous les noms de précession (150) et de nutation (154).

Le plan de l'orbite de la Lune coupe aussi le plan de *l'équateur terrestre ;* son *obliquité sur l'équateur* varie, dans une période de 18 ans, entre les deux limites 18°, 5 et 28°, 5, c'est-à-dire 23° 27'-+ 5° 9'. Il suit de là que la *hauteur de la Lune,* au moment de son passage au méridien, varie elle-même entre des limites étendues. A Paris, elle n'est quelquefois que de 13°, et d'autres fois elle atteint jusqu'à 69°.

243. Irrégularités du mouvement de la Lune. Tables. — La Lune, dans son mouvement elliptique, présente un grand nombre d'irrégularités, appelées *inégalités*. Elles sont dues à ce que les attractions du Soleil et de la Terre sur cet astre, tantôt s'ajoutent, tantôt se combattent ; ou encore à ce que la Lune n'est pas toujours à la même distance de ces deux astres ; ou enfin à ce que, à cause de l'obliquité de son orbite, elle n'est pas toujours à la même distance du plan de l'écliptique.

Les plus importantes de ces inégalités s'appellent : 1° *Rétrogradation des nœuds* (242). — 2° *Équation de l'orbite* ou variation de son obliquité sur l'écliptique, dans le cours de chaque révolution, autour de sa valeur moyenne de 5° 9'. — 3° *Évection,* découverte par Ptolémée, faisant varier l'excentricité de l'orbite, et par suite la vitesse de la Lune. — 4° *Variation,* qui atteint sa plus grande valeur aux octants, reconnue par Tycho-Brahé. — 5° *Équation annuelle,* reconnue également par Tycho, qui dépend de la position de la Terre sur l'écliptique.

Non-seulement la théorie de la *gravitation* a rendu compte de ces inégalités, découvertes depuis longtemps par l'observation ; mais elle en a indiqué d'autres que l'observation seule n'aurait pu faire prévoir.

Malgré toutes ces irrégularités, le mouvement de notre satellite est parfaitement connu dans toutes ses particularités, et l'on a pu construire des *tables de la Lune,* qui donnent ou permettent de déterminer sa vraie position dans le ciel, à un moment quelconque, avec une précision presque absolue. Ces tables, à l'aide desquelles on prédit les éclipses et on détermine les longitudes (269), sont d'une grande utilité pratique. Aussi plusieurs astronomes ont-ils entrepris d'immenses travaux pour en assurer l'exactitude.

244. Révolution annuelle de la Lune. — *La Lune décrit chaque mois une courbe à peu près circulaire autour du centre de la Terre, qui lui-même décrit une autre courbe pareille, en douze mois, autour du Soleil.* Ce double mouvement peut se composer en un mouvement résultant, qui fait suivre au centre de la Lune, dans le cours d'une année, une courbe d'une forme singulière, appelée *épicycloïde*.

Elle est composée d'un peu plus de douze arcs qui viennent s'appuyer par leurs extrémités communes sur une courbe concentrique à l'orbite annuelle de la Terre, et qui en est séparée par la longueur du rayon de l'orbite mensuelle de la Lune.

On compare la marche de la Lune à celle d'un point de la circonférence d'une roue de voiture. Ce point décrit, autour du moyeu, une série d'arcs concaves vers le sol, qui forment une cycloïde. Il en est de même du centre de la Lune, avec cette différence que la Terre, représentée par le moyeu, parcourt une orbite elliptique, au lieu que le moyeu se meut dans un plan parallèle à la route.

245. Rotation de la Lune. — En même temps que la Lune a un mouvement de translation autour de la Terre, dans le sens direct, d'occident en orient, *elle est animée dans le même sens d'un mouvement de rotation autour d'un axe à peu près perpendiculaire au plan de son orbite.* Ce mouvement est uniforme et sa durée est égale à celle de sa révolution sidérale autour de la Terre, c'est-à-dire de $27^{j}\frac{1}{3}$ (238).

Ce qui le prouve, c'est que la Lune, depuis les temps les plus reculés, montre toujours à la Terre la même face, le même hémisphère, l'autre moitié nous étant constamment cachée; en sorte que nous voyons toujours, sur son disque, les mêmes taches et à la même place.

Soient en effet T la Terre (*fig. 70*), L la Lune, a une tache qui se projette sur le centre de son disque. Si la Lune ne tourne pas sur elle-même, lorsqu'elle arrivera en L′, la ligne La s'étant transportée parallèlement à elle-même, sera en L′a′, et la tache sera vue en a′, près de la circonférence du disque. Mais en réalité, on voit encore cette tache au centre du disque, sur la ligne TL′. Il faut donc qu'en allant de L en L′, la Lune ait tourné sur elle-même, dans le sens de la flèche. de l'angle a′L′a″ = L′TL, comme alternes-internes. Si donc la Lune tourne sur elle-même d'un angle égal à celui dont elle tourne autour de la Terre, lorsqu'elle aura achevé une révolution

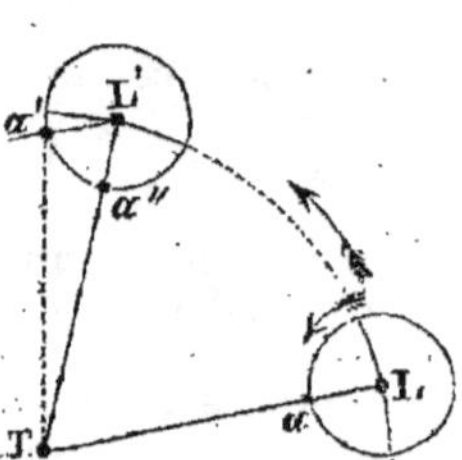

Fig. 70.

autour de la Terre, elle aura aussi accompli une rotation
autour de son axe.

Ces deux mouvements ont exactement la même durée;
car les descriptions des anciens nous prouvent qu'ils
ont vu la même face de la Lune que nous, et s'il existait
la moindre différence entre les deux durées, au bout de
chaque révolution, une tache, d'abord placée au centre
du disque, s'en écarterait et, après un nombre suf-
fisant de siècles, se trouverait sur le bord du disque.

L'exemple suivant fait mieux comprendre le double
mouvement de la Lune, autour de la Terre et autour de
son axe. Supposons deux personnes, l'une immobile, et
l'autre tournant autour de la première. Si la seconde,
en se déplaçant, regarde toujours dans la même direction, vers le nord par exemple, la personne immobile
verra successivement son visage, son côté droit, son dos
et son côté gauche, par conséquent toutes les faces de
son corps. Mais si la personne qui se déplace veut
regarder constamment la personne immobile, elle devra
faire un tour sur elle-même, ayant en face successivement le nord, l'ouest, le sud et l'est : mais la personne
immobile aura toujours vu une seule et même partie du
corps de l'autre.

246. Libration. — On donne le nom de libration (librare,
balancer) à un phénomène qui consiste en ce que, au lieu d'apercevoir toujours rigoureusement la même face de la Lune, nous
voyons apparaître et disparaître tour à tour, aux environs de ses
bords, de petites portions de sa surface. La Lune semble donc
osciller ou se balancer autour de son centre ; d'où le nom de
libration donné au phénomène.

La libration de la Lune n'a rien de réel ; c'est un mouvement
apparent composé, dû à trois causes distinctes, produisant chacune une libration particulière : la libration en *longitude,* qui
est la plus importante, la libration en *latitude* et la libration
diurne.

La *libration en longitude* consiste dans un balancement de la
Lune autour d'un axe perpendiculaire au plan de son orbite.
Galilée, qui le premier observa ce phénomène, compare la Lune
à une personne qui « tourne la tête à droite ou à gauche, en
nous découvrant et nous cachant alternativement l'une et l'autre
oreille. » Par suite, les taches qui avoisinent l'un ou l'autre bord,
se montrent ou se cachent, et une tache du centre nous paraît
osciller de 4' 20'' de part et d'autre de sa position moyenne, en
suivant un arc d'un parallèle ou de l'équateur. Le déplacement
réel est de 8°. — La libration en longitude ou le balancement

de la Lune autour de son axe, s'explique par ces deux faits : que la rotation et la translation de la Lune ont exactement la même durée, et que cependant la *rotation a une vitesse uniforme*, tandis que le mouvement de translation sur son orbite est varié, tantôt retardé, tantôt accéléré, d'après la loi des aires. Ainsi, quand la Lune part de l'apogée, sa vitesse angulaire de translation est moindre que celle de rotation, et la tache qui occupait d'abord le centre du disque, s'écarte vers le bord occidental (l'oreille gauche disparait). Au périgée, la tache se retrouve au centre, pour s'écarter ensuite vers le bord oriental (pendant que l'oreille droite disparait).

La *libration en latitude* consiste en ce que la Lune paraît se balancer légèrement de haut en bas, puis de bas en haut, autour du diamètre de son équateur. Il en résulte que « la Lune découvre et cache, pour ainsi dire, les cheveux de son front et la partie du menton qui est diamétralement opposée, ce qui peut s'appeler *baisser et relever la face.* » Elle nous montre et nous cache alternativement les taches qui avoisinent ses pôles. Une tache centrale s'élève vers le nord, d'environ 3′ 35″ en apparence, $6^{o}\frac{1}{2}$ en réalité, pour s'abaisser d'autant vers le sud. — La libration en latitude a pour cause l'*obliquité de l'équateur lunaire sur le plan de son orbite, cet angle* étant d'environ $6^{o}\frac{1}{2}$. Elle a pour période la durée du mois sidéral.

La *libration diurne* est beaucoup plus faible et s'accomplit chaque jour. C'est une oscillation autour de l'axe de rotation de la Terre, dont l'amplitude apparente est de 32″, et l'amplitude réelle d'environ 1°, égale à la parallaxe de la Lune (248). — Elle résulte de ce que l'observateur étant placé à la surface de la Terre, et non pas au centre, aperçoit la Lune successivement de points de vue différents.

Par l'effet des librations, un peu plus de la moitié, les 0,569 de la surface de la Lune sont successivement visibles pour la Terre, et les 0,431 seulement toujours invisibles.

247. — *L'axe de la Lune,* ou la ligne des pôles, *est incliné sur son orbite, et ses diverses positions sont parallèles entre elles, comme celles de la Terre* (146). Son équateur fait avec le plan de son orbite un angle de 7° environ. La ligne des nœuds de l'équateur reste constamment parallèle à la ligne des nœuds de l'orbite ; elle a donc, comme celle-ci, un mouvement rétrograde, dont la durée est de 18 ans $\frac{2}{3}$.

A cause de la rotation, la Lune présente successivement aux étoiles et au Soleil tous les points de sa surface ; elle a donc son *jour sidéral* et son *jour solaire.* Le jour sidéral de la Lune égale la durée de sa révolution sidérale, 27,3 de nos jours solaires ; son jour solaire est de 29,5 jours, comme sa révolution synodique.

Le jour solaire de la Lune est divisé, comme le nôtre, par la lumière et les ténèbres, en deux parties, égalant chacune presque 15 de nos jours. La face de la Lune, tournée de notre côté, voit constamment la Terre dans une position fixe, et en reçoit, selon les phases terrestres, plus ou moins de lumière, qui remplace pendant la nuit la lumière du Soleil. L'*hémisphère opposé ne voit jamais la Terre*, et a la nuit complète en l'absence du Soleil. — A cause de la faible obliquité de son équateur sur son orbite, *l'inégalité des jours de la Lune* ne doit pas être très-sensible.

Les deux hémisphères doivent éprouver, pendant leurs nuits. et leurs jours si longs, les températures les plus extrêmes.

CHAPITRE III.

DISTANCE DE LA LUNE. — SES DIMENSIONS ET SA CONSTITUTION.

248. Distance de la Lune à la Terre. — La distance moyenne de la Lune à la Terre est d'environ 60 fois le rayon de la Terre, ce qui fait $60 \times 1594 = 95.640$ lieues ou 382.620 km. On voit par là que la distance de la Lune, $60r$, est 400 fois plus petite que celle du Soleil qui est de $23.300r$. De plus cette distance de la Lune est peu supérieure à la moitié du rayon du Soleil, $108r$ (217), en sorte que si le centre du Soleil venait se placer au centre de la Terre, non-seulement son volume occuperait tout l'intervalle qui nous sépare de notre satellite, mais sa surface se trouverait encore presque une fois au-delà.

La distance de la Lune se calcule au moyen de sa parallaxe, c'est-à-dire de l'angle AST (*fig. 71*), sous lequel un observateur placé au centre de la Lune S verrait de face le rayon équatorial de la Terre TA. Cet angle a une valeur moyenne de 57'. — Donc, si l'on considère la circonférence décrite de la Lune S comme centre, ayant pour rayon la distance cherchée SA = R de la Lune à la Terre, on voit qu'un arc de circonférence de 57' se confond sensiblement avec le rayon de la Terre TA = r. 1' vaut donc $1' = \frac{r}{57}$.

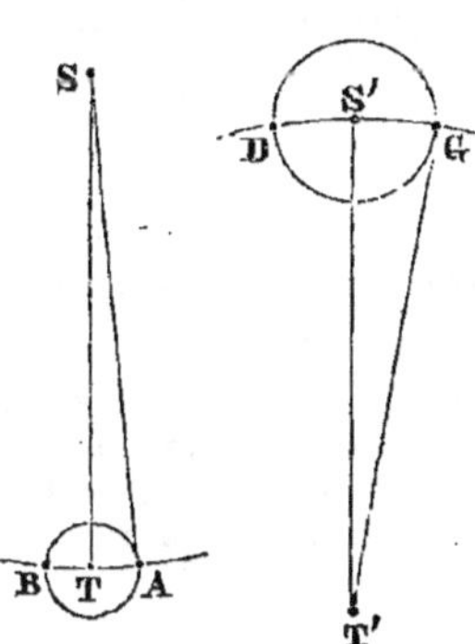

Fig. 71.

La circonférence entière valant $2\pi R = 360 \times 60 \times 1'$; on a pour la valeur de la distance cherchée $R = \dfrac{360 \times 60 \times r}{2\pi \times 57} = 60,31$.

Cette distance de 60 rayons terrestres est la distance moyenne. La parallaxe de la Lune variant entre 61' 30" et 53' 50", sa distance varie entre 55,9 et 63,86 rayon terrestres.

249. — La parallaxe de la Lune a été trouvée par plusieurs procédés. Voici la méthode employée, en 1751, par Lalande et Lacaille, le premier opérant à Berlin, et le second, au Cap de Bonne-Espérance, à peu près sur le même méridien. Ils observaient la Lune au même instant, lorsqu'elle était à son passage supérieur, et ils mesuraient ses distances zénithales LBZ et LCZ' (*fig. 72*).

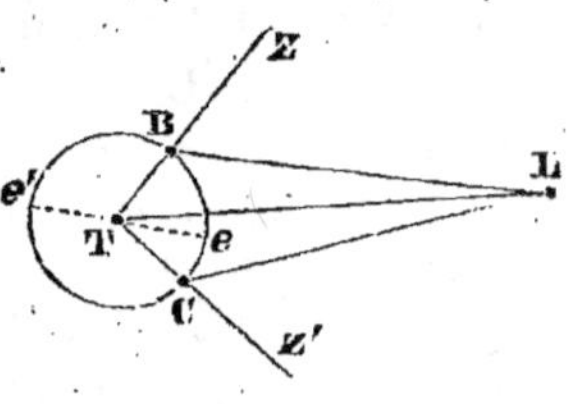

Fig. 72.

Dans le quadrilatère BTCL, on connaissait donc les deux côtés BT et CT, égaux au rayon de la Terre, l'angle BTC égal à la somme des latitudes des stations B et C, et enfin les angles en B et en C, suppléments des distances zénithales mesurées. — On aurait pu déjà, par un tracé graphique, reproduire un petit quadrilatère *btcl* semblable au quadrilatère BTCL, et mesurer la diagonale *ll*, pour trouver la distance cherchée.

Les astronomes emploient le calcul, soit pour trouver la longueur TL, soit pour déterminer la parallaxe horizontale.

250. Dimensions réelles de la Lune. — Si l'on prend le rayon, la surface et le volume de la Terre pour unités (106), on trouve que le rayon de la Lune est $\frac{1}{4}$, la surface $\frac{1}{13}$ et le volume $\frac{1}{50}$.

En effet, vu de la Terre en T' (*fig. 73*), le rayon apparent de la Lune supposée en S', moitié du diamètre apparent (240), est de $\dfrac{31' \, 25''}{2} = 15' \, 43'' = T'$. Vu de la Lune en S, le rayon apparent de la Terre, qui n'est autre chose que la parallaxe de la Lune, est de $57' = S$. Les circonférences décrites de T' et de S comme centres, avec la distance de la Lune à la Terre comme rayon commun, étant égales, des arcs sont entre eux comme les angles au centre.

$$\frac{S'C}{TA} = \frac{T'}{S}\,; \text{ ou } \frac{r'}{r} = \frac{15'43''}{57'}\,; \text{ d'où } r' = \frac{15,71}{57} \times r = 0,275\, r.$$

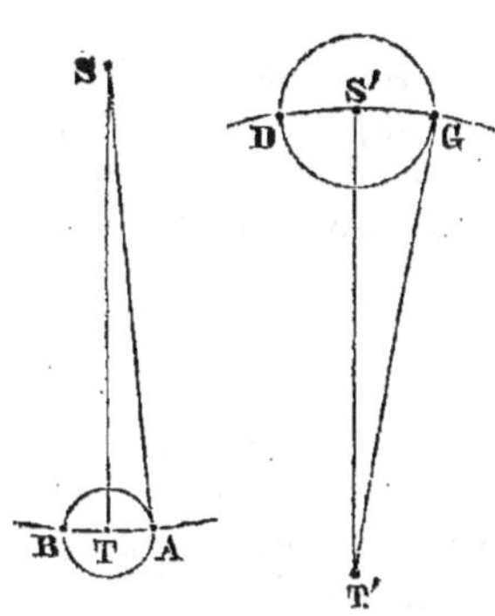

Fig. 73.

Car on a sensiblement l'arc S'C = r', la corde ou rayon de la Lune; et TA = r rayon de la Terre.

Les surfaces de deux sphères étant entre elles comme les carrés de leurs rayons, et les volumes comme les cubes de ces mêmes rayons, si l'on désigne par s et S, v et V, les surfaces et les volumes de la Lune et de la Terre, on a :

$$\frac{s}{S} = \frac{0,275^2}{12}; \text{ d'où } s = 0,075 S\,;$$

$$\text{et } \frac{v}{V} = \frac{0,275^3}{13}; \text{ d'où } v = 0,020\ V.$$

251. Masse et densité de la Lune. — La masse de la Lune est à peu près $\frac{1}{75}$ de celle de la Terre. Sa densité, rapportée à celle de la Terre, est $\frac{2}{3}$, et rapportée à celle de l'eau elle est 3,7.

Pour déterminer la masse de la Lune, on n'a pas pu utiliser la chute des corps sur cet astre, comme on l'a fait pour calculer la masse de la Terre (106) et celle du Soleil (219). On a eu recours à l'observation du phénomène des *marées* (276), dont la cause principale est l'attraction que notre satellite exerce sur les eaux de la mer. Nous ne pouvons développer ici les procédés employés pour arriver à ce résultat.

La masse de la Lune étant $\frac{1}{75}$ de celle de la Terre, et le volume $\frac{1}{50}$, sa densité par rapport à celle de la Terre se trouve en divisant la masse par le volume, $\frac{1}{75}$ par $\frac{1}{50}$, ce qui donne $\frac{50}{75} = \frac{2}{3} = 0,66$. Multipliant cette valeur par la densité de la Terre rapportée à celle de l'eau (106), on a enfin la densité de la Lune par rapport à ce liquide, $\frac{2 \times 5,56}{3} = 3,70$.

252. Aspect du disque de la Lune; montagnes. — La Lune nous montre un grand nombre de *taches*, visibles même à l'œil nu, et dont l'ensemble présente quelquefois à l'imagination l'apparence d'une figure humaine. La plupart de ces taches indiquent des parties qui réfléchissent moins bien la lumière, et auxquelles on donne le nom de mers ou de *plaines* (255).

Quand on regarde la Lune, même avec une lunette, d'un faible grossissement, on distingue à sa surface des inégalités qui ne peuvent être que de hautes *montagnes* et de profondes cavités. Elles apparaissent le mieux sur la ligne qui sépare la partie éclairée de la partie obscure, surtout à l'époque des quadratures, parce que la surface de la Lune est alors éclairée de côté. Tantôt on voit les aspérités éclairées sur tout leur pourtour, tantôt elles projettent leur ombre à l'opposé du Soleil, quand elles en reçoivent les rayons obliquement; tantôt enfin elles paraissent comme des points brillants, au milieu de la partie obscure du disque, parce que les rayons solaires, qui n'atteignent plus à leurs pieds, en éclairent encore les sommets. Lors de la pleine lune, quand les rayons du Soleil tombent perpendiculaires sur le milieu de l'hémisphère visible pour nous, les ombres y disparaissent.

C'est à ces montagnes qu'est due la forme irrégulière de la ligne qui sépare l'ombre de la lumière. Si la Lune était une sphère parfaite, cette ligne, vue de la Terre, serait une ellipse ou une droite bien tranchée; mais il n'en est pas ainsi. Elle se montre toujours avec des déchirures et des dentelures profondes, qui indiquent des cavités et des points proéminents. C'est ainsi que, sur la Terre, le Soleil continue à éclairer la cime des montagnes quand les vallées sont déjà plongées dans l'obscurité.

253. — On a mesuré, dans la partie de la Lune qui est visible pour nous, la *hauteur* de plus de 1000 montagnes. Parmi elles, 22 sont plus élevées que notre Mont-Blanc, qui a 4.800^m. Les deux plus hautes sont *Dorfel* et *Leibnitz*, de 7.600^m.

Si l'on se rappelle que le rayon de la sphère lunaire est environ $\frac{1}{4}$ du rayon de la Terre, on conclut que les montagnes de la Lune sont relativement beaucoup plus élevées que les montagnes terrestres (110). Il est vrai que les deux plus hautes montagnes de la Lune ont 1.200^m de moins que le mont Everest dans l'Himalaya, mais leur hauteur forme la 230e partie du rayon de la Lune, tandis que la hauteur du mont Everest ne représente que la 720e partie du rayon de la Terre. Ainsi les montagnes lunaires sont relativement trois fois plus hautes que celles de la Terre.

L'action de la pesanteur étant six fois moindre à la surface de la Lune que sur la Terre, on comprend qu'une même force de soulèvement a dû y produire un effet beaucoup plus considérable.

Plusieurs procédés ont été employés pour *mesurer la hauteur des montagnes de la Lune*. On la déduit principalement de la longueur de l'ombre qu'elles projettent derrière elles. — Voici une autre méthode, employée pour les montagnes qui peuvent se trouver dans le voisinage du cercle d'illumination. Soit BIC (*fig. 74*) une section faite dans le globe lunaire par un plan qui

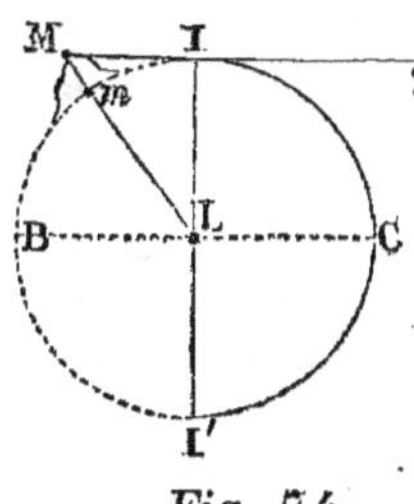

Fig. 74.

passe par le centre de la Lune, le sommet m d'une montagne et le rayon solaire SIM. Ce rayon tangent à la Lune et passant par un point I du cercle d'illumination, va éclairer le sommet M de la montagne et le faire paraître comme un point dans la partie obscure II'B. Le triangle MIL est rectangle en I. On connaît la longueur absolue de IL rayon de la Lune, ainsi que de mL, mM étant la hauteur à trouver. Avec le micromètre, on mesure l'angle sous lequel on voit de la Terre la longueur IM, et, avec la distance de la Lune que l'on connaît, on calcule la longueur absolue de IM. Quand on connaît IL et IM, on calcule facilement la valeur de l'hypoténuse ML, et si on en retranche mL, on a la hauteur cherchée mM.

254. Constitution volcanique de la Lune. — On ne peut douter que la Lune, dans le principe, n'ait été le théâtre de convulsions volcaniques violentes qui en ont entièrement bouleversé la surface. On n'y trouve pas, il est vrai, de ces grandes chaînes de montagnes comme celles qui sillonnent nos continents. Mais la plus grande partie de sa surface est occupée par des montagnes. Presque toutes offrent l'aspect de nos volcans terrestres, et la surface lunaire ressemble parfaitement à nos contrées volcaniques, comme certaines régions de l'Auvergne et de la Bohême. Les unes affectent la forme conique M (*fig. 74*); les autres plus nombreuses présentent à leur partie supérieure une vaste ouverture, se creusant en forme de *cratère*, dont les dimensions ne dépassent pas celles de nos volcans. Le fond est ordinairement une aire plane. Au centre de cette aire s'élève souvent une éminence isolée, conique, en forme de *pic* ou *piton* très-élevé, semblable au pic du Vésuve.

Plusieurs cratères de la Lune ont une largeur de 220 à 250 k^m., au lieu que ceux de nos volcans ne dépassent pas quelques kilomètres. Il faut donc comparer ceux-là aux *cirques* montagneux, vastes enceintes ou vallées circulaires auxquelles on donne en géologie le nom de cratères de soulèvement, comme celui de l'île de Ceylan, qui a 70 km de diamètre et celui d'Oisan , dans le Dauphiné, qui en a 20.

On admet aujourd'hui que les volcans de la Lune sont des *volcans éteints* ; cependant on a cru quelque temps qu'ils étaient encore en activité, et même qu'ils lançaient jusque sur la Terre des masses pierreuses, connues sous le nom d'aérolithes (331,333). Dernièrement la comparaison de photographies de la Lune a fait reconnaître des changements appréciables dans la forme de certains cratères.

On a dressé des *cartes de la Lune*, qui figurent exactement les montagnes, les cirques, les cratères et les pics, ainsi que les plaines de l'hémisphère que nous pouvons apercevoir.

255. Plaines. Absence d'eau. — Outre les taches ou ombres produites par les montagnes, on observe sur la Lune des taches grisâtres, d'une étendue considérable, qui semblent en occuper les parties basses.

Dans le principe, on les avait prises pour des *mers ;* mais cette hypothèse est inadmissible, car *il n'y a pas d'eau sur la Lune*. En effet, s'il y avait de l'eau ou d'autres liquides volatils, ces liquides, dont la surface serait libre de toute pression, produiraient des vapeurs qui constitueraient immédiatement une atmosphère véritable; et il est démontré qu'il n'y a pas d'atmosphère (256).

On suppose aujourd'hui que ces taches sont des *plaines* immenses, qui sont moins éclairées et nous renvoient moins de lumière que les parties montagneuses, à cause aussi de la différence des minéraux qui en constituent le sol. Peut-être faut-il y voir les dépôts, successivement accumulés, des matières fluides émises par les volcans.

On remarque encore, à la surface de la Lune, des *bandes* ou traînées lumineuses, visibles à la pleine lune et rayonnant autour des volcans; et des *rainures* ou fentes formées de deux talus parallèles, taillés à pic, et laissant entre eux des fossés longs et profonds. Ce sont vraisemblablement des déchirures produites dans le sol de la Lune par son refroidissement et son retrait. ·

256. — *Le ciel de la Lune est toujours sans nuages.*

En effet, lorsque l'état de notre atmophère nous permet
d'apercevoir notre satellite, nous le voyons tout entier
jusque dans ses moindres détails. S'il y avait des nuages, ils nous cacheraient nécessairement quelques
parties de sa surface.

La Lune n'a pas d'atmosphère sensible. 1° Si la Lune
était entourée d'une atmosphère gazeuse, même parfaitement diaphane, il devrait s'y passer, aux environs du
cercle d'illumination, quelque chose d'analogue à nos
crépuscules (163); il y aurait une dégradation de
lumière, une sorte de transition insensible de la partie
éclairée du disque lunaire à la partie obscure. Mais au
contraire on constate toujours, sur le disque lunaire,
une transition brusque de l'ombre à la lumière.

2° Le phénomène de l'*occultation des étoiles* prouve
plus rigoureusement l'absence d'atmosphère autour de
la Lune. Dans le cours de sa révolution, elle passe fréquemment devant les étoiles, qu'elle fait disparaître
momentanément, ou, comme on dit, qu'elle occulte. Or
le temps d'occultation de l'étoile est exactement égal à
celui que la Lune met à décrire dans le ciel, en vertu
de son mouvement propre, un arc égal à la corde de son
disque qui passe entre l'étoile et l'œil de l'observateur.
Il est bien évident que si une atmosphère entourait la
Lune, la durée de l'occultation de l'étoile serait diminuée. Car le phénomène de la réfraction dévierait vers
l'observateur les rayons lumineux venus de l'étoile
placée derrière le corps opaque de la Lune, à une petite
distance de l'un ou l'autre bord, et nous ferait voir
l'étoile un peu après le commencement de l'occultation
et un peu avant la fin

3° L'*analyse spectrale* appliquée à la Lune ne nous a
fait voir aucun des phénomènes qui caractérisent la
présence d'une atmosphère autour des planètes, ni
absorption des rayons solaires réfléchis par leurs surfaces, ni spectres de raies noires spéciales.

Une conséquence immédiate de cette absence d'eau
et d'air, c'est qu'il n'y a sur la Lune ni végétaux, ni
habitants analogues à ceux de la Terre, puisque l'air et
l'eau sont nécessaires à l'existence de pareils êtres. —
Une autre conséquence, c'est que la configuration du

globe lunaire a dû se conserver telle qu'elle était au moment où ce globe s'est solidifié. Les cirques et les autres accidents de terrain n'y ont pas été, comme sur la Terre, dégradés et effacés en partie par les eaux et les agents atmosphériques.

CHAPITRE IV.

ÉCLIPSES DE LUNE ET DE SOLEIL.

257. Eclipses. — On donne le nom d'éclipses (ἔκλειψις, défaut, défaillance) à la disparition momentanée d'un astre, produite par l'interposition d'un autre astre.

Les *éclipses de Lune* résultent de ce que la Lune, qui reçoit sa lumière du Soleil, cesse d'être visible, tout en étant au-dessus de l'horizon, lorsque la Terre s'interpose entre elle et le Soleil, et arrête les rayons solaires qui se dirigent vers notre satellite. Ce phénomène ne se produit qu'au moment de la pleine lune, lorsque la Lune est en opposition.

Les *éclipses de Soleil* sont dues à ce que, dans certaines circonstances, la Lune, corps opaque, s'interpose entre la Terre et le Soleil, et nous dérobe, en tout ou en partie, la vue de cet astre. Elles ne peuvent avoir lieu qu'à l'époque de la conjonction, quand la Lune est nouvelle.

258. Eclipses de Lune. Cône d'ombre de la Terre. — Le Soleil envoie des rayons lumineux dans toutes les directions. La Terre arrête ceux de ces rayons qui sont dirigés vers elle, et il en résulte qu'au delà une portion de l'espace se trouve dans l'ombre.

Soient S le Soleil et T la Terre (*fig. 75*). Si nous

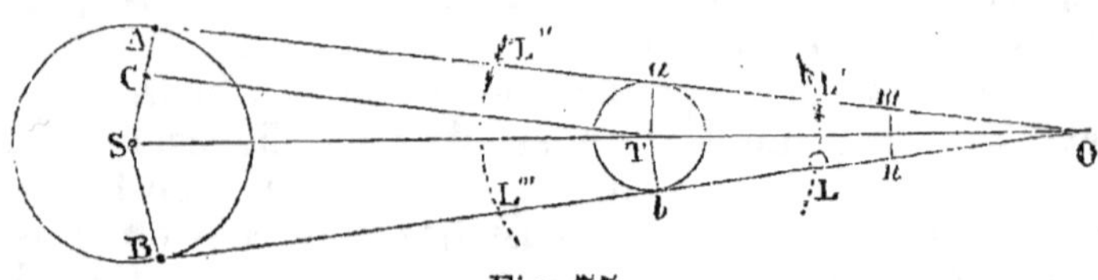

Fig. 75.

concevons un cône AOB tangent extérieurement à ces deux corps, la partie $a\,O\,b$ de ce cône, située de l'autre côté de la Terre, à l'opposé du Soleil, sera seule privée de ses rayons. Elle porte pour cette raison le nom de cône d'ombre pure de la Terre.

Pour que la Lune puisse être éclipsée, c'est-à-dire ne pas recevoir la lumière qui lui vient du Soleil, il faut qu'elle pénètre dans ce cône d'ombre. L'éclipse est *totale* lorsqu'elle y entre tout entière; elle est *partielle*, lorsqu'elle n'y pénètre qu'en partie.

D'après ces explications, voici les *conditions nécessaires pour la réalisation d'une éclipse de Lune.*

1º L'éclipse de Lune ne peut avoir lieu que lorsque la Lune est à l'opposé du Soleil, c'est-à-dire au moment de l'opposition ou de la *pleine lune.* Cette condition se présente au moins 12 fois par an.

2º Il faut que la *longueur du cône d'ombre* TO soit plus grande que la distance de la Lune à la Terre; et pour que l'éclipse soit totale, la section du cône traversée par la Lune doit avoir un diamètre plus grand que celui de notre satellite. Ces deux conditions sont toujours remplies (259), mais elles ne suffisent pas.

3º A l'époque de la pleine lune, la Lune doit être *voisine du plan de l'écliptique;* elle doit être à l'un de ses nœuds (242) ou dans le voisinage. Autrement, le plan de l'orbite lunaire faisant avec le plan de l'écliptique un angle de 5º 8′, la Lune, au moment de l'opposition, peut passer et en réalité passe le plus souvent au-dessus ou au-dessous du cône d'ombre, sans le rencontrer.

Le calcul et l'expérience nous enseignent que l'éclipse est impossible, si, au moment de l'opposition, la distance angulaire de la Lune à l'écliptique, c'est-à-dire sa latitude (48), surpasse 1º 4′; elle est certaine, si la latitude est plus petite que 52′; incertaine, si elle tombe entre ces deux limites.

259. — *La longueur du cône d'ombre pure de la Terre* a une valeur moyenne de 217 rayons terrestres, et comme la plus grande distance de la Lune à la Terre est égale à 63,65r, le cône d'ombre s'étend toujours assez loin pour que, quand les autres conditions sont satisfaites, la Lune puisse le rencontrer et par conséquent s'éclipser.

En effet, menons TC parallèle à aA (*fig. 75*). Les triangles semblables, comme ayant les angles égaux, STC et TOa, donnent :

$$\frac{\text{TO}}{\text{ST}} = \frac{\text{T}a}{\text{SC} = \text{SA} - \text{CA}}. \text{ D'où TO} = \frac{\text{ST} \times \text{T}a}{\text{SA} - \text{CA}} = \frac{\text{D}r}{\text{R} - r}.$$

Dans cette formule ST = D = 23.280 représente la distance moyenne de la Terre au Soleil ; SA = R = 108, le rayon du Soleil ; et CA = Ta = r, le rayon de la Terre pris pour unité de longueur. En mettant ces valeurs dans la formule, on trouve :

$$\text{TO} = \frac{23.280 \times 1}{108 - 1} = \frac{23.280}{107} = 217,5.$$

Le diamètre LL′ *du cône d'ombre*, à la distance où passe la Lune, est plus grand que celui de la Lune. En effet, le cône d'ombre ayant une longueur de 217r, si nous le coupons en son milieu *mn*, à une distance de 108r, par un plan perpendiculaire à TO, le diamètre de la section *mn* sera égal à la moitié du diamètre de la Terre *ab*. Mais le diamètre de la Lune n'en est que le quart ; elle pourrait donc y pénétrer tout entière, si elle passait à cette distance ; et comme elle ne passe qu'à une distance de 60 rayons, elle y pénètre encore bien plus facilement.

260. — *Les éclipses de Lune ne se manifestent pas brusquement, à cause de la pénombre terrestre.* Longtemps avant que la Lune ne pénètre dans le cône d'ombre, on voit sa lumière s'affaiblir graduellement, et elle ne recouvre tout son éclat qu'un certain temps après qu'elle en est sortie. L'affaiblissement graduel de lumière que la Lune éprouve ainsi fait qu'il est impossible de saisir matériellement le commencement de l'éclipse, c'est-à-dire l'instant de l'*immersion* de la Lune dans le cône d'ombre pure, et celui de la fin ou de l'*émersion*.

Ces phénomènes doivent être attribués à la pénombre terrestre. Outre le cône AOB (*fig. 76*), dont la surface

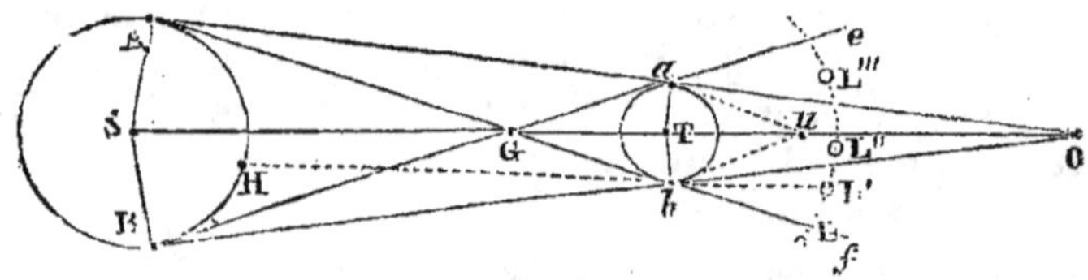

Fig. 76.

est circonscrite extérieurement au Soleil et à la Terre par la tangente AO, soit le cône *eCf*, circonscrit intérieurement à ces deux globes par la tangente intérieure

B*ae*. On nomme pénombre (presque ombre) la partie indéfinie de l'espace comprise entre le cône d'ombre pure de la Terre O*ab* et la surface extérieure *eabf*. Il est clair que cet espace ne reçoit de rayons lumineux que d'une partie de la surface du Soleil. Un point L′ n'est éclairé que par la partie HB du disque du Soleil, puisque la Terre lui cache la partie HA. Il est d'ailleurs facile de voir que le point recevra d'autant moins de lumière qu'il sera plus près du cône d'ombre.

La Lune tournant autour de la Terre d'occident en orient se trouve d'abord en L pleinement éclairée par tout le disque du Soleil; elle pénètre ensuite dans la pénombre, en L′, en perdant progressivement son éclat. Arrivée au cône d'ombre pure, elle y plonge peu à peu, et son disque s'échancre vers le bord oriental. Cette échancrure est parfaitement circulaire et nous repré-sente l'ombre ou la *silhouette de la Terre, ce qui prouve la rondeur de notre planète* (76). L'échancrure aug-mente, envahit tout le disque de la Lune, et l'éclipse de-vient totale en L″. L'astre continuant son mouvement vers l'est atteint l'autre côté du cône d'ombre et commence à en sortir. Il présente d'abord une nouvelle échancrure circulaire, vers le bord occidental, laquelle va en dimi-nuant; le disque reparaît bientôt tout entier, et revient peu à peu à son éclat premier, à mesure qu'il s'écarte de l'ombre et se dégage de la pénombre.

261. Influence de l'atmosphère terrestre. — Lors des éclipses totales, la Lune ne devient jamais complétement invisible; une teinte rouge la recouvre, assez lumineuse pour qu'on puisse voir ses taches principales. Cela est dû à l'influence de l'atmosphère qui enveloppe la Terre. Les différentes couches de l'air, augmentant de densité à mesure qu'elles se rapprochent du sol, réfractent les rayons lumineux qui les traversent. Ainsi les rayons A*a* et B*b* (*fig. 76*) éprouvent, en traversant l'atmosphère, une série de réfractions qui les font converger en un point *u*, situé en avant du point O. Ils forment une surface conique *aub* qui partage le cône d'ombre *aob* en deux régions : l'une intérieure, dans laquelle il n'arrive aucun rayon lumineux; l'autre extérieure, dont tous les points sont traversés par des rayons solaires que le phénomène de la réfraction y fait pénétrer.

Le calcul démontre que la longueur Tu du cône d'ombre absolue est en moyenne de 42 rayons terrestres; la Lune, qui est au moins à 55,9 rayons, ne peut donc jamais y entrer et nous devenir complétement invisible.

Les rayons qui pénètrent par réfraction dans la partie extérieure du cône d'ombre pure, ont une coloration rouge, parce que les couches humides de l'atmosphère qu'ils ont traversées ont la propriété d'absorber les rayons complémentaires du rouge. Aussi, dans les éclipses totales, le disque de la Lune présente-t-il une teinte rougeâtre très-prononcée.

262. — Le calcul permet de déterminer les heures du commencement et de la fin, et par suite la *durée des éclipses de Lune*. Une éclipse totale dure au plus deux heures; c'est le temps le plus long que la Lune mette à traverser le cône d'ombre. Mais si l'on considère toutes les phases du phénomène, la durée la plus grande est de quatre heures.

Une éclipse de *Lune est visible* en même temps et avec les mêmes phases *dans tout un hémisphère;* car, quand la Lune cesse de recevoir les rayons du Soleil, elle disparaît à la fois pour tous les points sur l'horizon desquels elle se trouve. On détermine l'hémisphère qui voit le milieu de l'éclipse, en traçant, sur un globe terrestre, la circonférence de grand cercle dont le pôle a la Lune à son zénith, au milieu de l'éclipse. Un procédé analogue donne les points de la Terre qui en voient le commencement ou la fin.

On ne peut voir des éclipses de Lune que pendant la nuit, puisque, au moment de l'opposition, la Lune se lève au coucher du Soleil et se couche à son lever.

263. Eclipses de Soleil. — Les éclipses de Soleil sont des disparitions momentanées d'une partie ou de la totalité de son disque, produites par l'interposition de la Lune entre le Soleil et la Terre.

La Lune, de même que la Terre (258), projette derrière elle un cône d'ombre, accompagné de sa pénombre. Chaque fois que ce cône d'ombre rencontre la Terre, il y a éclipse totale pour les régions atteintes; quant aux lieux rencontrés par la pénombre, une partie seulement du disque solaire leur est cachée, et l'éclipse est partielle pour eux.

Soient S le Soleil; L la Lune, *oab* son cône d'ombre,

et tout autour de ce cône (*fig. 77*) sa pénombre *eabf*,
limitée extérieurement par la surface que décrit la
génératrice B*ae*. Pour un point placé dans *mn*, à la

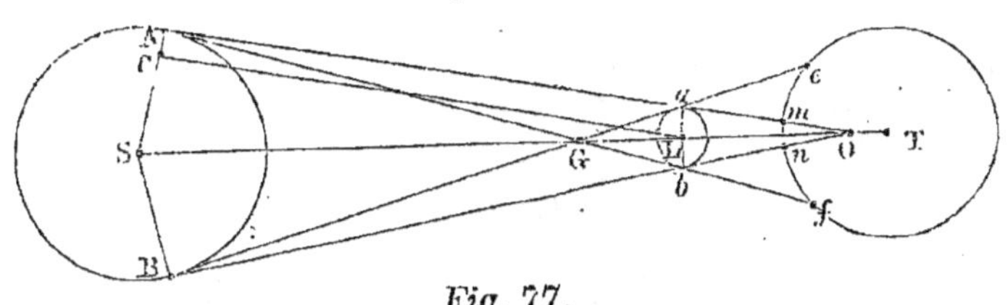

Fig. 77.

surface de la Terre, atteint par l'ombre, le Soleil est
complétement caché et il y a *éclipse totale ;* pour un
point entre *m* et *e*, atteint par la pénombre, une partie
seulement du Soleil est cachée et il y a *éclipse partielle ;*
pour tous les autres lieux de la Terre, *il n'y a pas
d'éclipse.*

264. — Voici les conditions nécessaires pour qu'une
éclipse de Soleil ait lieu :

1º Il faut que la Lune se trouve entre le Soleil et la
Terre, c'est-à-dire en conjonction, ce qui a lieu 12 fois
par an, à l'époque de la *nouvelle lune.*

2º Il n'y a pas éclipse de Soleil à toutes les nouvelles lunes. Cela tient à l'obliquité de l'orbite lunaire,
qui est inclinée de 5º 9′ sur l'écliptique. Il en résulte
qu'à l'époque de la conjonction, le cône d'ombre et la
pénombre de la Lune peuvent passer au-dessus ou au-
dessous de la Terre, sans la rencontrer. Pour que
l'éclipse ait lieu réellement, il faut que la Lune soit
suffisamment *près du plan de l'écliptique*, c'est-à-dire à
un de ses nœuds ou dans le voisinage. On trouve par le
calcul que l'éclipse est impossible quand la latitude de
la Lune est supérieure à 1º 33′; elle est certaine, si la
latitude est inférieure à 1º 24′; elle est incertaine entre
ces deux limites.

3º Il faut aussi, au moins pour l'éclipse totale, que le
cône d'ombre de la Lune soit assez long pour atteindre
la Terre.

Cette longueur se calcule comme pour le cône d'ombre de la Terre (258). Soit LC parallèle à aA (*fig. 77*). Les triangles semblables, comme ayant les angles égaux, aLO et CSL, donnent :

$$\frac{\text{LO}}{\text{SL}} = \frac{\text{L}a}{\text{SC}}. \text{ D'où LO} = \frac{\text{SL} \times \text{L}a}{\text{SC}} = \frac{dr'}{\text{R}-r'}.$$

Dans cette formule $\text{L}a = r' = 0,27$, le rayon de la Lune ; $\text{SC} = \text{SA} - \text{CA} = \text{R} - r'$; $\text{R} = 108$, le rayon du Soleil. Enfin $\text{SL} = \text{ST} - \text{LT} = d$, distance du Soleil à la Lune, est la différence entre la distance du Soleil à la Terre, $\text{ST} = 23.280$, et celle de la Lune à la Terre qui varie entre 55,9 et 63,86, ayant une valeur moyenne de 60.

Avec cette formule on trouve, pour longueur moyenne du cône d'ombre de la Lune, $\text{LO} = \frac{(23280-60) \times 0,27}{108-0,27} = \frac{23220 \times 0,27}{107,73} = 58,19$.

Cette longueur, d'environ 58 rayons terrestres, varie d'ailleurs entre 57,50 et 59,50, pendant que la distance de la Lune à la Terre varie entre 56 et 63.

265. — En comparant ces valeurs, on voit que quelquefois le cône d'ombre est assez long pour atteindre la Terre, principalement lorsque la Lune est au périgée ; et que, le plus souvent, il n'arrive pas jusqu'à elle, comme à l'apogée.

1° Quand le cône d'ombre atteint la Terre, ce qui demande que le diamètre apparent de la Lune soit plus grand que celui du Soleil, et que les autres conditions favorables sont réalisées, il y a à la fois *éclipse totale* pour certains points de la Terre mn, et *éclipse partielle* pour d'autres, entre m et e, n et f, comme on l'a déjà expliqué (263).

2° Quand le cône d'ombre n'atteint pas la Terre, quand le diamètre apparent de la Lune est plus petit que celui du Soleil, il y a seulement *éclipse partielle, simple ou annulaire*.

Si l'on suppose prolongées les génératrices du cône d'ombre pure aon, bom (*fig. 78*), elles forment un second

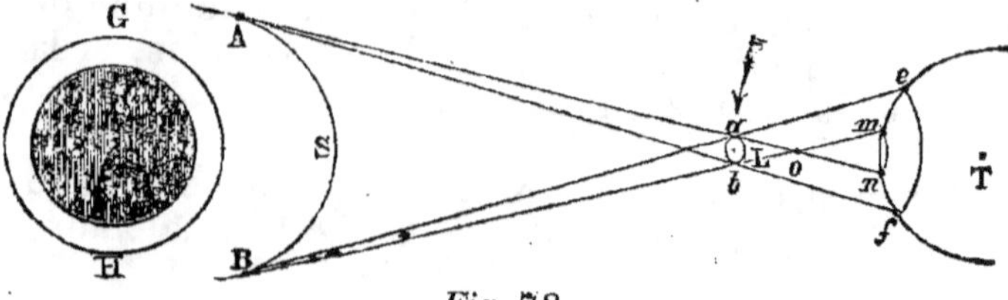

Fig. 78.

cône, dont le sommet est en O, et qui trace, sur la surface de la Terre, une courbe fermée *mn*.

Pour tous les points en dehors de la pénombre *ef*, il n'y a pas d'éclipse.

Pour les points situés entre la pénombre *ef* et l'ombre *mn*, l'éclipse est partielle ordinaire; il se forme simplement une échancrure sur le disque du Soleil, échancrure d'autant plus grande que le lieu de la Terre est plus rapproché de la courbe *mn* qui limite l'ombre.

Les points situés dans l'intérieur de la courbe d'ombre *mn* voient une *éclipse partielle annulaire*. Pour eux, le disque de la Lune se projette en noir sur le disque du Soleil, et, comme il est plus petit, il est dépassé par lui, et on le voit entouré d'un anneau ou couronne lumineuse. — Cette éclipse annulaire est en même temps *centrale* et l'anneau a une largeur uniforme comme en GH, quand l'observateur est sur le prolongement de l'axe du cône d'ombre qui passe par les centres du Soleil et de la Lune. L'anneau est moins régulier pour les observateurs placés sur les bords de la surface d'ombre *mn*.

266. Marche et durée d'une éclipse de Soleil. — Voici quelles sont, pour un même observateur, les phases d'une éclipse de Soleil. Le disque de la Lune se déplaçant d'occident en orient 13 fois plus vite que le Soleil, atteint le disque solaire et touche extérieurement son bord occidental (1er *contact*). Peu à peu le disque obscur de la Lune découpe, sur le disque brillant du Soleil, une échancrure circulaire qui augmente, si l'éclipse est partielle, jusqu'au moment où la distance des deux centres cesse de diminuer. Si l'éclipse ne reste pas partielle, il se produit un *contact intérieur*, après lequel l'éclipse devient totale ou annulaire. Cette nouvelle phase finit au moment où il se produit un *troisième contact*, nouveau contact intérieur à l'occident. L'éclipse alors redevient partielle et se termine par un *quatrième contact*, contact extérieur à l'orient du disque solaire.

Dans un même lieu de la Terre *la plus grande durée d'une éclipse totale de Soleil, avec toutes ses phases*, est de $4^h \frac{1}{2}$, à l'équateur, et $3^h \frac{1}{2}$, à la latitude de Paris. Une éclipse ne peut être *totale* pendant plus de 8^m, à l'équateur, ni pendant plus de 6^m, à Paris. Enfin une éclipse ne peut être *annulaire* pendant plus de $12^m \frac{1}{2}$, à l'équateur, et 10^m à Paris.

Au lieu de considérer pour un point de vue déterminé de la Terre le disque de la Lune passant devant celui du Soleil, *considérons d'une façon générale son cône d'ombre et sa pénombre passant sur la Terre.*

Le cône d'ombre de la Lune ne correspond pas toujours à la

même partie de la Terre. Il suit la Lune dans son mouvement propre d'occident en orient, et l'éclipse elle-même se déplace sur la Terre dans le même sens. On voit quelquefois, dans notre atmosphère, un nuage isolé. Son ombre est projetée sur le sol au milieu des plaines dont le Soleil éclaire toutes les autres parties. Si le nuage est en mouvement, on voit son ombre courir sur la Terre et passer d'un lieu à l'autre. C'est ainsi que le cône d'ombre de la Lune, ou son prolongement, atteint par l'occident la surface de l'hémisphère terrestre tourné de son côté, et la traverse en rencontrant successivement diverses régions de notre globe.

Quand il y a éclipse totale, l'éclipse commence au moment où le cône de pénombre devient tangent au globe de la Terre. Ce cône marche, et bientôt le cône d'ombre ou son prolongement vient à son tour atteindre la Terre. Les deux cônes balayent alors à sa surface une zone plus ou moins étendue, dont la partie moyenne voit successivement l'éclipse totale ou annulaire, tandis que les deux bandes latérales ne voient qu'une éclipse partielle. Enfin le cône d'ombre quitte habituellement le premier la Terre, puis la pénombre, et l'éclipse finit.

267. Phénomènes qui accompagnent les éclipses de Soleil. — La clarté qui subsiste pendant les *éclipses partielles* du Soleil est toujours très-considérable, et, la plupart du temps, ces phénomènes passeraient inaperçus si l'on n'était pas prévenu des époques auxquelles ils doivent se produire.

Nous signalerons un de leurs effets facile à observer. *Les images du Soleil* produites à travers de petites ouvertures, comme les interstices des feuilles des arbres, se projettent sur une surface horizontale sous la forme d'ellipses allongées. Au moment d'une éclipse partielle, toutes ces ellipses sont échancrées du même côté, et l'image du Soleil apparaît ainsi comme un croissant de plus en plus délié. Quand l'éclipse est annulaire, ces images prennent la forme d'anneaux elliptiques.

Rien n'est plus saisissant ni plus solennel que le spectacle d'une *éclipse totale de Soleil*. A peine le dernier trait lumineux du croissant solaire a-t-il disparu que la nuit succède au jour. Une brusque impression de froid se fait sentir, et la Terre se couvre de rosée ; les plantes sensibles à l'action de la lumière se replient, comme pendant la nuit ; une vague anxiété agite les animaux. L'homme lui-même, qui sait maintenant prédire les éclipses et les attendre avec plus d'admiration que de crainte, ne peut se soustraire à un sentiment pénible qui rappelle et explique la terreur profonde que ces phénomènes ont inspirée autrefois.

Cependant la nuit n'est pas complète ; il se forme autour du disque noir de la Lune une *auréole lumineuse*, autour de laquelle se projettent des saillies semblables à des flammes rougeâtres (225). Cette couronne a produit quelquefois un effet extraordinaire sur les spectateurs. A Pavie, en 1842, vingt mille personnes, rassemblées pour assister à une éclipse totale de Soleil, après avoir vu, dans une anxiété silencieuse, s'éteindre peu à peu le disque étincelant, battirent des mains avec frénésie, quand, autour du cercle noir qui remplaçait le Soleil, elles virent apparaître cette auréole lumineuse.

Bientôt un jet de lumière jaillit à l'occident du disque noir de la Lune ; le jour renaît, et l'éclipse se termine en présentant, dans un ordre inverse, toutes les phases qui ont marqué son commencement,

268. Fréquence relative des éclipses de Lune et de Soleil. — Il y a *cette différence essentielle entre les deux sortes d'éclipses*, que les éclipses de Lune sont générales, au moins pour un hémisphère, et présentent à chaque instant la même phase à tous ceux qui les observent (262), et que les éclipses de Soleil sont locales. Les premières commencent et finissent en même temps pour tous les lieux où elles sont visibles, tandis que les éclipses de Soleil commencent et finissent à différentes heures pour les différents points de la zone parcourue par le cône d'ombre. Tandis que le disque du Soleil est entièrement caché pour quelques observateurs, ou se montre à eux sous la forme d'un anneau, il présente à d'autres une échancrure circulaire ; et enfin, pour la plupart, il conserve son aspect habituel (263, 265).

La portion de la Terre qui voit une éclipse de Soleil est fort petite, à cause du peu de longueur et de largeur du cône d'ombre de la Lune. Une éclipse totale ne peut être vue en même temps que par à peine $\frac{1}{6000}$ de la surface de la Terre. C'est au plus un cercle de 22 lieues de diamètre.

Les éclipses de Soleil commencent par le bord occidental de cet astre, tandis que les éclipses de Lune commencent par le bord oriental de la Lune.

Pour toute la Terre, les éclipses de Soleil sont plus fréquentes que celles de Lune ; mais pour un point donné, Paris par exemple, les éclipses de Lune que l'on peut observer, sont plus fréquentes que celles de Soleil. Il est aisé de s'en rendre compte. Pour qu'il y ait éclipse de Soleil, visible en quelque point de la Terre, il suffit que la Lune pénètre dans le tronc de cône de lumière AB*ba* (*fig.* 75, p. 198); et pour qu'il y ait une éclipse de Lune, il faut que la Lune pénètre dans le cône d'ombre de la Terre *abo*. Le premier étant beaucoup plus large que le second, il y a plus de chances pour les éclipses de Soleil.

Pendant la période de *Saros* (269), de 18 ans 11 jours, il se produit en général 70 éclipses, dont 41 de Soleil et 29 de Lune. Pour toute la Terre, il y a, dans le XIX° siècle, 12 éclipses totales de Soleil, visibles en divers lieux.

En un point donné, on observe moins d'éclipses de Soleil que d'éclipses de Lune, parce que les éclipses de Soleil ne sont visibles que pour une petite partie de la Terre, au lieu que chaque éclipse de Lune est visible pour tout un hémisphère. A *Paris*, dans le courant du xix⁰ siècle, on compte 73 éclipses de Lune, et seulement 39 de Soleil; aucune n'est totale; dans le xviiiᵉ siècle, une seule a été totale, celle de 1724. *Londres* est resté 575 ans sans voir une seule éclipse totale; depuis 1715, il n'y en a pas eu.

Dans une même année, pour toute la Terre, il peut y avoir 7 éclipses au plus de Lune ou de Soleil, 4 en moyenne, et jamais moins de 2. Dans ce dernier cas, elles sont toutes les deux de Soleil; cela se présente en 1875, où il y a une éclipse totale de Soleil, le 6 avril, dans le sud de l'Inde, dans la Chine et les îles de l'océan Indien; et une éclipse annulaire, le 29 septembre, visible dans la plus grande partie de l'Europe et de l'Afrique. S'il s'agit des éclipses visibles *en un lieu donné*, on ne compte guère qu'une éclipse de Soleil en deux ans, et une éclipse totale en deux siècles.

269. Période et prédiction des éclipses. — Il existe une période, connue des Chaldéens sous le nom de *Saros*, de 18 ans 11 jours, comprenant à très-peu près 223 lunaisons ou révolutions synodiques de la Lune, et 19 révolutions synodiques de la ligne des nœuds (242). Cette période écoulée, la Lune, la Terre, le nœud et le Soleil se retrouvent très-sensiblement dans les mêmes positions relatives. Si dans une de ces périodes ces positions ont donné lieu à une éclipse, soit de Lune, soit de Soleil, elles donneront lieu, dans une autre période, à une éclipse qui représentera les mêmes particularités.

Les anciens avaient découvert par l'expérience cette période de 18 ans 11 jours. Ils s'en servaient pour *prédire les éclipses*. Il suffit, en effet, d'avoir observé toutes les éclipses d'une de ces périodes, pour connaître l'instant et les particularités de celles de toutes les périodes suivantes. Cette méthode ne donne cependant, surtout pour les éclipses de Soleil, qu'une faible approximation; elle est complétement abandonnée aujourd'hui.

Les astronomes modernes emploient le calcul; il leur suffit pour prédire les éclipses avec une perfection en quelque sorte absolue. Toutefois, ce calcul est long et compliqué, surtout pour les éclipses de Soleil; car, après avoir déterminé les circonstances de l'éclipse, il faut encore rechercher quels sont les points de la Terre qui pourront l'apercevoir, combien de temps et sous quel aspect ils la verront. — Malgré ces difficultés, tous les almanachs et les annuaires annoncent d'avance, à quelques secondes près, le commencement et la fin des éclipses. La précision avec laquelle les astronomes peuvent les prédire est d'ailleurs une preuve évidente de la vérité des théories modernes, et de l'exactitude admirable avec laquelle les corps célestes obéissent aux lois que Dieu a posées pour régir leurs mouvements et en régler l'harmonie.

270. Usages des éclipses. — Les observations des éclipses de Lune peuvent servir à déterminer les *longitudes* (92). Mais on utilise plus fréquemment les occultations d'étoiles, c'est-à-dire les éclipses des étoiles que la Lune nous cache successivement pendant sa révolution. Il en est de même des *distances lunaires* ou des distances variables auxquelles cet astre se trouve par rapport aux principales étoiles. La *connaissance des temps,* publiée 4 ou 5 ans à l'avance, contient des *Tables de la Lune* (243), dans lesquelles on marque quelle heure il est à Paris au moment où ont lieu ces occultations, et où la Lune est à une distance déterminée des étoiles principales. Les marins observent ces phénomènes, s'assurent de l'heure du lieu où ils font l'observation, et, en consultant les tables, ils voient quelle heure il est à Paris. Cela leur suffit pour connaître leur longitude (90).

La *chronologie* utilise les éclipses de Soleil. Comme les astronomes peuvent prédire à l'aide du calcul les éclipses futures, ils peuvent aussi trouver les éclipses anciennes qui ont dû se produire, et les circonstances qu'elles ont dû présenter dans telle ou telle localité. Les éclipses peuvent donc servir aux chronologistes, soit pour fixer la date exacte d'un événement éloigné, soit pour corriger de fausses indications.

Ainsi Hérodote parle d'une éclipse de Soleil, prédite par *Thalès* de Milet, qui mit fin à un combat engagé entre les Lydiens et les Mèdes. Les auteurs attribuent à ce fait des dates très-diverses, depuis le 1er octobre 583, jusqu'au 3 février 626 avant J.-C. Les astronomes ont fixé cette éclipse au 28 mai de l'année 585 avant J.-C. — Diodore de Sicile parle d'une autre éclipse observée près de Syracuse, à laquelle les astronomes assignent la date du 15 août 310 avant J.-C.

Citons quelques-unes des *éclipses de Soleil les plus remarquables :*

A Paris et en France, les éclipses annulaires de 1764 et de 1847 ; l'éclipse partielle du 15 mars 1858, la plus belle du siècle.

L'éclipse totale de 1842 fut remarquable par la beauté de sa couronne lumineuse, et attira l'attention des astronomes sur les protubérances qui s'élançaient en flammes immenses, d'une couleur rose. — L'éclipse du 18 juillet 1860 a été totale dans un grand nombre de villes d'Espagne et à Alger, pendant environ 3ᵐ. — L'éclipse du 18 août 1868 a été une des plus considérables qui puissent avoir lieu ; visible dans la partie orientale de l'Afrique, en Arabie, en Chine, etc.

CHAPITRE V.

INFLUENCE DE LA LUNE SUR LES PHÉNOMÈNES TERRESTRES. — MARÉES.

271. — La Lune agit par *attraction* sur la Terre. Elle produit des inégalités dans son mouvement annuel de *translation* (243). elle influe aussi sur son mouvement de *rotation*, étant la cause de la nutation de son axe (154) et en partie de la précession (152). C'est à la Lune surtout que sont dues les *marées* de l'Océan (274) et de faibles oscillations dans l'atmosphère (281).

La Lune ne peut agir que bien faiblement par sa *chaleur* et sa lumière. L'intensité de la chaleur qu'elle nous envoie est si faible qu'on a été longtemps avant de pouvoir la mettre en évidence. — Sa *lumière* est aussi très-faible relativement à celle du Soleil ; et son action chimique peu intense, car il faut beaucoup de temps pour obtenir une image photographique de la Lune. — On a constaté aussi son influence sur l'aiguille aimantée.

On attribue encore communément à la Lune, bien à tort sans doute, beaucoup d'autres influences qui sont loin d'être démontrées (282).

272. Phénomène des marées. — On donne le nom de *marée* (du latin *mare*, *mer*) à ce mouvement alternatif en vertu duquel, deux fois par jour, les eaux de la mer montent et envahissent les côtes, et deux fois par jour elles descendent, en laissant à découvert une partie plus ou moins grande du rivage.

Ainsi les eaux montent d'abord pendant environ 6 heures. Les vagues se succèdent sur le rivage, en le recouvrant peu à peu, et se précipitent dans l'intérieur des fleuves jusqu'à de grandes distances de leur embouchure. Parvenues à leur plus grande hauteur, les eaux restent quelque temps en repos, $\frac{1}{4}$ d'heure environ. Puis le reflux commence ; chaque vague recule plus que la précédente ; les sables se découvrent peu à peu pendant 6 heures, et les rochers semblent surgir du fond de la mer. Arrivée à un certain niveau inférieur, la mer reste quelque temps en repos, puis le flux recommence.

Le moúvement ascendant de la mer est le *flux*, le *flot*, ou la *marée montante ;* le mouvement contraire est le *reflux*, le *jusant* ou la *marée descendante.*

On dit que la mer est *haute* ou *pleine* quand elle a atteint sa plus grande hauteur; elle est *basse*, quand elle est à son niveau inférieur.

273. — Le phénomène des marées est essentiellement *périodique*. La marée monte et descend deux fois en 25 heures environ, exactement en 24^h 50^m 30^s, en sorte qu'il s'écoule, entre deux hautes ou deux basses mers consécutives, 12^h 25^m 15^s. Or il s'écoule précisément le même temps, 24^h 50^m 30^s, entre deux passages supérieurs de la Lune au même méridien, et, entre un passage supérieur et un passage inférieur, il s'écoule 12^h 25^m 15^s. *La période des marées est donc égale à la durée du jour lunaire.*

On appelle *hauteur totale* d'une marée la différence de niveau entre la haute et la basse mer; on l'obtient en prenant la demi-somme des hauteurs de deux hautes mers consécutives au-dessus de la basse mer intermédiaire.

La marée totale, en un lieu donné, n'est pas toujours la même. Elle varie, durant chaque mois, avec les *phases de la Lune ;* elle est plus grande à l'époque des *syzygies*, et plus faible au moment des *quadratures*. — On remarque en outre que, chaque année, les plus grandes marées ont lieu vers l'époque des *équinoxes*, surtout lorsque la Lune, très-voisine de l'équateur, est au *périgée ;* tandis que les plus faibles de toutes arrivent aux *solstices*, principalement quand la Lune, ayant une grande déclinaison, est à l'*apogée.*

Toutes ces circontances mettent en évidence l'influence de la Lune et du Soleil sur le phénomène des marées, et montrent que l'action de la Lune est prépondérante. Les marées sont dues en effet aux attractions exercées simultanément par ces deux astres sur les eaux de la mer.

274. Marée lunaire. — Occupons-nous d'abord de l'action prépondérante de la Lune, comme si elle se produisait seule.

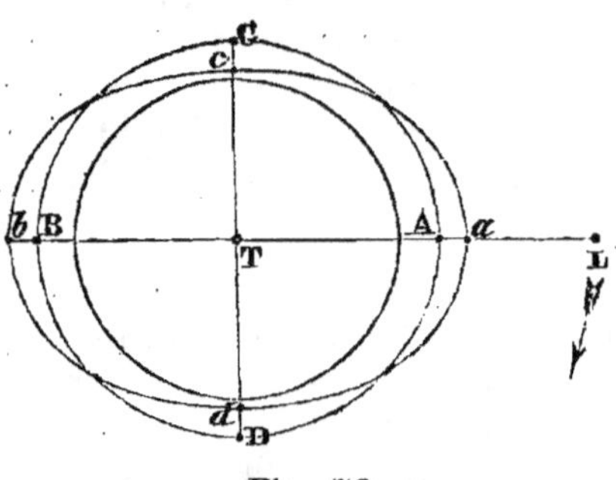

Fig. 79.

Soient donc T la Terre (*fig. 79*), représentée par son équateur et supposée immobile ; et L le centre de la Lune, que nous supposons aussi d'abord immobile, dans le plan de l'équateur terrestre, à une distance plus grande qu'il n'est marqué dans la figure et dans le prolongement du diamètre BA.

Pour simplifier l'explication, nous regarderons la Terre comme formée de deux parties distinctes : un *noyau solide*, parfaitement sphérique, et dont toute la matière peut être supposée réunie en son centre T; et une enveloppe fluide, l'Océan, dont les eaux, obéissant aux lois de la pesanteur et aux conditions d'équilibre des liquides, doivent se disposer autour du noyau solide de manière que chaque partie de la surface soit de niveau vrai, c'est-à-dire également rapprochée du centre T.

La Lune exerce son attraction sur les différentes parties de la Terre, avec une intensité qui est en raison inverse du carré des distances.

La distance des centres, TL, étant de 60 rayons terrestres, la distance AL d'un point de la surface terrestre, ne sera que de $59\,r$, et BL, distance du point opposé, de $61\,r$. Les attractions lunaires sur les trois points A,T,B, seront donc proportionnelles à $\frac{1}{59^2}$ $\frac{1}{60^2}$ et $\frac{1}{61^2}$: elles iront en diminuant de A à B.

Les molécules liquides situées en A et dans le voisinage, étant plus rapprochées de la Lune que l'ensemble du noyau solide de la Terre concentré en T, sont donc plus attirées par cet astre que le noyau solide. Elles subissent, dans leur poids, une diminution évaluée à 0,03, et sont comme soulevées par la Lune.

Les molécules situées en B et autour, étant plus éloignées de la Lune, sont moins attirées que la partie solide du globe terrestre, supposée réunie en T. La

Lune tend donc à séparer la Terre de ces molécules et à augmenter la distance BT. On peut dire aussi que la Terre tombant continuellement sur la Lune, les eaux en B tendent à rester en arrière, relativement à la masse du globe qui est plus fortement attirée qu'elles. Le poids des molécules liquides est donc diminué en B comme en A.

Quant aux molécules intermédiaires, en C et en B, à 90° des précédentes, elles sont sensiblement à la même distance de la Lune que le point T; elles sont sollicitées par la Lune de la même manière que le noyau solide. Elles ne perdent pas de leur poids, comme les molécules en A et en B; elles sont donc plus pesantes que ces dernières; c'est comme si elles subissaient une pression plus grande contre la partie solide du globe.

En comprenant bien ces principes, on voit facilement que l'équilibre est rompu dans la vaste enveloppe liquide ACBD. Les eaux de la mer, d'ailleurs très-fluides, doivent abandonner toute la région CD, pour se porter en A et en B, où elles forment deux proéminences. L'eau plus pesante en C et en D devra se porter vers A et B pour rétablir l'équilibre, exercer la même pression sur la surface du noyau solide, s'accumulant là où le poids de chaque molécule a diminué, et s'abaissant là où la pesanteur se trouve relativement plus intense.

La surface des mers prend ainsi à peu près la forme d'un ellipsoïde allongé, *acbd*, dont le grand axe *ba* passe par le centre de la Lune. La haute mer se trouve donc en *a* et en *b*, dans les lieux qui ont la Lune au méridien; et la basse mer, en *c* et en *d*, dans les lieux qui ont la Lune à leur horizon.

275. — Mais la Lune, par *l'effet du mouvement réel de rotation de la Terre*, accomplit autour de notre globe, d'orient en occident, un mouvement apparent de translation, en 24^h 50^m 30^s. En conséquence, le grand axe de l'ellipsoïde aqueux, qui doit passer par la Lune, *ba*L, suivra notre satellite et tournera avec lui, d'orient en occident, élevant les eaux partout où cet astre sera soit au zénith, soit au nadir, et les abaissant partout où il se trouvera à l'horizon.

Pour un même lieu, il y aura donc *marée haute* quand la Lune est à son zénith; *reflux,* pendant qu'elle va du zénith à l'horizon; *marée basse,* au coucher de la Lune; *flux,* depuis son coucher jusqu'à son passage inférieur, qui détermine une nouvelle *marée haute.* Puis le *reflux* se reproduit jusqu'au lever de la Lune, suivi d'une *marée basse* et d'un nouveau *flux.* Au bout d'une révolution diurne de la Lune, c'est-à-dire après $24^h\,50^m\,30^s$, les mêmes faits doivent se reproduire. Et nous avons ainsi l'explication des principales circonstances du phénomène des marées.

C'est ce qui se passe, à peu près exactement, dans les *régions équatoriales.* Dans nos climats, la Lune ne vient jamais au zénith, et nous n'avons pas le sommet du renflement produit par les marées; mais la différence est faible.

En tous cas, l'onde de la marée atteint au même instant les lieux situés sur le méridien dans lequel se trouve actuellement la Lune.— Aux *pôles*, il n'y a jamais de marée sensible.

276. Marée solaire. — Le Soleil agit par son attraction sur la Terre absolument comme la Lune. Il doit donc se produire en chaque lieu, dans l'intervalle d'un jour solaire, deux marées solaires hautes, l'une à midi, l'autre à minuit; et deux marées basses, le matin et le soir.

Mais, bien que la masse du Soleil soit incomparablement supérieure à celle de la Lune, son action, à cause de sa plus grande distance, est notablement inférieure à l'action lunaire. Aussi résulte-t-il d'une longue suite d'observations qu'en moyenne la marée solaire n'est que les 0,42 ou les $\frac{2}{5}$ de la marée lunaire. — C'est d'ailleurs sur ce fait qu'on s'appuie pour calculer la masse de la Lune, qui est $\frac{1}{75}$ de celle de la Terre (251).

On établit que la hauteur de la marée doit être en raison directe de la masse du corps qui attire, et en raison inverse du cube de la distance. Si l'on désigne par M et m les masses du Soleil et de la Lune, par D et d leurs distances, et l'action du Soleil par $f=0,42$, on a :

$$f=\frac{M}{m}\times\frac{d^3}{D^3}\ ;\ \text{ou}\ 0,42=\frac{326.200\times60^3}{x\times23.280^3}\ ;$$

$$\text{d'où on tire}\ x=\frac{326.200\times60^3}{0,42\times23.280^3}=0,01329\ \text{ou environ}\ \frac{1}{75}\,.$$

277. Marées composées. — La Lune et le Soleil agissant en même temps, les effets qu'ils produisent varient suivant leurs positions relatives, par conséquent suivant les phases de la Lune. L'action de la Lune, étant toujours prépondérante, est seulement modifiée par celle du Soleil.

Aux *syzygies*, la Lune et le Soleil passant au même instant au méridien d'un lieu, les actions des deux astres s'ajoutent. Aussi les marées des nouvelles et des pleines lunes sont-elles les plus fortes, égales à la somme des deux marées lunaire et solaire, $5 + 2 = 7$. — Parmi les marées des syzygies, les plus fortes ont lieu au moment des éclipses, parce que la Lune et le Soleil sont alors sur une même ligne avec la Terre; elles augmentent encore si la Lune et le Soleil se trouvent à ce moment à leur périgée.

Aux *quadratures*, les deux effets se contrarient. Ainsi la Lune étant au méridien d'un lieu soulève les eaux de la mer pour y produire la marée haute; mais à ce moment le Soleil étant à l'horizon, tend à produire une dépression de la mer en ce même lieu. La marée y est plus faible, ne valant plus que la différence entre la marée lunaire et la marée solaire, $5 - 2 = 3$.

Entre une syzygie et une quadrature, la hauteur des marées varie progressivement du maximum 7 au minimum 3. De plus, la résultante des actions de la Lune et du Soleil se dirigeant entre les deux astres, le sommet du renflement n'est plus dans les lieux qui ont la Lune à leur zénith, mais un peu du côté du Soleil.

278. Établissement du port. — Le phénomène des marées n'a pas lieu en réalité au moment où l'action qui le produit a sa plus grande intensité ; par exemple, au moment où, chaque jour, la Lune passe au méridien d'un lieu. De même les plus fortes marées de chaque mois n'arrivent pas au moment où la Lune et le Soleil sont en syzygies.

On nomme *établissement du port* le retard de la pleine mer sur le passage de la Lune au méridien. Ce retard reste toujours le même pour chaque port en particulier, mais il varie d'un port à l'autre. Il est très-utile à connaître pour déterminer les heures des marées relativement aux phases de la Lune.

Ces retards viennent de ce que les eaux de l'Océan n'obéissent pas instantanément à l'attraction qui les soulève ; leur état d'inertie s'y oppose et les empêche de suivre exactement la marche de l'astre qui agit sur elles. Le mouvement que les eaux ont acquis pendant le reflux tend d'ailleurs à se continuer, et il faut que ce mouvement se ralentisse d'abord et s'arrête, avant que le mouvement contraire puisse commencer. Ajoutons à ces causes de retard le frottement sur le fonds de la mer et les côtes, les anfractuosités du rivage, etc.

Quant au retard spécial à *chaque port*, il résulte d'abord de la variété des pentes, des inégalités du sol sous-marin, de la situation du port relativement aux côtes. Mais il est dû surtout à ce que, dans les golfes et les mers étroites, le mouvement des eaux ne se propage que successivement, en sorte qu'on n'y observe, comme on dit, que des *marées dérivées*. C'est ainsi que, dans la Manche, le flot doit arriver à Cherbourg bien avant de se manifester au Hâvre, et il ne parvient que longtemps après à Dunkerque, avec un retard de 12 heures, parce qu'il faut ce temps aux eaux de l'Océan pour arriver à la Manche, la traverser, ainsi que le Pas-de-Calais, et se répandre sur les côtes.

L'expérience nous apprend encore que les plus fortes marées n'ont pas lieu le jour même de la nouvelle ou de la pleine lune ; elles n'arrivent qu'environ 36 heures après, c'est-à-dire à la troisième marée suivante. On peut l'expliquer en considérant que ces trois marées sont comme trois immenses ondulations de la mer, dont chacune est successivement augmentée, son impulsion étant facilitée par l'ébranlement imprimé par les précédentes à la masse des eaux.

279. Hauteur des marées. — Il résulte des calculs les plus exacts que, dans l'hypothèse où nous nous sommes placés (274), la plus grande hauteur totale d'une marée ne devrait être que de $0^m,76$; et c'est à peu près ce qui arrive dans les mers du Sud, où l'oscillation de la mer ne dépasse jamais 1 mètre. Mais il n'en est pas ainsi dans l'*Océan Atlantique*. A Brest, par exemple, la hauteur moyenne de la marée des syzygies est de $6^m,25$; à Granville, elle est de $12^m,30$. On s'explique ce fait en remarquant que l'Océan Atlantique est limité, de part et d'autre, par des côtes, qui s'étendent sensiblement suivant deux méridiens, l'Amérique d'un côté, l'Europe et l'Afrique de l'autre. Or, lorsque la masse liquide, entraînée par la Lune et le Soleil, vient se précipiter contre un de ces rivages, elle ne s'arrête pas instantanément ; mais au contraire, en vertu de la vitesse acquise, elle dépasse de beaucoup sa position d'équilibre, et s'élève à une hauteur plus considérable. C'est ainsi qu'en imprimant un léger ébranlement à un liquide contenu dans un large vase, on le voit s'élever brusquement jusque vers les bords, et s'échapper même, quoique sur le milieu le déplacement ait été assez faible.

A *Brest*, la *marée totale* aux syzygies atteint en moyenne 6^m,42 ; ce qui donne 3^m,21 pour *unité de hauteur*, ou quantité dont la mer s'élève ou s'abaisse par rapport à un niveau moyen ; aux quadratures, la hauteur totale est de 3^m,10. Quand la Lune est à son périgée, la marée gagne 1^m,77 ; lorsqu'en même temps le Soleil est à son périgée, la hauteur augmente encore. Les déclinaisons de la Lune et du Soleil ont aussi de l'influence sur les marées, ces corps agissant d'autant plus qu'ils sont plus rapprochés de l'équateur. — Les vents, du reste, peuvent favoriser ou contrarier le mouvement des vagues, et augmenter ou diminuer beaucoup la hauteur de la pleine mer.

Voici, pour plusieurs points des côtes de France sur l'Atlantique, l'établissement du port et l'unité de hauteur moyenne de la marée, aux syzygies.

NOM du port.	ÉTABLISSEMENT du port.	UNITÉ de hauteur	NOM du port.	ÉTABLISSEMENT du port.	UNITÉ de hauteur
Bayonne. . .	4h 5^m. . .	1^m, 40	Granville. . .	6h 30^m. . .	6^m, 15
Cordouan. . .	3 53 . .	2 , 35	Cherbourg. .	7 58 . .	2 , 82
Bordeaux. . .	7 45 . .	» »	Le Hâvre. . .	9 53 . .	3 , 57
St-Nazaire. .	3 43 . .	2 , 68	Dieppe. . . .	11 8 . .	4 , 40
Brest. . . .	3 46 . .	3 , 21	Calais.	11 49 . .	3 , 12
St-Malo. . .	6 10 . .	5 , 68	Dunkerque. .	11 13 . .	2 , 68

280. — Dans les *mers intérieures*, comme la mer Noire et la mer Caspienne, les marées sont tout à fait nulles. Cela provient de ce que l'étendue de ces mers est trop peu considérable pour qu'il y ait une différence sensible entre les attractions de la Lune, et, à plus forte raison, celles du Soleil, sur les molécules liquides situées aux extrémités opposées de ces mers.

Dans la *Méditerranée*, les marées sont à peine sensibles.

281. Marées atmosphériques. — Il est incontestable que la Lune et le Soleil exercent sur l'atmosphère une attraction analogue à celle qu'ils exercent sur les eaux de la mer. Ces astres doivent donc y produire chaque jour deux marées hautes et deux marées basses. Les observations barométriques en ont manifesté l'existence ; mais elles ont démontré en même temps qu'elles sont très-faibles.

Suivant quelques savants, la Lune produirait aussi, dans le noyau fluide de la Terre (109), des *marées souterraines*, et les masses liquides, venant heurter la voûte solide, seraient la cause de la plupart des tremblements de Terre.

282. Influences douteuses. Lune rousse. — Il y aurait beaucoup à dire si l'on voulait suivre les croyances populaires, et examiner en détail les divers genres d'influences qu'elles attribuent à la Lune, dans la production des phénomènes de toutes sortes dont nous sommes témoins sur la Terre. Il est vrai qu'on ne peut nier d'une manière absolue la réalité de ces influences, du moins de quelques-unes d'entre elles. Mais l'observation attentive et prolongée des faits, et la discussion minutieuse des résultats de cette observation, n'autorisent pas jusqu'à présent à partager ces croyances populaires, et la science a raison de se renfermer à ce sujet dans une prudente réserve.

On peut au moins donner, de quelques-uns des phénomènes attribués à l'action de la Lune, une explication qui exclut toute intervention de notre satellite ; tels sont en particulier les phénomènes de la *Lune pâle* et de la *Lune rousse*.

La *Lune pâle* ou, comme on dit, *noyée, donne de la pluie*. La Lune est ici le signe et non la cause du phénomène. Elle nous paraît pâle parce que les rayons lumineux qui nous en viennent, ont traversé une atmosphère chargée de vapeurs condensées. Quand notre atmosphère est surchargée de vapeurs, il est tout naturel que la pluie tombe, sans que la Lune en soit la cause.

On appelle *Lune rousse* la Lune ou lunaison qui commence en avril et devient pleine à la fin de ce mois ou dans le courant du mois de mai. On lui a donné ce nom parce que les jardiniers et les cultivateurs attribuent à sa lumière la propriété de geler et de faire *roussir*, pendant la nuit, les jeunes pousses des plantes, les bourgeons, la vigne. Quand la Lune brille avec éclat, la gelée se produit, bien que le thermomètre suspendu dans l'air se maintienne à plusieurs degrés au-dessus de zéro. Quand au contraire le ciel est couvert, et que les rayons de la Lune sont arrêtés par les nuages, la gelée n'est jamais à craindre.

On accuse la Lune d'un fait qui accompagne son apparition, mais n'en est pas la conséquence. Quand le ciel est clair, et, par conséquent, nous laisse venir les rayons lumineux de la Lune sans les affaiblir, les plantes qui ont un grand pouvoir émissif rayonnent leur chaleur dans l'espace sans que ces rayons soient arrêtés, et peuvent se refroidir au-dessous de zéro ; leur sève gèle alors et en brise les tissus. L'air, qui n'a pas de pouvoir émissif, ne se refroidit pas autant et peut rester plus chaud. — Quand le ciel est couvert, les nuages arrêtent les rayons lumineux de la Lune et nous la cachent ; mais ils arrêtent aussi les rayons de chaleur émis par les plantes, les leur renvoient et empêchent ainsi le refroidissement et la gelée des végétaux les plus délicats.

D'ailleurs à la fin de juin et au commencement de mai, lorsque la Lune est nouvelle ou dans ses premières phases, elle n'est pas sur l'horizon pendant la nuit, et, quand le ciel est serein, les plantes gèlent, sans qu'on puisse l'attribuer à la lumière de notre satellite.

283. — C'est un préjugé de tous les peuples et de tous les siècles que les phases de la Lune ont une influence sur les *changements de temps*. Le maréchal Bugeaud avait grande confiance dans la règle suivante : *Le temps se comporte 11 fois sur 12, pendant toute la lunaison, comme il s'est comporté le cinquième et le sixième jour, si ces deux jours se ressemblent ; et 9 fois sur 12 comme le quatrième et le sixième, si ces deux jours sont pareils.*

Cette influence de la Lune ne paraît pas confirmée par les observations météorologiques, et les savants refusent généralement d'y croire. Peut-être cependant pourrait-on admettre que son attraction sur l'atmosphère pourrait en troubler l'équilibre, changer la direction des vents, et par conséquent amener des variations dans le temps. Par lui-même d'ailleurs le vaste mouvement des eaux dans les marées ne pourrait-il pas occasionner quelque perturbation dans l'équilibre et la température de l'atmosphère ?

Il est plus difficile encore de croire que la Lune, pendant son cours ou sa période croissante, augmente chez les êtres organisés la faculté de croître et de se développer ; et au contraire suspend ou diminue cette faculté pendant son décours ou sa période décroissante. D'après les préjugés vulgaires, les cheveux et les ongles, coupés pendant le cours de la Lune, repoussent plus rapidement ; il faut planter ou semer pendant le cours si l'on veut avoir des arbres qui s'élèvent avec vigueur, des choux ou des laitues précoces. Taillée pendant le croissant, la vigne pousse plus vite et gèle plus facilement ; abattu dans la même période, le bois a plus de sève, fermente et s'altère ; le vin mis en bouteille à cette époque devient plus mousseux et casse plus facilement les bouteilles.

LIVRE V

DES PLANÈTES

CHAPITRE Ier.

284. Planètes. — Les planètes sont des corps célestes,
éclairés par la lumière du Soleil, et qui paraissent se
déplacer sur la sphère céleste parmi les constellations.

A l'œil nu, les planètes ont à peu près le même aspect
que les étoiles. Elles s'en distinguent cependant par
plusieurs caractères. Leur lumière est moins vacillante
que celle des étoiles, et n'éprouve pas au même degré
le phénomène de la *scintillation* (70). Elles se déplacent
à la surface du ciel et sont pour cela appelées planètes
(πλανήτης, errant), ce qui les distingue des *étoiles fixes*,
qui conservent entre elles les mêmes distances angulaires.
— Au *télescope*, les planètes nous présentent un diamètre apparent plus au moins grand, mais sensible,
tandis que les étoiles apparaissent toujours comme des
points lumineux ; cela prouve que les premières sont
très-près de la Terre, comparativement aux autres.

On les divise en *planètes principales*, qui décrivent
autour du Soleil une orbite semblable à celle de la Terre
(147), et en *planètes secondaires* ou *satellites*, qui tournent autour d'une planète principale, comme la Lune
tourne autour de la Terre (241).

285. — Les *anciens* reconnaissaient sept planètes,
toutes visibles à l'œil nu. Ils avaient donné leurs noms

aux sept jours de la semaine (209). C'étaient le Soleil, la Lune, Mars, Mercure, Jupiter, Vénus et Saturne. Dans leur système, qui nous a été expliqué par *Ptolémée* (295), la Terre était le centre du mouvement des planètes, ce qui est conforme aux apparences, mais contraire à la réalité, excepté pour la Lune.

Du nombre des sept planètes anciennes il faut, d'après le système de Copernic, retrancher le Soleil, qui est un astre fixe, centre du mouvement des planètes principales, et la Lune, qui n'est que le satellite de la Terre.

En revanche, aux cinq planètes qui restent, il faut en ajouter trois autres : la *Terre, Uranus et Neptune*. — Il est incontestable que la *Terre est une planète ;* elle tourne autour du Soleil (147), en obéissant, comme toutes les autres planètes, aux deux premières lois de Képler (296). Si on compare son mouvement à celui d'une planète quelconque, Vénus ou Mars, on trouve que ce mouvement est conforme à la troisième loi. Nous signalerons encore beaucoup d'autres ressemblances en étudiant chaque planète séparément (306-318). — *Uranus* a été découvert par W. Herschell, en 1781, et Neptune, deviné par M. Leverrier, en 1846 (318), a été aperçu peu après par M. Galle, astronome prussien.

Aux *huit* planètes principales, on peut ajouter un grand nombre de petites planètes, situées entre Mars et Jupiter, et dont la première a été découverte le 1er janvier 1801 (312).

Voici la liste des huit planètes principales, et du groupe de petites planètes, dans l'ordre de leurs distances au Soleil : Mercure, Vénus, la Terre, Mars, petites planètes, Jupiter, Saturne, Uranus, Neptune.

286. Loi de Titius ou de Bode. — Il existe une loi ou un procédé remarquable destiné à faire retrouver commodément les distances moyennes des planètes au Soleil. Cette loi a été découverte et publiée par *Titius*, mais elle est plus connue sous le nom de loi de *Bode*, du nom d'un astronome de Berlin qui attira l'attention sur elle.

On écrit une série de *neuf* termes, commençant par 0, puis 3, et le double de chaque terme précédent :

0　　3　　6　　12　　24　　48　　96　　192　　384.

A chaque terme on ajoute 4, ce qui donne :

4　　7　　10　　16　　28　　52　　100　　196　　388.

Enfin on divise chaque terme par 10. On a ainsi des nombres qui représentent *approximativement* les distances des planètes au Soleil, si l'on prend pour unité la distance de la Terre, qui est de 37 millions de lieues (215). Nous marquons au dessous du nom de chaque planète la *distance réelle* trouvée par le calcul.

0,4	0.7	1	1,6	2,8
Mercure.	Vénus.	La Terre.	Mars.	Petites planètes.
0,387	0,723	1	1,524	2,693

5,2	10	19,6	38,8
Jupiter.	Saturne.	Uranus.	Neptune.
5,203	9,539	19,183	30,037

Le cinquième nombre 2,8 ne répondait anciennement à aucune planète connue. Aussi Bode, qui regardait la loi de Titius comme l'expression de la réalité, ne craignit pas d'avancer que l'on découvrirait une ou plusieurs planètes à cette distance. L'événement lui a donné raison (312); les petites planètes sont à des distances moyennes du Soleil comprises entre 2,20 et 3,56. La découverte d'*Uranus* a confirmé aussi la loi de Bode; mais la distance de *Neptune* s'en écarte notablement.

287. Planètes inférieures et supérieures. — D'après le tableau qui précède, deux planètes, Mercure et Vénus, sont plus rapprochées du Soleil que la Terre. On les appelle *planètes inférieures*, parce que leurs distances au Soleil sont inférieures à celle de la Terre; on les appelle aussi planètes *intérieures*, parce qu'elles circulent dans l'intérieur de l'orbite de la Terre. Les autres planètes sont plus éloignées, et se nomment planètes *supérieures* ou planètes *extérieures*.

288. Mouvement réel des planètes. — Le mouvement des planètes peut être observé du Soleil ou de la Terre. Un observateur placé au centre du Soleil verrait toutes les planètes tourner autour de lui, et décrire des grands cercles de la sphère céleste, *toutes dans le même sens*, d'occident en orient, à peu près comme nous voyons la Lune tourner autour de la Terre.

En effet, les planètes tournent réellement, comme la Terre, d'occident en orient, en décrivant des orbites elliptiques dont le Soleil occupe un foyer (296). Ces orbites des planètes sont dans des plans tous inclinés sur le plan de l'écliptique, mais seulement d'un petit nombre de degrés, en sorte que les planètes s'écartent très-peu de ce plan, et paraissent toutes situées dans la zone céleste à laquelle on a donné le nom de zodiaque (131). Il n'y a d'exception que pour quelques-unes des petites planètes.

On appelle *nœuds* les points de l'écliptique par lesquels chaque planète traverse ce plan. L'un est le *nœud ascendant*, par lequel elle passe de l'hémisphère austral dans l'hémisphère boréal; l'autre est le *nœud descendant. La ligne des nœuds* est l'intersection de l'orbite de la planète et de l'écliptique; elle a un mouvement rétrograde, comme celle de la Lune (242).

La vitesse angulaire de chaque planète est réglée, comme celle de la Terre (143), par la seconde loi de Képler, c'est-à-dire par le *principe des aires*. Le mouvement des planètes ne diffère donc du mouvement de la Terre qu'en deux points : les dimensions de l'orbite, qui varient avec la distance de chaque planète au Soleil, et les temps employés par les planètes à parcourir leurs orbites, temps d'autant plus grands que les orbites sont plus étendues (296). Les planètes inférieures mettent moins d'un an : Mercure, 3 mois à peine; Vénus, 7 mois $\frac{1}{2}$; les planètes supérieures mettent plus d'un an : Mars, 1 an 10 mois $\frac{1}{2}$, Jupiter, 12 ans, etc.

289. Conjonction, opposition, élongation, quadrature. — Parmi les positions apparentes que les planètes, vues de la Terre, occupent par rapport au Soleil, il y en a quelques-unes plus importantes, que nous allons définir.

Soient S (*fig. 80*) le Soleil, immobile au centre du système planétaire; T la Terre en un point de son orbite; une planète inférieure, Vénus V, dans son orbite

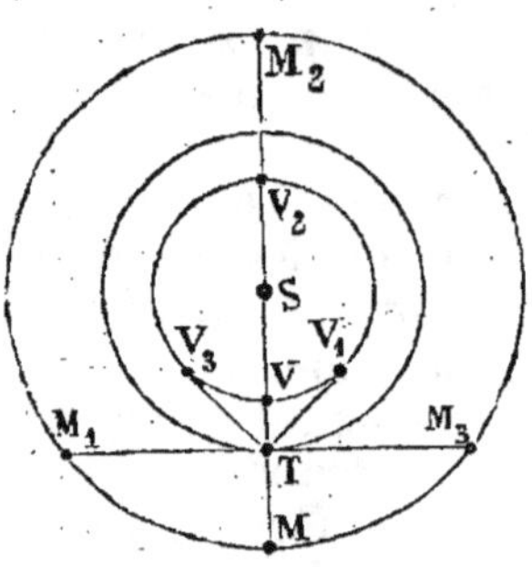

Fig. 80.

intérieure à celle de la Terre; et une planète supérieure, Mars M, dans son orbite extérieure à celle de la Terre. Nous supposons ces orbites circulaires et dans un même plan, ce qui est peu différent de la réalité.

On appelle *conjonction* les positions V, V_2, M_2, d'une planète placée sur la même ligne que le Soleil et du même côté de la Terre, ou plus exactement sur le même cercle de latitude et ayant par conséquent la même longitude. — Pour les planètes inférieures, comme Vénus, il y a deux conjonctions, l'une *inférieure*, en V, la planète étant entre le Soleil et la Terre, au-dessous du Soleil; l'autre supérieure, en V_2, la planète étant au-dessus du Soleil. — Pour les planètes supérieures, comme Mars, il n'y a qu'une conjonction en M_2.

L'*opposition* a lieu quand la planète M est sur la même ligne que le Soleil, mais à l'opposé de cet astre, ou quand leur longitude diffère de 180°.

On appelle *élongation* la distance angulaire d'une planète au Soleil; elle est orientale ou occidentale. Ainsi Vénus et Mars sont en élongation orientale dans les positions V_3 et M_1, leurs distances angulaires au Soleil étant V_3TS, M_1TS. Ces planètes sont en élongation occidentale en V_1 et M_3. — L'élongation des planètes inférieures varie de 0° jusqu'à une valeur maximum qui ne peut être dépassée. Cette valeur, appelée *digression*, est pour Mercure de 28°, et pour Vénus de 48°; c'est l'angle V_3TS. — L'élongation des planètes supérieures passe par toutes les valeurs possibles. Ces planètes sont en *quadrature* en M_1 et M_3, quand elles sont à une distance du Soleil M_1TS de 90°.

La distance réelle des planètes à la Terre, et par suite leur diamètre apparent, varient évidemment. Les planètes inférieures sont à leur plus petite distance et ont leur plus grand diamètre apparent au moment de leur conjonction inférieure; elles sont à leur plus grande distance et ont leur plus petit diamètre à l'époque de leur conjonction supérieure.—Les planètes supérieures ont leur plus petit diamètre apparent à leur conjonction, et leur plus grand à leur opposition.

290. Mouvements apparents des planètes. — *Vu de la Terre*, le mouvement apparent des planètes peut se rapporter au *Soleil* ou aux *étoiles;* et il varie, dans le premier cas, suivant que les planètes sont inférieures ou supérieures.

1° Les *planètes inférieures* paraissent se balancer de part et d'autre du *Soleil;* mais elles ne s'en éloignent jamais beaucoup, et semblent l'accompagner dans son mouvement annuel. Si l'on considère Vénus au moment de sa conjonction inférieure en V, elle est comme perdue dans les rayons du Soleil et ne peut être aperçue. Les jours suivants, elle s'éloigne du Soleil, d'un mouvement rétrograde, c'est-à-dire d'orient en occident, le précède dans son mouvement diurne, et peut être aperçue le matin, un peu avant qu'il se lève. Au bout de quelques jours elle sera en V_1, en digression occidentale, sur la ligne TV, tangente à son orbite. Il y a alors *station;* la planète cesse de s'écarter du Soleil. Après être restée stationnaire quelque temps, Vénus prend un mouvement direct d'occident en orient; elle paraît se rapprocher du Soleil, et, le matin, quand il se lève, elle est de moins en moins élevée au-dessus de l'horizon. Arrivée en V_3, elle passe derrière le Soleil, en conjonction supérieure; elle est invisible à cause de son voisinage. Elle passe ensuite à l'orient de cet astre, devenant visible le soir après son coucher; puis arrivée à sa digression orientale en V_3, elle stationne; elle se couche alors $3^h \frac{1}{2}$ environ après le Soleil. Elle nous paraît ensuite revenir vers lui, jusqu'à ce qu'elle se perde de nouveau dans ses rayons, en repassant à sa *conjonction inférieure.*

2° Le mouvement des *planètes supérieures* est différent. Au lieu d'accompagner le Soleil, elles s'en éloignent à toutes les distances angulaires possibles. Comme la Terre marche sur son orbite plus vite que Mars, tout se passe comme si Mars s'écartait sur son orbite en sens inverse du mouvement de la Terre. Cette planète, supposée d'abord en M, en opposition, c'est-à-dire à 180° du Soleil, se lève 12 heures après lui, et passe au méridien à minuit. Après cette époque, la planète s'en rapproche vers l'orient, elle viendra en M_1 à 90° du Soleil, continuera à s'en rapprocher jusqu'en M_2 en conjonction, se perdant alors dans l'éclat de ses rayons. Puis, continuant son mouvement apparent rétrograde, Mars passe à l'occident, en élongation occidentale, pour revenir en quadrature au point M_3, et en opposition en M.

291. — Le mouvement des planètes, *vu de la Terre et rapporté aux étoiles* de la sphère céleste, est le même pour les planètes inférieures et pour les planètes supérieures. Il n'a pas pour trajectoire une circonférence de grand cercle, comme le mouvement du Soleil (127) et celui de la Lune (240); mais une ligne courbe très-irrégulière, sinueuse, présentant des boucles et des zigzags (*fig. 81*). Elle ne s'écarte pas beaucoup de l'écliptique, qu'elle coupe en plusieurs points.

A une certaine époque de leur course, les planètes se meuvent dans le sens rétrograde parmi les étoiles (v à v_1 ou j à j_1), leur mouvement se ralentit, puis s'arrête; c'est leur *station* (en v_1 ou j_1). Elles prennent ensuite un mouvement direct, d'occident en orient, et s'arrêtent encore. — Après cette nouvelle station, leur mouvement redevient rétrograde, et, ainsi de suite, dans le même ordre. — Cependant la somme des chemins parcourus dans le sens direct l'emporte sur la somme des mouvements rétrogrades, et la planète finit par faire le tour de la sphère céleste, d'occident en orient. Ainsi Vénus a un mouvement direct pendant 542 jours, et un mouvement rétrograde pendant 42 jours seulement.

292. — La *révolution synodique* et la *révolution sidérale* ont été définies pour la Lune (238); les mêmes définitions conviennent aux révolutions des planètes.

La *révolution synodique* d'une planète est le temps qu'elle met, pour un observateur placé au centre de la Terre, à revenir en conjonction, c'est-à-dire après lequel elle reprend la longitude de même nom avec le Soleil.

La *révolution sidérale* est le temps que met une planète, pour un observateur placé au centre du Soleil, à revenir devant la même étoile, ou le temps qu'elle met à parcourir les 360° de son orbite.

On sait déterminer avec exactitude la révolution synodique d'une planète, comme celle de la Lune. On en déduit de même la durée de la révolution sidérale.

La révolution sidérale d'une planète diffère considérablement de sa révolution synodique. Pour Vénus, la première est de 225 jours ou 7 mois $\frac{1}{2}$, et la seconde de 584 jours. Pour Jupiter, l'une est de presque 12 ans, et l'autre de 399 jours seulement.

293. Explication des mouvements. — Le mouvement apparent d'une planète, vue de la Terre, est le résultat du mouvement réel de cette planète et du mouvement réel de la Terre, chacune sur son orbite.

Sachant que la Terre met un an ou 12 mois à parcourir son orbite, d'un mouvement que nous supposerons uniforme, nous pouvons partager cette orbite en 12 parties égales (*fig. 81*), et nous connaîtrons ainsi la position occupée par la Terre au commencement de chaque mois. Une planète inférieure met moins d'un an ; Vénus par exemple met un peu plus de 7 mois à parcourir son orbite ; divisant cette orbite en 7 parties égales , nous aurons aussi les positions de la planète , au commencement de chaque mois. En menant ensuite les lignes ou rayons visuels TV, $T_1 V_1$... qui, partant de la Terre, vont à la planète, dans chaque position successive, nous voyons d'abord l'angle qu'elles font avec la ligne de la Terre au Soleil. Si nous prolongeons ces lignes jusqu'à la courbe extérieure qui représente le zodiaque, nous avons les positions successives de Vénus sur la sphère céleste, et en les joignant par un trait continu, nous voyons quelle est la forme de sa trajectoire apparente parmi les étoiles.

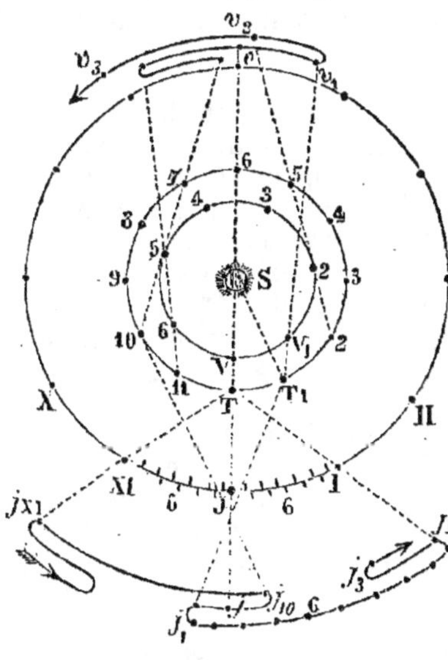

Fig. 81.

D'abord vue de la Terre en T, Vénus, supposée en V,

paraît être en conjonction avec le Soleil S, et se projeter
au point du zodiaque v. Quand la Terre est en T_1, Vénus, qui est passée en V_1, semble s'être écartée du Soleil vers l'occident, d'un mouvement rétrograde, ayant
pour élongation occidentale l'angle V_1T_1S ; en même
temps, sur le zodiaque, elle se projette en v_1, semblant
avoir marché de v en v_1, d'un mouvement rétrograde. —
Un mois après, dans une nouvelle position des deux
corps, en T_2 et V_2, Vénus a semblé marcher sur la
sphère céleste de v_1 en v_2, dans le sens direct. Quand
la Terre est en T_3, nous voyons Vénus en digression
occidentale, à une distance maximum du Soleil V_3T_3S,
et sur la sphère céleste en v_3, continuant son mouvement direct. — En poursuivant cette démonstration,
nous comprendrons comment la planète semble occuper successivement, par rapport au Soleil, toutes les
positions indiquées plus haut (290) ; et aussi faire le tour
de la sphère céleste, tout en changeant quelquefois le
sens de son mouvement.

294. — Les apparences du mouvement des *planètes
supérieures* s'expliquent de la même manière. Prenons
pour exemple *Jupiter*, qui met 12 ans environ à parcourir son orbite, pendant que la Terre met 1 an ou 12
mois. Partageons l'orbite de la Terre et celle de Jupiter
en 12 parties. Pendant que, chaque mois, la Terre
parcourt une division de son orbite, Jupiter ne parcourt
que $\frac{1}{12}$ de la division correspondante ; partageons-la
donc en 12 subdivisions, et nous aurons les positions de
Jupiter au bout de chaque mois.

Supposons d'abord la Terre en T, et Jupiter en J. Il
est en opposition, c'est-à-dire à 180° du Soleil, et il se
projette parmi les étoiles en j. Un mois après, la Terre
est en T_1, et Jupiter à la première subdivision entre J
et I ; cette planète a semblé se rapprocher du Soleil,
étant à une distance $ST_1 j_1$ plus petite que 180° ; elle a
paru se déplacer parmi les étoiles de j en j_1, dans le sens
rétrograde. Un mois plus tard, la Terre est en T_2 ; Jupiter se projette près de j_1 ; il est en *station*. Après être
resté quelque temps stationnaire, il reprend le mouvement direct ; il le continue jusqu'au 11e mois, de j_1 en jI.
A cette époque, il se produit une nouvelle *station*, puis
une rétrogradation de jI à j_3, au moment où la Terre,
parcourant son orbite pour la seconde fois, est revenue
en T_3. Une nouvelle station est suivie d'un mouvement
direct. — Si on rapporte le mouvement au Soleil, après

l'opposition en J, alors que la Terre était en T, il y a eu élongation occidentale, qui a été en diminuant de 180° à 0°; la quadrature s'est produite pendant que la Terre allait de T_2 en T_3. Pendant que la Terre allait de T_6 en T_7, il s'est produit une conjonction, suivie d'une élongation orientale. — En continuant la construction, on verrait Jupiter faire le tour entier de la sphère céleste, tout en oscillant à l'orient et à l'occident du Soleil. — La figure représente d'ailleurs la marche de Jupiter pendant la xi⁰ année et une partie de la x⁰.

Remarque. On figurerait plus simplement une partie des mouvements apparents des planètes vus de la Terre, en supposant l'une de ces planètes immobile, et l'autre parcourant son orbite avec une vitesse égale à la différence de leurs deux vitesses. Ainsi, pour Vénus, on peut supposer la Terre immobile, et Vénus parcourant son orbite avec une vitesse égale à la différence entre sa propre vitesse et celle de la Terre. Pour Jupiter, on suppose cette planète immobile, et la Terre seule en mouvement sur son orbite.

CHAPITRE II.

SYSTÈMES PLANÉTAIRES. — LOIS DE KÉPLER. — GRAVITATION UNIVERSELLE.

295. Systèmes planétaires. — 1° *Système de Ptolémée ou des épicycles*. Ptolémée, qui vivait au milieu du ii⁰ siècle de l'ère chrétienne, réussit à expliquer la plupart des phénomènes que l'on observe au ciel. Il imagina pour cela la théorie qui a conservé son nom, et que l'on appelle aussi *système des épicycles* (ἐπὶ κύκλος, cercle autour); elle a été admise pendant tout le moyen-âge.

Dans cette théorie, la Terre serait fixe au centre de l'univers; chaque planète, y compris le Soleil et la Lune, décrirait, d'occident en orient, une circonférence appelée épicycle, autour d'un centre idéal qui lui-même décrirait une seconde circonférence nommée *déférent*, ayant son centre au centre de la Terre. Ces mouvements seraient d'ailleurs combinés de telle sorte que le centre de l'épicycle se trouverait toujours sur la droite allant de la Terre au Soleil. La différence entre les planètes supérieures et les planètes inférieures consisterait dans la grandeur de l'épicycle, qui tantôt embrasserait la Terre et tantôt la laisserait au dehors.

Cette théorie ne peut expliquer le phénomène des phases des planètes inférieures (308), qui du reste n'était pas connu des anciens.

2° Le *second système* a eu *Copernic* pour auteur, au xvi° siècle, et Galilée pour principal promoteur (41). Copernic fit revivre d'anciennes idées émises autrefois par quelques philosophes. Le Soleil occupe le centre du monde. Toutes les planètes, y compris la Terre, tournent ensemble autour du Soleil, et le mouvement diurne du ciel n'est lui-même qu'une apparence due au mouvement de rotation de notre globe (33).

Ce système est le seul admis par les astronomes, depuis plus de deux siècles. Il explique, avec la plus grande facilité, tous les phénomènes ; il ne donne lieu à aucune objection qui n'ait été résolue. Beaucoup de découvertes importantes, qui ont toutes pour point de départ les idées de Copernic, ont fait en quelque sorte de son système une théorie éclatante de vérité.

3° Après Copernic, l'astronome danois *Tycho-Brahé* donna son nom à un autre système qui tenait le milieu entre les deux premiers. Il supposait la Terre immobile au centre du monde, le Soleil tournant autour de la Terre, et les planètes tournant autour du Soleil, emportées avec lui dans ses mouvements diurne et annuel autour de la Terre. Ces idées n'obtinrent aucune faveur.

296. Lois de Képler. — Dans la description et l'explication des mouvements des planètes, nous avons supposé que leurs orbites sont des circonférences parcourues d'un mouvement uniforme. En réalité, il n'en est pas ainsi, et les planètes, dans leur mouvement, obéissent aux trois lois suivantes, qui ont été découvertes par Képler, en 1618.

1re *Loi. Toutes les planètes décrivent des ellipses dont le centre du Soleil occupe le même foyer commun* (103, 141).— On nomme *périhélie* le sommet de chaque ellipse le plus voisin du Soleil, et *aphélie* le sommet le plus éloigné.

2e *Loi.* Les planètes décrivent leurs orbites elliptiques conformément au *principe des aires* (143). Les aires décrites par le rayon vecteur qui joint le centre du Soleil à celui de la planète sont proportionnelles au temps employé à les décrire ; ou *le rayon vecteur de chaque planète décrit des aires égales en des temps égaux.*

3e *Loi.* Le temps employé par chaque planète pour parcourir son orbite est d'autant plus grand que cette orbite est plus grande.. et *les carrés des temps des révolutions sidérales des planètes sont proportionnels aux cubes de leurs distances moyennes au Soleil.* — Cette loi peut se représenter par l'expression algébrique $\dfrac{t^2}{t'^2} = \dfrac{d^3}{d'^3}$, dans laquelle t et t' représentent les temps des révolutions, exprimés en jours, en mois ou en années; et d et d' représentent les distances relatives ou réelles des deux planètes que l'on compare.

297. — Nous avons vu la démonstration des deux premières lois dans le mouvement apparent du Soleil (141, 143), et dans le mouvement réel de la Lune autour de la Terre (241). Ces lois sont d'une telle exactitude que l'on peut avec elles calculer et prédire le retour d'une planète à un point quelconque de son orbite ; et l'observation confirmant les résultats du calcul montre bien la vérité des lois qui lui servent de base.

La première loi nous a servi à expliquer les variations dans la distance de la Terre au Soleil (142) et à la Lune (240). — La *seconde* rend compte des inégalités de la vitesse angulaire apparente du Soleil (143) et de la Lune autour de la Terre. — La *troisième loi* donne le moyen de calculer le temps qu'une planète met à parcourir son orbite, quand on connaît sa distance au Soleil, avec la distance et le temps de révolution d'une autre planète.

Ainsi les distances de Vénus et de la Terre étant 0,7 et 1, et le temps que la Terre met à faire une révolution étant 12 mois, on trouve le temps de révolution de Vénus, comme il suit :

$$\frac{t^2 = x^2}{t'^2 = 12^2} = \frac{d^3 = 0,723^3}{d'^3 = 1^3} \; ; \; \text{d'où } x^2 = \frac{12^2 \times 0,723^3}{1^3}$$

et $x = \sqrt{12^2 \times 0,723^3} = 7,411 = 7^m\ 12^j\ 7^h\ 55^m$.

Réciproquement, sachant que la Terre, qui est à la distance 1, met 1 an, et Jupiter 12 ans, à faire une révolution sidérale, on trouve la distance de Jupiter au Soleil :

$$\frac{t^2 = 1^2}{t'^2 = 11,87^2} = \frac{d^3 = 1^3}{d'^3 = x^3} \; ; \; \text{d'où } x^3 = \frac{11,87^2 \times 1^3}{1^2} \quad \text{et } x = \sqrt[3]{11,87^2} = 5,203.$$

298. Découverte des lois. — Copernic avait découvert que les planètes tournent autour du Soleil, mais il n'avait pu deviner les lois suivant lesquelles ce mouvement s'opère.

Képler, en étudiant spécialement le mouvement de Mars, et en comparant un nombre considérable d'observations faites sur cet astre par Tycho-Brahé et par lui-même, découvrit ses deux premières lois. — Voyant qu'il y avait des inégalités nombreuses dans le diamètre apparent de Mars, et, par suite, dans sa distance à la Terre (140), il comprit qu'il n'était pas possible d'admettre que cette planète décrit une circonférence ; et il trouva qu'elle parcourt une *ellipse*.

Il observa aussi des variations périodiques dans la vitesse angulaire de Mars, cette vitesse augmentant quand l'astre se rapproche du Soleil et diminuant dans le cas contraire. Il fut ainsi amené à établir le *principe des aires*.

Képler étendit ses deux premières lois aux autres planètes et à la Terre elle-même. En comparant ensuite les temps employés par les planètes à accomplir leurs révolutions avec l'étendue de leurs orbites ou leurs distances au Soleil, il remarqua bien que les temps sont d'autant plus grands que les distances sont elles-mêmes plus grandes; mais il ne put d'abord établir le rapport exact. Ce ne fut qu'après avoir essayé tous les rapports imaginables, entre le temps et les dimensions des orbites, après 17 années de travaux incessants et de calculs fastidieux, qu'il parvint à établir sa *troisième loi*, le 18 mars 1618.

Képler rechercha aussi quelle force ou cause quelconque pouvait agir sur les planètes et les faire mouvoir suivant les lois qu'il venait de découvrir. Il crut la reconnaître dans une force magnétique dont le Soleil lui paraissait doué. Il entrevoyait ainsi ce que Newton devait caractériser et démontrer, 80 ans plus tard, en formulant le principe de la *gravitation universelle* (302).

299. Eléments elliptiques. — Les éléments elliptiques nécessaires pour déterminer la position d'une planète sur son orbite, à un instant quelconque, sont au nombre de 7 : 1º La longitude du nœud ascendant. — 2º L'inclinaison de l'orbite sur l'écliptique. — 3º La longitude du périhélie. — 4º L'excentricité de l'orbite. — 5º Son demi-grand axe. — 6º La durée de la révolution sidérale. — 7º La *longitude de l'époque*, c'est-à dire la longitude de la planète à une époque déterminée, qui est généralement le 1er janvier 1800.

Il suffit de trois observations, faites à des jours différents, pour déterminer les éléments d'une planète nouvelle, et calculer ensuite les positions de l'astre pour les jours suivants.

Les orbites elliptiques des planètes sont chacune dans un plan un peu incliné sur l'écliptique, c'est-à-dire sur le plan qui contient l'orbite de la Terre. L'inclinaison, qui est constante pour chaque planète, ne s'étend guère au-delà de 3º ; celle de Mercure est exceptionnellement de 7º; celle de plusieurs petites planètes est plus grande.

Comme celle de la Lune (242), l'orbite des planètes a des *nœuds;* ce sont les points par où cette orbite perce le plan de l'écliptique, lorsque la planète passe de l'hémisphère austral dans l'hémisphère boréal (nœud ascendant), ou de l'hémisphère boréal dans l'hémisphère austral (nœud descendant). On reconnaît le moment des passages et la position des nœuds d'une planète comme on le fait pour les points équinoxiaux (134). La ligne des nœuds change lentement de position , sous l'influence de perturbations diverses.

Le mouvement des planètes, de même que ceux de la Terre (155) et de la Lune (243), est soumis à une suite d'inégalités qui altèrent légèrement leurs éléments, et qu'on appelle leurs variations ou leurs *perturbations*. Les unes repassent par les mêmes valeurs dans un espace de temps relativement peu considérable ; elles sont appelées *variations périodiques*. Les autres sont dites *variations séculaires*. — D'après cela, le mouvement elliptique déterminé par les lois de Képler doit être considéré comme une moyenne dont chaque planète ne s'écarte jamais beaucoup , mais qu'elle ne suit jamais complétement. Les astronomes connaissent d'ailleurs ces influences, en tiennent compte dans leurs calculs, et peuvent assigner à chaque planète le lieu précis qu'elle occupe dans l'espace à un moment quelconque.

300. Rotation des planètes. — Plusieurs planètes sont quelquefois assez voisines de la Terre pour qu'on puisse observer des taches à leur surface. D'après le mouvement de ces taches, on a reconnu que ces planètes tournent sur elles-mêmes, comme la Terre (34), d'occident en orient. Mercure, Vénus et Mars font un tour entier à peu près dans le même temps que la Terre ; Jupiter et Saturne, en neuf ou dix heures. — On conjecture que les planètes plus éloignées tournent de même, bien qu'on n'ait pu constater ce mouvement.

On s'est assuré que les planètes dont la rotation a pu être reconnue sont *aplaties* dans le sens de l'axe de leur mouvement, et que *l'aplatissement augmente avec la vitesse de rotation.* Jupiter et Saturne sont plus aplatis que les autres. L'aplatissement de la Terre étant $\frac{1}{300}$, celui de Jupiter est $\frac{1}{15}$.

L'axe de rotation de chaque planète est incliné sur le plan de son orbite ; celui de la Terre fait 67° avec l'écliptique, ce qui donne 23° pour l'obliquité de l'écliptique sur notre équateur ; l'axe de Vénus fait un angle de 18° degrés seulement (307); celui de Jupiter est presque perpendiculaire, faisant un angle de 87° (312).

301. Satellites. — Les satellites sont des planètes secondaires qui circulent autour d'une planète principale et l'accompagnent dans sa révolution autour du Soleil. La Lune est le satellite de la Terre ; Mercure, Vénus et Mars n'ont pas de satellites ; Jupiter en a 4 ; Saturne, 8 ; Uranus, 8 ; Neptune, 1.

Les satellites, dans leur révolution autour des planètes, sont soumis aux mêmes lois que ces dernières dans leur mouvement autour du Soleil. Ces révolutions s'effectuent dans le *sens direct*, et dans des plans peu inclinés sur celui de l'orbite de la planète elle-même. Le système d'*Uranus* forme une exception remarquable : les satellites de cette planète se déplacent dans le sens rétrograde, et dans des plans qui sont presque perpendiculaires à celui de son orbite (317).

302. Gravitation universelle. — Voici l'énoncé de plusieurs *principes* de la plus grande importance pour comprendre les mouvements des corps célestes.

Deux points matériels, placés comme on voudra dans l'espace, *gravitent l'un vers l'autre*, c'est à-dire tendent à se rapprocher, comme s'ils s'attiraient mutuellement. Les forces qui se développent ainsi entre les deux corps sont égales entre elles et agissent en sens contraire, suivant la ligne droite qui les joint.

L'intensité de ces forces agissant sur des corps différents est proportionnelle à leur masse — Elle est inversement proportionnelle au carré de la distance qui les sépare.

Le Soleil et les planètes, au lieu d'être de simples points, sont de vastes corps, à peu près sphériques ; mais Newton est parvenu à démontrer que : *Si les corps qui s'attirent ont la forme sphérique, l'attraction est exactement la même que si la masse de chacun était ramassée à son centre*, chaque sphère attirant ainsi comme un seul *point matériel* qui aurait une masse égale à la sienne.

La matière est inerte, c'est-à-dire incapable de se mettre d'elle-même en mouvement, et incapable aussi de modifier son mouvement, sans l'intervention d'une cause étrangère appelée force.

Il faut admettre aussi qu'il n'y a pas de matière pondérable dans les espaces célestes. Car ce milieu agirait comme résistance, ralentirait le mouvement des corps célestes et finirait par l'arrêter.

303. — La découverte du principe de la gravitation universelle est due à Newton. La vue d'une pomme tombant d'un arbre attira son attention sur la force qui peut retenir les astres dans leurs orbites, et la connaissance des lois de Képler l'amena à établir les lois de l'attraction universelle, qui font aujourd'hui la base de toute la mécanique céleste.

Une pomme tombe quand elle est abandonnée à elle-même, et la force qui la fait tomber s'appelle *pesanteur* ou *gravité*. Quand la pomme ou tout autre corps est au sommet des plus hautes montagnes, il tombe à peu près de la même manière. Si on suppose ce corps transporté à la distance de la Lune, la pesanteur doit encore agir sur lui, et c'est cette force qui empêche notre satellite de s'écarter de la Terre, malgré l'action de la force centrifuge.

Mais si la pesanteur retient la Lune dans son orbite, une force analogue, résidant dans le Soleil, doit retenir la Terre et les planètes, comme l'attraction des planètes retient leurs satellites.

Newton, en se servant du *calcul*, trouva qu'une force attractive, émanée du Soleil, et agissant en raison inverse du carré de la distance, fait nécessairement décrire, au corps qu'elle sollicite, une orbite pareille à celles que décrivent les planètes, quant à la forme et à la vitesse.

Les planètes attirent aussi le Soleil, comme le Soleil les attire. Mais la masse du Soleil est tellement supérieure à celle des planètes qu'on peut considérer le Soleil comme insensible à cette attraction, et comme immobile dans le système planétaire.

Les planètes exercent aussi une attraction mutuelle les unes sur les autres ; cette attraction se fait surtout sentir quand elles sont plus rapprochées. Il en résulte des irrégularités dans leur marche, appelées *perturbations*. Ces perturbations sont à la fois la conséquence et la démonstration la plus complète des principes de la gravitation. Le calcul en tient compte pour déterminer exactement le chemin que les planètes suivent à chaque instant sous l'influence des actions multiples qui les sollicitent. On en trouve des exemples remarquables dans la découverte de Neptune (318), et dans le calcul des retours de la comète de Halley (326).

304. Circulation d'un corps autour d'un centre. — D'après les lois de Képler et les principes de la gravitation, nous pouvons comprendre le mouvement parfaitement régulier des planètes autour du Soleil, et des satellites autour des planètes.

Prenons pour exemple la Terre tournant autour du Soleil supposé immobile. Ce mouvement de la Terre doit être attribué à une force initiale qui a lancé notre globe dans une direction déterminée et avec une vitesse définie. En vertu de l'inertie, la Terre devrait continuer son mouvement en ligne droite ; et, le Soleil étant en S (*fig. 82*), la Terre en A, parcourant un petit élément rectiligne, devrait continuer sa marche suivant la tangente AT, s'éloignant ainsi continuellement du Soleil. On appelle *force centrifuge* (*centrum fugere*, fuir le centre),

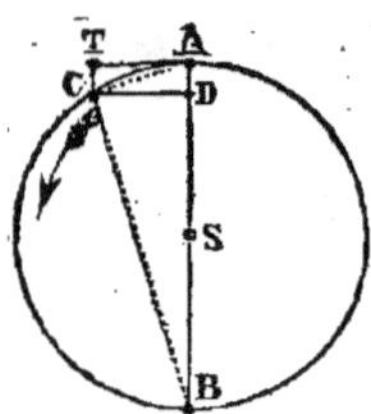

Fig. 82.

cette cause, qui n'est autre que l'*inertie*, en vertu de laquelle la Terre devrait s'éloigner du centre de son orbite.

Pour que sa direction soit sans cesse modifiée, pour que la Terre suive une ligne courbe, il faut qu'une force continue agisse sur elle, la ramène par exemple de la position T, où elle tend à aller, à la position C, vers le centre.

Cette force, qui fait tomber la Terre vers le Soleil, s'appelle *force centripète* (*centrum petere*, se diriger vers le centre). C'est à cette force que Newton a donné le nom de *gravitation* ou attraction universelle.

L'inertie et la gravitation, la force centrifuge et la force centripète, sont ainsi contrebalancées l'une par l'autre. La Terre, par exemple, au lieu d'être emportée loin du Soleil par la force centrifuge, ou précipitée sur cet astre par la force centripète, se trouve, par l'action des deux, retenue dans son orbite et forcée de décrire autour du Soleil une ellipse dont il occupe un foyer.

De même que le Soleil, en attirant les planètes, détermine leur mouvement elliptique, de même les planètes, en attirant leurs satellites, leur font parcourir des ellipses. Ainsi la Lune, soumise à l'attraction prépondérante de la Terre, tourne autour de celle-ci, comme toutes les planètes autour du Soleil.

Enfin, dans l'immensité de l'espace, il se trouve des *étoiles doubles* (58); elles sont le plus souvent formées d'une étoile principale et d'une étoile secondaire; or, on voit celle-ci tourner autour de celle-là, en se conformant toujours aux lois de Képler et de la gravitation.

305. Masses. — On établit par l'observation que, dans les effets de la pesanteur terrestre, comme dans les attractions des astres, rien ne dépend ni de la forme, ni du volume des corps. Tout paraît dépendre uniquement de la somme des molécules matérielles. C'est cette somme qu'on appelle la *masse* du corps.

Les attractions étant proportionnelles aux masses, on apprécie la masse d'un corps par l'attraction qu'il exerce sur les autres. Ainsi se déterminent la masse de la Terre (106), celles du Soleil (219) et de la Lune (251). La masse des planètes qui ont des satellites, se calcule, comme la masse du Soleil, d'après la chute du satellite sur la planète. La masse des planètes sans satellites se mesure, comme celle de la Lune, par les actions qu'elles exercent dans le système solaire.

La *densité relative* des corps célestes s'obtient en divisant leur masse par leur volume. Nous avons déjà vu (106), que la densité de la Terre, comparée à celle de l'eau, est 5,56; celle du

Soleil (220), comparée à la Terre, est 0,25, et comparée à l'eau, 1,5 ; celle de la Lune (251), 0,6 et 3,5. La densité de Mercure est supérieure à celle de la Terre ; les densités de Vénus et de Mars sont à peu près égales ; celles de Jupiter, Saturne, Uranus et Neptune, sont bien inférieures.

La force d'attraction qui réside dans les astres doit déterminer, à leur surface, des effets analogues à ceux de la pesanteur sur la Terre. En prenant pour unité celle de la Terre, voici la valeur de la *pesanteur à la surface* du Soleil et des autres astres : Terre, 1 ; Soleil, 28 ; Lune, 0,16.

CHAPITRE III.

PARTICULARITÉS SUR CHAQUE PLANÈTE PRINCIPALE.

306. MERCURE. — Mercure est une planète inférieure, la plus rapprochée du Soleil, à une distance qui vaut à peine les 0,4 de celle de la Terre. Elle oscille, comme Vénus (290), à l'occident et à l'orient du Soleil, et ne s'en éloigne pas à plus de 28° ; aussi est-elle presque toujours engagée dans ses rayons et difficile à voir à l'œil nu. On l'aperçoit cependant quelquefois à l'occident après le coucher du Soleil, ou à l'orient quelque temps avant son lever. Elle ressemble alors à une étoile de quatrième grandeur.

Au télescope, Mercure présente des phases comme Vénus (308), et passe quelquefois sur le disque du Soleil, sous la forme d'une petite tache noire, ce qui prouve que la planète est opaque et non lumineuse par elle-même. Quelques astronomes lui attribuent des montagnes, dont l'une aurait cinq lieues de hauteur, et une atmosphère très-dense.

Mercure parcourt autour du Soleil, en 87 jours 23 heures, une orbite inclinée de 7° sur l'écliptique. Il accomplit sa rotation en $24^h 5^m$; son équateur fait un angle de 76° avec le plan de son orbite, tandis que l'équateur terrestre est incliné de $23° \frac{1}{2}$. Les variations des saisons doivent donc être très-grandes sur Mercure, et la presque totalité de la planète passe alternativement d'une nuit très-longue à un jour sans fin, du froid extrême à une chaleur excessive. — Son diamètre apparent varie entre 5″ et 12″ ; son diamètre réel est les 0,38 de celui de la Terre. — La quantité de chaleur que Mercure reçoit, à surface égale, est 6 fois plus grande que sur la Terre.

307. VÉNUS. — La planète Vénus se montre à nous avec une lumière blanche, plus brillante que les plus belles étoiles. Son éclat varie d'ailleurs avec ses phases (308) et sa distance à la Terre. Comme elle ne s'éloigne jamais du Soleil de plus de 48°, on ne l'aperçoit pas plus de trois ou quatre heures, tantôt le soir à l'occident, un peu après le coucher du Soleil, tantôt à l'orient, un peu avant son lever. Quand on l'aperçoit le soir, on lui donne le nom de *Vesper* ou *étoile du soir* ; quand elle paraît le matin à l'orient, on l'appelle *Lucifer* ou *étoile du matin* ; elle est aussi connue sous le nom d'*étoile du berger*.

Si on examine Vénus au télescope, on aperçoit des taches qui font supposer l'existence de très-hautes montagnes, quelques-unes de onze lieues. On remarque aussi, au moment de sa plus grande élongation, sur le bord de son croissant, une dégradation de lumière, qui indique l'existence d'une atmosphère autour de la planète.

La révolution synodique de Vénus s'accomplit dans 1 an 7 mois ; sa révolution sidérale, en 7^m $\frac{1}{2}$, sur une orbite inclinée de 3° 23′ sur l'écliptique. Sa rotation se fait en 23^h 21^m, son équateur étant incliné de 72° sur son orbite. Les saisons doivent donc y subir des variations bien plus grandes que sur la Terre. — Son diamètre apparent varie entre 9″ et 62″ ; son diamètre réel est presque égal à celui de la Terre, 0,98. — Sa distance au Soleil étant les 0,72 de celle de la Terre, elle reçoit, à surface égale, 2 fois moins de chaleur.

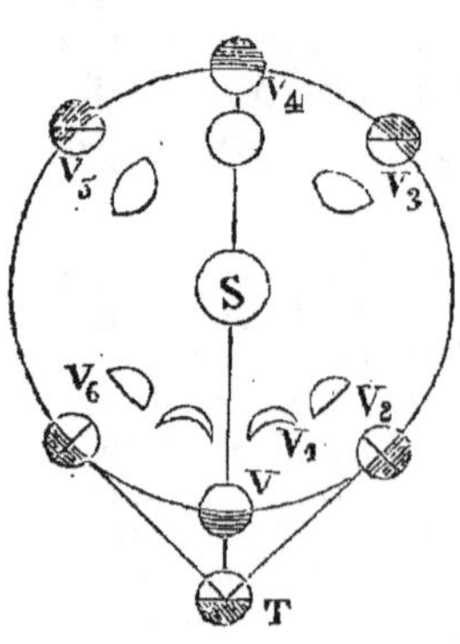

Fig. 83.

308. Phases de Vénus. — Aux différentes époques de sa révolution synodique (292), Vénus se présente sous des aspects différents, analogues aux phases de la Lune. En voici l'explication :

La figure 83 donne les positions relatives de Vénus, la Terre T et le Soleil S étant supposés immobiles, pendant une révolution synodique. Quand Vénus se trouve en V, en conjonction inférieure, elle tourne vers la Terre sa surface obscure, et est invisible pour nous ;

c'est l'époque de la *nouvelle planète*. Les jours suivants, l'astre apparaît sous la forme d'un croissant qui va en s'élargissant, comme en V_1. En V_2, Vénus est en digression occidentale, à 48° du Soleil. On voit la moitié du disque éclairé ; la lumière de Vénus est alors très-vive, et on peut la voir en plein jour, dans des circonstances convenables. Le disque de la planète s'élargit à mesure qu'elle approche de la conjonction supérieure. En V_4, elle nous présente son disque entier, mais on ne peut l'apercevoir que difficilement, parce qu'elle est perdue dans les rayons du Soleil. On la voit cependant, sous la forme d'un cercle presque entier, dans les jours qui précèdent et dans ceux qui suivent. Elle a alors son plus petit diamètre apparent. L'astre, qui était d'abord visible le matin, devient étoile du soir. Sa surface éclairée visible décroît progressivement, de manière à redevenir un demi-cercle en V_6, au moment de sa digression orientale. Les jours suivants, son disque s'échancre de plus en plus, et devient d'ailleurs difficile à voir parce qu'il se rapproche du Soleil.

Ce sont les phases de Vénus qui, combinées avec ses variations de distance à la Terre, font changer son éclat. Dans le voisinage de sa conjonction inférieure, elle est plus rapprochée de nous, mais nous ne voyons qu'une partie de son disque éclairé. A l'époque de la conjonction supérieure, nous voyons tout le disque éclairé ; mais il est à une trop grande distance. C'est donc dans une position intermédiaire, aux environs des digressions, que la planète brille de son plus vif éclat.

309. Passages de Vénus. — Quand, au moment de sa conjonction inférieure, Vénus se trouve dans le plan de l'écliptique, ou à une latitude moindre que le rayon apparent du Soleil, elle traverse le disque de cet astre, comme un petit cercle noir qui décrit une corde plus ou moins longue. Ces phénomènes, connus sous le nom de *passages de Vénus*, sont fort rares. Un premier passage est suivi généralement d'un autre à 8 ans de distance ; puis, le phénomène ne se reproduit que plus de 100 ans après. Les passages de 1761 et 1769 ont été les premiers remarqués ; celui du 8 décembre 1874 vient d'être observé avec les instruments et les procédés perfectionnés de l'astronomie moderne. Il s'en reproduira un autre le 6 décembre 1882 ; mais le suivant n'aura lieu qu'en 2004.

Ces passages de Vénus ont une grande importance

pour les astronomes ; ils y trouvent le moyen le plus exact de calculer la *parallaxe du Soleil* (215), et par suite la distance de cet astre à la Terre et les dimensions de notre système planétaire. De même que les éclipses du Soleil par la Lune (266), les passages de Vénus, qui sont de véritables éclipses partielles, ne sont visibles que de certaines contrées. Celui de 1874 n'a pu être observé que sur les côtes orientales de l'Asie, et dans l'Océanie.

Essayons de comprendre comment se fait la déterminaison de la parallaxe du Soleil, au moyen des passages de Vénus. Soient S le centre du Soleil (*fig. 84*), T celui de la Terre, et Vénus en V, à un moment donné. Supposons, pour simplifier, que deux astronomes sont aux deux stations A et B, aux extrémités d'une droite AB, que nous regardons comme égale au rayon de

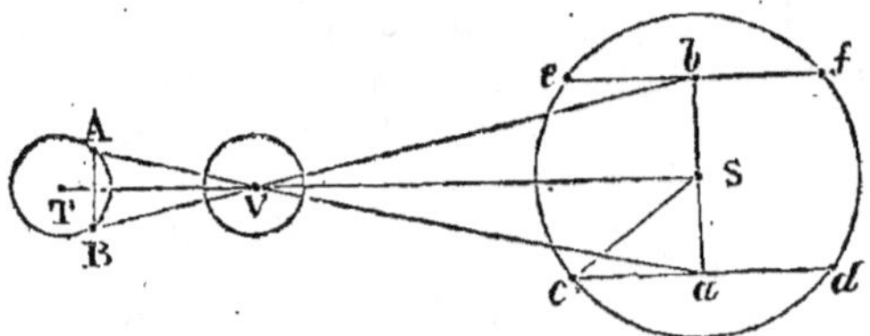

Fig. 84.

la Terre et perpendiculaire au plan de l'écliptique TVS ; et faisons abstraction du mouvement de rotation de la Terre. Pour l'observateur A, Vénus se projette au point *a* du disque solaire, et semble décrire la corde *cd* ; pour l'observateur B, Vénus se projette en *b* et semble parcourir la corde *ef*. Chaque observateur, avec un chronomètre, mesure exactement le temps que Vénus met à parcourir chacune de ces deux cordes. Ces durées varient, pour chaque observateur, suivant la distance de ces cordes au centre du disque solaire. De ces durées on peut déduire la parallaxe du Soleil.

Comme la vitesse angulaire de Vénus vue de la Terre est parfaitement connue, ainsi que le diamètre apparent du Soleil, on peut calculer le temps qu'elle mettrait à parcourir ce diamètre apparent. Du temps que, pour l'observateur A, Vénus a mis à parcourir la corde *cd*, on peut déduire l'angle *cAd*, dont elle a tourné dans ce temps, et l'on connaît ainsi la grandeur angulaire de la corde $ca = \frac{cAd}{2}$, vue de la Terre. Comme d'ailleurs le rayon apparent *c*S, moitié du diamètre apparent du Soleil, est connu, le triangle *ac*S permet de calculer la valeur angulaire de *a*S, distance de la corde *cd* au centre du Soleil. — De même le temps que la planète met à parcourir la corde *ef*, pour l'observateur placé en B, permet de calculer la valeur angulaire de *b*S, distance de cette corde au centre du Soleil. — On trouve par suite la valeur angulaire de *a*S $+$ S*b* $=$ *ab* (A), c'est-à-dire la valeur de l'angle *aAb*, sous lequel, d'un point de la Terre, on verrait cette ligne *ab*.

D'ailleurs comme les angles en V sont égaux, les triangles semblables AVB et aVb donnent : $\frac{AB}{ab} = \frac{AV}{aV}$ (B).

Comme aussi (286), la distance de la Terre au Soleil étant $Aa = 1$, celle de Vénus au Soleil est $Va = 0,72$, on a :

$$\frac{Aa}{aV} = \frac{1}{0,72} \; ; \text{ d'où } \frac{Aa-aV}{aV} = \frac{1-0,72}{0,72} \text{ et } \frac{AV}{aV} = \frac{0,28}{0,72} \text{ (C).}$$

Des proportions (B) et (C), on tire : $\frac{AB}{ab} = \frac{0,28}{0,72}$;

et comme (140), vues à la même distance, deux longueurs sont entre elles comme leurs grandeurs apparentes, on a :

$$\frac{AB}{ab} = \frac{ASB}{aAb} = \frac{0,28}{0,72} \; ; \text{ d'où } ASB = \frac{0,28}{0,72} \times aAb = 0,39 \; aAb.$$

Mais l'angle ASB, sous lequel un observateur placé au centre du Soleil verrait un rayon de la Terre, est la parallaxe du Soleil. Cette parallaxe est donc les 0,39 de la valeur angulaire trouvée pour la distance des deux cordes cd et ef, que Vénus semble parcourir sur le Soleil, aux yeux des observateurs A et B.

Nous avons supposé ces observateurs placés aux extrémités d'une corde égale à un rayon de la Terre ; cette condition n'est pas nécessaire ; le calcul permet de ramener les résultats à ce qu'ils seraient dans cette hypothèse, quelles que soient les stations choisies. — Il faut aussi corriger les changements que la rotation de la Terre apporte aux durées des passages. La seule condition à remplir, c'est qu'il y ait, entre les durées des deux passages, la plus grande différence possible.

N. B. Quand on connaît la distance de la Terre au Soleil, on se sert de la 3e loi de Képler (297) pour calculer la distance des autres planètes.

310. LA TERRE. — Mars et Vénus sont les deux seules planètes inférieures, c'est-à-dire plus rapprochées du Soleil que la Terre. Nous n'avons pas à revenir sur ce que nous avons dit de la Terre (73 à 124) et de la Lune, son satellite (229 à 283). Nous passons de suite aux planètes supérieures.

311. MARS. — Mars est la première des planètes supérieures, dans l'ordre de leur distance au Soleil. Il se montre à nous comme une belle étoile, d'une couleur rougeâtre très-prononcée, qui la fait aisément reconnaître parmi les étoiles. Son éclat est très-grand, surtout quand la planète est en opposition avec le Soleil, parce qu'alors sa distance à la Terre est la plus petite possible.

Observé au télescope, Mars présente des phases qui sont difficiles à distinguer, parce que sa partie visible est toujours très-grande, au moins les 0,85 de son disque. Comme la Terre, il contient des continents et des mers, qui se partagent également sa surface. Ses régions polaires se couvrent alternativement de neige et de glace, suivant les saisons ; quelquefois ces glaces polaires sont en telle abondance qu'on les voit faire saillie en dehors du disque. — Mars est environné d'une atmosphère transparente, que sillonnent de temps en temps des nuages épais, paraissant poussés par des vents rapides; on y a même constaté l'existence de vents alizés.

Mars accomplit sa révolution synodique en 2 ans 1 mois 19 jours. Sa révolution sidérale se fait en 687j, un peu moins de 2 ans, en suivant une orbite inclinée de 1° 51' sur l'écliptique. Cette orbite est une ellipse plus allongée que celle des autres planètes. La rotation se fait en 24^h 37^m, l'équateur étant incliné de 28° 48' sur le plan de son orbite. Ainsi la durée des jours et des nuits, la succession des saisons, doivent être à peu près les mêmes que sur la Terre. — Le *diamètre* apparent de Mars varie entre 4'' et 27'' ; le diamètre réel est moitié de celui de la Terre, 0,52.

312. Petites planètes. — Il y a un grand nombre de très-petites planètes, invisibles à l'œil nu, et que l'on nomme pour cette raison *petites planètes télescopiques*. Leurs orbites sont toutes comprises entre l'orbite de Mars et celle de Jupiter. Ce sont des ellipses généralement plus allongées que celles des autres planètes et plus inclinées sur le plan de l'écliptique.

Dans la loi de Bode (286), le nombre 2,8 ne correspondait à aucune planète connue ; mais, chose digne de remarque, la distance moyenne des petites planètes est à peu près 2,7, variant entre 2,20 et 3,56. Olbers a émis l'opinion que ces planètes pouvaient être les fragments d'une grande planète, qui se serait brisée par l'effet de forces explosives développées dans sa masse.

La découverte de ces petits astres a commencé exactement avec le siècle. Le 1er janvier 1801, la planète *Cérès* était vue par Piazzi, à Palerme ; la 3e, *Junon*, fut découverte en 1804 ; Olbers en découvrit deux ;

la 2ᵉ, *Pallas*, en 1802, et la 4ᵉ, *Vesta*, en 1807. La 5ᵉ n'a été découverte qu'en 1845 ; mais, depuis cette époque, le nombre en a augmenté rapidement, et la 146ᵉ a été découverte à Marseille, le 8 juin 1875, par M. Borrelly.

313. JUPITER. — Jupiter est la plus grosse des planètes, et, après Vénus, la plus brillante. Son diamètre, douze fois plus grand que celui de la Terre, la fait paraître, malgré sa grande distance, comme une étoile de première grandeur, d'une teinte un peu jaunâtre.

Quand on observe Jupiter au télescope, on voit que son disque est partagé par des bandes alternativement noires et blanches, parallèles à son équateur. Les unes sont mobiles ; on les attribue à des masses de nuages flottant dans une atmosphère semblable à la nôtre, et dont les intervalles laisseraient apercevoir le disque obscur de la planète. Les autres bandes sont fixes, et seraient des courants atmosphériques, semblables à nos vents alizés. En outre, des taches noires, irrégulières, se forment au hasard, se déplacent avec une vitesse très-grande, et disparaissent ; ce seraient des nuages qui se forment par place dans l'atmosphère.

Jupiter accomplit sa révolution synodique en 399 jours, et sa révolution sidérale en 12 ans environ, en sorte qu'il ne parcourt qu'un signe du zodiaque par an. Son orbite est inclinée de 1° 19′. La durée de sa rotation est d'environ 10ʰ ; cette rotation rapide autour de son axe a déterminé aux pôles un *aplatissement* très-sensible, qui est $\frac{1}{15}$, tandis que celui de la Terre n'est que $\frac{1}{300}$. L'équateur de Jupiter fait avec son orbite un angle de 3° seulement. Ainsi les jours y sont presque constamment de 5 de nos heures, et les nuits de même durée, pour tous les points de la planète. L'été est continu à l'équateur, et il y a un hiver perpétuel aux pôles. — Le diamètre apparent varie entre 30″ et 46″ ; le diamètre réel est 11. La distance moyenne au Soleil 5,2 fois celle de la Terre ; à surface égale, Jupiter reçoit donc 27 fois moins de chaleur et de lumière.

313 bis. Satellites, *leurs éclipses.* — Autour de Jupiter circulent 4 satellites de la même manière que la Lune autour de la Terre, et suivant les mêmes lois. Ils furent découverts par Galilée, en 1610, et cette découverte contribua beaucoup à faire adopter le système de Copernic.

Les satellites de Jupiter ont un volume très-petit, par rapport à celui de leur planète ; et ils en sont peu éloignés. Comme la Lune, *ils accomplissent leur rotation sur leur axe d'occident*

en orient, *dans le même temps que leur révolution*, de manière
à présenter toujours la même face à leur planète. Cette loi, qui
paraît commune à tous les satellites, s'applique également à
ceux de Saturne.

Voici les éléments des satellites de Jupiter : leur distance, en
prenant pour unité le rayon de la planète ; la durée de leur révolution ; leur masse, en prenant pour unité celle de la planète :

	Distance.	Révolution.	Masse.
1er satellite...	6,05...	1 j. 77...	0,000.017
2e — ...	9,62...	3,55..	0,000.023
3e — ...	15,35...	7,15..	0,000.088
4e — ...	27,00...	16,68..	0,000.043

Les satellites de Jupiter pénètrent souvent dans le cône
d'ombre que la planète projette derrière elle. Mais tandis que
les éclipses de Lune sont rares, les *éclipses des satellites de
Jupiter* ont lieu à toutes leurs révolutions, excepté celles du 4e,
qui est plus éloigné et passe quelquefois à côté du cône d'ombre
sans y pénétrer.

Ces phénomènes sont visibles de tous les points de la Terre
qui ont la planète au-dessus de leur horizon ; l'heure en est
inscrite, plusieurs années à l'avance, en temps de Paris, dans la
Connaissance des temps, et ils fournissent d'excellents signaux
pour la mesure des longitudes en mer (93). — Ils ont servi aussi
à mesurer la vitesse de la lumière.

314. Vitesse de la lumière. — L'observation des éclipses des
satellites de Jupiter a conduit Rœmer, en 1675, à la découverte
de la vitesse de la lumière, c'est-à-dire du chemin qu'elle parcourt uniformément dans chaque seconde de temps. Elle est
d'environ 75.000 lieues.

Observons d'abord que, la lumière ne se propageant pas instantanément, nous ne voyons un phénomène quelconque, et en
particulier les éclipses des satellites de Jupiter, qu'un certain
temps après qu'elles se sont produites.

A l'époque de l'opposition, quand la Terre est en T (*fig.* 85),
elle reste quelques jours à
peu près à la même dis-
tance de Jupiter J. La lumière que nous envoie le
premier satellite *a*, à son
entrée dans le cône d'om-
bre, met, pour nous arri-
ver, le même temps qu'à
l'immersion suivante, et

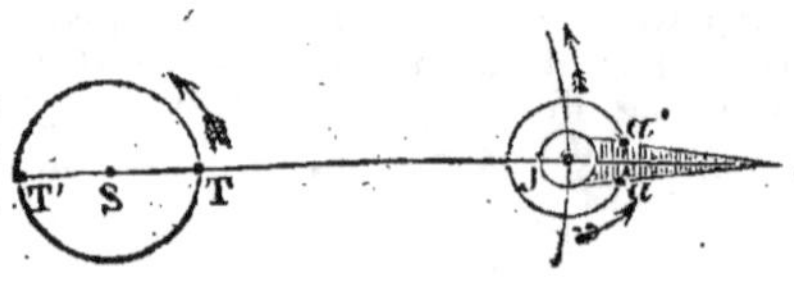

Fig. 85.

l'intervalle qui sépare les deux éclipses donne exactement la
durée de sa révolution. Connaissant cette durée, et en tenant
compte du déplacement de Jupiter, on peut dresser une table
qui donne l'heure de toutes les immersions suivantes.

Or, quand on observe de nouvelles éclipses, on trouve que
l'heure observée est en retard sur l'heure calculée, et que le
retard augmente à mesure que la Terre s'éloigne de la planète

en passant de l'opposition T à la conjonction T'. Et quand, au bout de six mois, la Terre est en T', le retard est de 16ᵐ 30ˢ. Au contraire, quand la Terre va de la conjonction T' à l'opposition T, le retard diminue de 16ᵐ 30ˢ.

Rœmer a pensé que si, de la Terre placée en T', on voit l'éclipse du satellite de Jupiter 16ᵐ 30ˢ plus tard que quand la Terre est en T, c'est que la lumière, pour parvenir jusqu'à nous, doit parcourir dans le premier cas la distance JT', qui est plus grande que la seconde JT, de la longueur TT' ou de la double distance de la Terre au Soleil (215), c'est-à-dire $2 \times 37.117.000$ lieues.

Si dans $16^m\ 30^s = 16 \times 60 + 30 = 990^s$ la lumière parcourt $2 \times 37.117.000$ lieues, dans 1 seconde elle parcourt $\frac{2 \times 37.117.000}{990}$ $= 74.983$ lieues, soit en chiffres ronds 75.000 lieues.

Dans ces dernières années, Fizeau et M. Cornu, à l'aide de procédés purement physiques, et en dehors de toute observation astronomique, ont déterminé la vitesse de la lumière. Ils ont trouvé 74.500 et 74.625 lieues. On peut dès lors renverser le problème précédent de Rœmer, et, de la vitesse connue de la lumière, déduire la distance du Soleil à la Terre.

Dans 1ˢ la lumière parcourant 74.500 lieues ; dans $\frac{990}{2} = 495^s$, temps qu'elle met à parcourir la distance du Soleil à la Terre, elle parcourt $495 \times 74.500 = 36.877.500$ lieues. Telle est donc la distance du Soleil.

C'est ce résultat qui a fait regarder comme un peu trop petite la valeur de $8'',57$, longtemps admise pour la parallaxe solaire, après les observations du passage de Vénus en 1769, et qui donnait pour distance du Soleil 38 millions de lieues. Des savants, reprenant la discussion des résultats de ces observations, avaient déjà trouvé une valeur plus grande de la parallaxe.

N. B. Il est vrai qu'à l'époque de l'opposition, on ne peut pas observer l'éclipse parce que Jupiter nous dérobe la vue de son cône d'ombre, ni au moment de la conjonction, parce que le Soleil nous cache Jupiter et son ombre. Mais un peu avant et un peu après ces positions, on peut observer un grand nombre d'éclipses, en notant le moment soit de l'immersion, soit de l'émersion ; et l'on prendra la moyenne des résultats.

315. SATURNE. — Saturne est la plus grosse des planètes, après Jupiter $(r = 9)$; il brille comme une belle étoile de deuxième grandeur, avec une teinte terne et comme *plombée*. Il ne se déplace que lentement parmi les étoiles, et met 2 ans ½ à parcourir une constellation zodiacale.

Observé avec un bon télescope, Saturne offre des particularités intéressantes. Outre son *anneau* et ses *8 satellites* (316), il nous montre un disque partagé en bandes alternativement brillantes et obscures, paral-

lèles à son équateur, que l'on explique de la même
manière que celles de Jupiter (313). On remarque
aussi, aux environs des pôles, des taches brillantes que
l'on attribue à des glaces polaires analogues à celles de
Mars et de la Terre.

La révolution synodique de Saturne s'accomplit en 1 an
13 jours ; et sa révolution sidérale en 29 ans $\frac{1}{2}$. Sa rotation se
fait rapidement en 10ʰ 30ᵐ ; aussi son *aplatissement* est-il $\frac{1}{19}$.
Son équateur est incliné de 26° sur son orbite. — Son diamètre
apparent varie entre 16″ et 40″ ; son diamètre réel est 9. Enfin
sa distance moyenne au Soleil est 9,53 ; il reçoit 91 fois moins
de chaleur que la Terre.

316. Satellites et anneau. — Saturne possède 8 satellites,
très-petits, difficiles à observer, excepté le 7ᵉ, dont le volume
serait comparable à celui de Mars. Leurs distances à la planète
varient de 3 à 64 fois son rayon. Le 8ᵉ n'a été découvert qu'en 1848.

La particularité la plus remarquable de Saturne est son *anneau*
(*fig. 86*). Cet anneau, circulaire, aplati et très-mince, paraît être
le prolongement de l'équateur de la planète ; il est incliné de
28° $\frac{1}{2}$ sur notre écliptique. Il n'est pas continu, mais formé de
trois anneaux concentriques, séparés par des espaces obscurs.
Les deux plus larges sont fortement éclairés par le Soleil ; ils
sont opaques, et on peut distinguer l'ombre qu'ils projettent sur
la planète. Le troisième est grisâtre, transparent. Tout le système tourne d'occident en orient, en 10ʰ 30ᵐ, avec la même
vitesse que la planète.

L'épaisseur de l'anneau est de 40 lieues. Sa largeur totale est
plus grande que le rayon de la planète. Le rayon équatorial de
Saturne étant de 16.000 lieues, le rayon intérieur de l'anneau
est de 24.000 lieues, et le rayon extérieur de 35.500 lieues.

L'anneau de Saturne présente, dans le cours d'une révolution
synodique de la planète, les aspects les plus variés, qui dépendent de sa position par rapport à la Terre. Comme il est
incliné de 28° sur l'écliptique, nous ne le voyons jamais de face.
Il apparaît ordinairement comme une ellipse plus ou moins
aplatie, qui déborde des deux côtés de la planète ; on voit
ensuite l'ellipse diminuer de largeur, et quand la Terre se trouve
dans le plan même de l'anneau, on ne le voit plus, dans des
lunettes puissantes, que comme une ligne droite très-mince, qui
traverse le disque en son milieu et le dépasse de part et d'autre.
L'ellipse reparaît ensuite, d'abord très-étroite, et s'élargit peu
à peu, en repassant par les mêmes phases.

317. URANUS. — Uranus fut découvert en 1781 par
W. Herschell, dont il porta d'abord le nom. On le voit
difficilement à l'œil nu, comme une étoile de 6ᵉ grandeur.

Au télescope, Uranus présente un disque rond, nettement terminé. Il a certainement 4 satellites, peut-être 8, dont les deux derniers n'ont été vus que par Herschell. — Il est bon à noter, comme une chose unique dans le système planétaire, que ces satellites, au moins les deux qu'on a pu mieux observer, ont un *mouvement rétrograde* d'orient en occident, et dans des orbites presque perpendiculaires à l'écliptique.

Uranus accomplit sa révolution synodique en 369j,5 ; sa révolution sidérale en 84 ans. Son aplatissement, qui atteste une rotation rapide, est évalué à $\frac{1}{9}$. Son diamètre apparent est de 4″ ; son diamètre réel est 4,5 ; et sa distance au Soleil 19,18, ce qui fait 19,18·$\times$ 37 $=$ 711 millions de lieues.

318. NEPTUNE. — Neptune, la plus éloignée des planètes, 30,04, ressemble à une étoile de 9e grandeur et n'est visible qu'au télescope. On lui a découvert un satellite. Cette planète exécute sa révolution sidérale en 165 ans. Son diamètre est presque 5 fois celui de la Terre.

Neptune est la planète la plus intéressante par la manière dont elle a été découverte. Depuis 40 ans, on avait observé dans la planète Uranus des perturbations que l'attraction des planètes voisines, Jupiter et Saturne, ne suffisait pas à expliquer. M. Le Verrier attribua ces perturbations à une planète inconnue jusque-là, et il put déterminer, par la seule puissance du calcul, quelles devaient être la masse, la position et l'orbite d'une planète capable de produire les perturbations observées. Il publia d'abord une valeur approchée, puis une valeur plus précise ; et bientôt après, le 23 septembre 1846, M. Galle, de Berlin, *vit au bout de sa lunette* la planète, à la place où le calculateur français *l'avait vue au bout de sa plume.* — C'est là certainement un résultat admirable, qui atteste à la fois l'exactitude des méthodes astronomiques, la vérité du principe et des lois de la gravitation, comme aussi la Sagesse et la Puissance du Créateur qui a dicté ces lois, et leur a soumis tous les corps de l'Univers, suivant la parole saisissante du Livre de la Sagesse : *Vous avez tout disposé, mon Dieu, avec mesure, nombre et poids.*

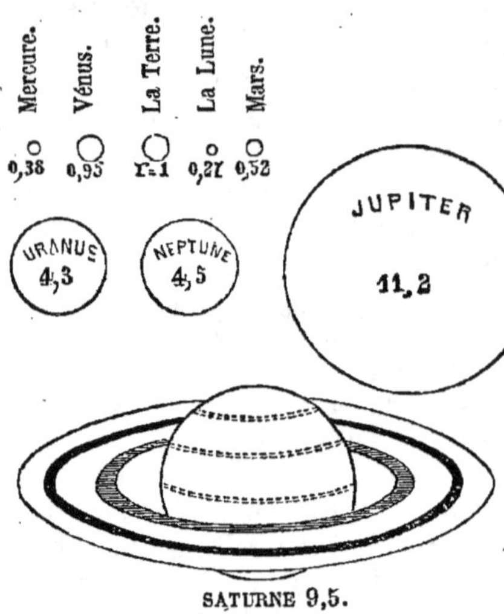

Fig. 86.

319. Ensemble du système solaire. — Il est bon de pouvoir comparer, dans leur ensemble, les éléments des divers corps du système solaire. La *figure 86* montre les grandeurs relatives des disques apparents des planètes vues à la même distance. Le rayon de la Terre est supposé de 1mm ; pour figurer le disque du Soleil, à la même échelle, il faudrait tracer une circonférence ayant un rayon de 108mm, presque 10 fois plus grand que celui de Jupiter. Un cercle pareil couvrirait plus de deux pages de ce livre.

La *figure 87* montre les grandeurs relatives des orbites des planètes, excepté celles des plus éloignées.

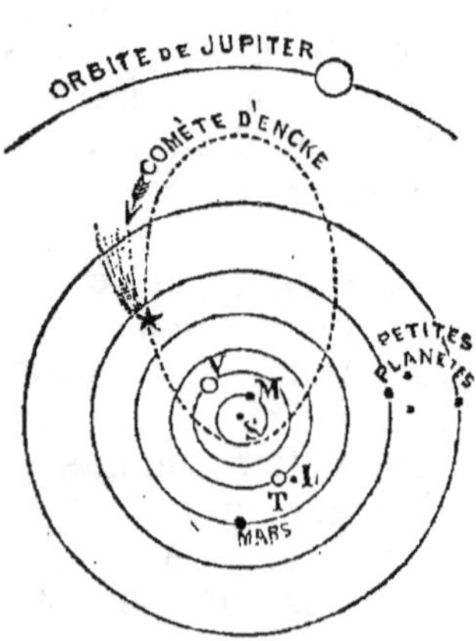

Fig. 87.

Dans le *tableau* suivant se trouvent marqués successivement dans chaque colonne verticale :

1° Les *noms* des planètes ;

2° Leur *distance* moyenne au Soleil, d'après la loi de Bode ou Titius (286), et leur distance réelle trouvée par le calcul et les mesures directes. La distance de la Terre, prise pour unité, est de 37.117 lieues ou 148 468^{km} ;

3° La *durée* de leur révolution sidérale, en jours solaires moyens ;

4° L'*obliquité de leur orbite* elliptique, ou l'angle qu'elle fait avec le plan de l'écliptique, et leur *excentricité*, c'est-à-dire le rapport entre la distance de leurs foyers et leur grand axe ;

5° La durée de la *rotation* de chaque planète ;

6° Leur *rayon*, en prenant pour unité celui de la Terre, qui est de 1594 lieues ou 6376^{km} ;

7° Leur *masse* et leur *densité*, en prenant pour unité la masse et la densité moyenne de la Terre ; cette dernière densité, rapportée à l'eau, est 5,56 (106) ;

8° La *grandeur apparente* des planètes, comparée à celle des étoiles (51), et le *nombre de leurs satellites.*

ÉLÉMENTS DU SYSTÈME SOLAIRE.

1o NOM des PLANÈTES.	2o Distance : de Bode ;	réelle.	3o Révolution sidérale.	4o Obliquité et excentricité de l'orbite.		5o Durée de la rotation.	6o Rayon.	7o Masse et densité.		8o Grandeur. Satellites.	
MERCURE.	0,4	0,39	0,24	7°0′	0,205	24^{h}5^m	0,38	0,08	1,37	4	
VÉNUS.	0,7	0,72	0,62	3.23	0,007	23.21	0,95	0,78	0,90	1	
LA TERRE.	1	1	1	0.0	0,017	23.56	1	1	1		1
MARS.	1,6	1,52	1,88	1.51	0,093	24.37	0,54	0,10	0,71	1	
JUPITER.	5,2	5,20	11,86	1.19	0,048	9.55	11,16	309,03	0,24	1	4
SATURNE.	10,0	9,53	29,45	2.30	0,056	10.30	9,53	92,39	0,12	2	8
URANUS.	19,6	19,18	84,00	0.46	0,046		4,22	15,77	0,21	6	8
NEPTUNE.	38,8	30,04	164	1.47	0,009		4,44	18,54	0,22	9	1
LE SOLEIL.						25^{j}10^h	108,4	326.200	0,24		
LA LUNE.			27^{j}32	5.9		27^{j}7^h	0,27	0,013	0,66		

LIVRE VI.

DES COMÈTES

ÉTOILES FILANTES, AÉROLITHES.

CHAPITRE Ier.

DES COMÈTES.

320. — Les comètes (κομήτης, astres chevelus) sont des astres qui, comme les planètes, sont éclairés par le Soleil et se meuvent parmi les constellations. Elles se distinguent des planètes par leur *aspect*, par la faiblesse de leur *masse* et par la nature de leurs *orbites*.

321. Aspect des comètes. — Dans les comètes on distingue ordinairement trois parties : le *noyau*, la *chevelure* et la *queue*.

Le *noyau* est la partie centrale où la matière paraît plus condensée et où la lumière est plus vive ; il ressemble à une étoile ou à une planète. — La *chevelure* est une auréole de lumière qui entoure le noyau. — Le noyau et la chevelure forment la *tête* de la comète.

La *queue* est une sorte de prolongement de la chevelure. C'est une traînée lumineuse plus ou moins allongée. La queue est toujours *dirigée* à l'opposé du Soleil, de sorte qu'elle suit le noyau jusqu'au périhélie et le précède ensuite. La *forme* de la queue est très-variable, tantôt droite, tantôt recourbée vers la région que l'astre vient de quitter. Il y a des queues qui vont en s'élargissant et s'étalent en éventail ; d'autres se divisent en plusieurs branches : en 1744, il parut une comète qui avait cinq ou six queues, longues de 30 à 40°. La *longueur* varie aussi beaucoup; elle est quelquefois très-petite.

On voit des comètes qui n'ont ni queue ni noyau, et sont réduites à une simple nébulosité.

322. Masse des comètes. — La *matière* qui constitue les comètes réfléchit la lumière et obéit aux lois de la mécanique, subissant l'influence des attractions des planètes et de leurs satellites. Mais cette matière est d'une ténuité extrême et dont les gaz les plus dilatés ne sauraient nous donner une idée. Elle ne réfracte pas la lumière et ne diminue en rien l'éclat des étoiles, même lorsque les rayons qui nous viennent de ces astres ont traversé dans toute son épaisseur le noyau des plus grosses comètes. Malgré leurs grandes dimensions, la *masse* des comètes est donc insignifiante. Aussi n'a-t-on jamais pu constater de perturbation apportée dans le mouvement d'une planète lorsqu'elle passe auprès d'une comète; et au contraire, les planètes agissent sur les comètes, et altèrent énormément leur marche à travers l'espace.

L'*analyse spectrale* nous montre que la matière des comètes est gazeuse, brillant en partie d'une lumière réfléchie, et en partie d'une lumière qui lui est propre, due sans doute à l'échauffement que lui fait subir le Soleil aux environs du périhélie. Parmi les éléments qui composent les comètes, on a cru reconnaître de l'azote, de l'hydrogène, du carbure d'hydrogène, et des traces de magnésium.

323. Mouvement des comètes. — Les comètes obéissen aux lois de Képler et de l'attraction universelle. Elles décrivent, au moins pour la plupart, des ellipses très-allongées dont le Soleil occupe un des foyers, et dont la distance du périhélie est toujours peu considérable. — Les plans de ces orbites font, avec celui de l'écliptique, tous les angles possibles, depuis 0° jusqu'à 90°, et si beaucoup de comètes marchent d'occident en orient, comme les planètes, la moitié au moins marchent dans le sens rétrograde, d'orient en occident. Les comètes parcourent donc le ciel dans toutes ses parties et dans toutes les directions.

Vu leur allongement excessif, les orbites elliptiques des comètes ressemblent presque exactement, dans le voisinage du Soleil, à des arcs de parabole. Elles ne sont visibles que dans cette partie de leur course et ne tardent pas à échapper, même aux télescopes les plus puissants.

D'après ces principes, les mouvements des comètes sont très-variés. Les unes ne sont visibles que quelques jours; d'autres paraissent pendant des mois entiers. Quelques-unes se meuvent avec une vitesse extraordinaire, d'autres avec une lenteur extrême. Elles parcourent les constellations circompolaires aussi bien que les constellations zodiacales; du nord au sud, de l'est à l'ouest, et dans toutes les directions possibles.

Voici ce que l'on observe le plus souvent dans la marche et l'aspect des comètes. Un jour, ordinairement par hasard, une comète apparaît dans le télescope d'un astronome, semblable à une faible nébulosité, douée d'un mouvement très-lent. Par degré, elle accélère sa marche; elle projette derrière elle une queue dont l'éclat et la grandeur vont en augmentant, jusqu'à ce qu'elle se perde dans les rayons du Soleil. Quelques jours plus tard, la comète reparaît, après avoir dépassé le périhélie; c'est alors que son éclat est le plus vif, et que sa queue a acquis tout son développement. Mais l'un et l'autre diminuent rapidement; la comète cesse d'être visible à l'œil nu. Les astronomes la suivent encore quelque temps; puis elle se perd dans l'immensité de l'espace.

324. Périodicité des comètes. — Si les comètes suivaient réellement une *parabole*, ce qui paraît avoir lieu pour quelques-unes, après s'être approchées une fois du Soleil, elles s'en éloigneraient pour toujours, puisque la parabole est une ligne courbe ouverte. — Celles qui suivent une *ellipse très-allongée*, peuvent s'éloigner beaucoup du Soleil, s'approcher de quelque étoile et être entraînées dans une autre orbite, autour d'un centre nouveau. — Il en est d'autres que l'on appelle *périodiques*, parce que, restant à peu près dans la même orbite elliptique, elles reparaissent périodiquement, à des intervalles de temps sensiblement égaux, toutes les fois qu'elles parcourent de nouveau la partie de leur orbite qui avoisine le Soleil.

Pour reconnaître si une comète que l'on observe, a déjà apparu à des époques antérieures, on ne peut se guider sur sa forme, sa grandeur et son éclat, qui peuvent éprouver des variations considérables. Il faut déterminer son orbite et son mouvement, et examiner ensuite le catalogue des comètes, afin de voir si, parmi celles qui s'y trouvent consignées, il s'en rencontre une ayant suivi à peu près la même orbite. Si on en trouve ayant déjà suivi cette orbite une fois, ou même plusieurs fois à des intervalles de temps égaux, on en conclut avec probabilité que ces comètes sont un même astre. Si alors, en s'appuyant sur ces observations et en tenant compte des perturbations, souvent très-sensibles, que produisent les planètes, on détermine l'époque d'une nouvelle apparition, et que l'événement justifie cette annonce, on peut affirmer que la comète est périodique.

Les éléments que l'on calcule, pour déterminer l'orbite d'une comète, sont les *éléments paraboliques* : 1° L'inclinaison du plan de l'orbite sur l'écliptique ; 2° la longitude du nœud ascendant ; 3° la longitude du périhélie ; 4° la distance du périhélie. On y ajoute l'époque du passage au périhélie et le sens du mouvement. Pour déterminer ces éléments, il faut au moins trois observations faites à des intervalles suffisants.

325. Comètes périodiques. — On compte plus de 2.000 comètes observées jusqu'ici. Sur 400 dont on a calculé les orbites, on en connaît à peine une dizaine dont la périodicité soit bien constatée. Les principales sont celles de Halley, d'Encke, de Biéla, de Faye.

326. — La *comète de Halley* reparaît tous les 76 ans à peu près. Son mouvement est rétrograde et son orbite s'étend au-delà de l'orbite de Neptune.

Halley, en comparant les éléments d'une comète qu'il observa en 1682, à ceux des comètes examinées par Képler en 1607, et par Apien en 1531, reconnut l'identité de ces éléments. Il en conclut que ces trois comètes n'en étaient qu'une, qui accomplit sa révolution en 76 ans, et il annonça son retour pour le commencement de 1758. — Clairaut, en tenant compte de l'influence des planètes Saturne et Jupiter, trouva par le calcul que le retour de cette comète au périhélie n'aurait lieu que vers le milieu d'avril 1759, avec une erreur possible d'un mois. Il eut lieu en réalité le 12 mars. — Un nouveau passage au périhélie eut lieu le 16 novembre 1835. Il avait été annoncé pour le 4 du même mois par M. Damoiseau, et pour le 13 par M. de Pontécoulant. Cette erreur de 3 ou 12 jours est insignifiante pour une période de 76 ans, surtout si l'on considère que les calculateurs avaient dû tenir compte des actions perturbatrices de Saturne, de Jupiter, de la Terre, et aussi d'Uranus, qui n'était pas connu du temps de Clairaut.

En remontant plus haut on trouve que cette comète de Halley apparut en 550, l'année de la prise de Rome par Totila, et en 1456 un peu après la prise de Constantinople par les Turcs. Elle jeta l'épouvante dans les états chrétiens. Sa longue queue recourbée, et occupant 60° du ciel, paraissait au peuple consterné représenter le sabre des Turcs, qui s'apprêtaient alors à ravager l'Europe.

327. — 2° La *comète d'Encke* a été reconnue, en 1819, par l'astronome qui lui a donné son nom. Elle est à courte période, de 3 ans $\frac{1}{4}$, visible seulement au télescope. Elle se meut dans le sens direct; son orbite touche d'un côté l'orbite de Mercure et atteint presque, à l'opposé, celle de Jupiter (*fig. 87*).

3° Une troisième comète périodique a été aperçue d'abord par *Biéla*, puis par Gambart qui en a découvert la périodicité, en 1826. Elle parcourt son orbite en 6 ans $\frac{3}{4}$, dans le sens direct. — En 1846, elle s'était *dédoublée* ou décomposée en deux comètes voisines, parcourant la même orbite. En 1852, on revit les deux comètes, mais la distance de leurs noyaux avait augmenté. *On ne les a pas revues depuis.* — Le 29 novembre 1872, la Terre a traversé la région de l'espace où, selon les astronomes, la comète de Biéla devait se trouver ; on ne l'a pas aperçue ; mais la nuit du 28 au 29 novembre a été signalée par une pluie d'*étoiles filantes* (330), la plus splendide qu'on ait jamais observée. Ce phénomène a confirmé l'opinion d'après laquelle les étoiles filantes seraient des débris de comètes (333).

4° La *comète de Faye* parcourt, dans le sens direct, en 7 ans ½, une orbite inclinée de 11° sur l'écliptique. Découverte par M. Faye, en 1843, elle a été revue en 1851, 1858.

5° Citons encore les comètes *de Vico*, période de 5 ans ½, découverte en 1844 ; de *Brorsen*, période de 5 ans ⅘, découverte en 1846 ; d'*Arrest*, période de 6 ans ½, découverte en 1851.

328. — Les astronomes, avec leurs télescopes, observent presque tous les ans une ou plusieurs comètes invisibles à l'œil nu.

Les comètes les plus remarquables, dont on n'a pas reconnu la périodicité, sont celles de 1873, découverte par Coggia, à Marseille ; celle de 1861, dont la queue mesurait jusqu'à 100° ; celles de 1858 et de 1843 ; celle de 1811, très-brillante, dont le noyau avait environ 1000 lieues ; la comète de Charles-Quint, qui parut en 1556.

329. Influences des comètes. — Malgré les préjugés populaires, on ne peut pas admettre que les comètes aient la moindre influence sur la température, sur les saisons de notre globe. Aucune observation n'en a donné la preuve ; et d'ailleurs les comètes ne peuvent agir ni par leur attraction, leur masse étant extrêmement petite ; ni par les rayons de lumière et de chaleur qu'elles nous envoient.

On s'est quelquefois préoccupé *du choc de la Terre par une comète.* Une telle rencontre est possible, puisque les comètes traversent les parties de l'espace où se meut la Terre elle-même ; mais elle paraît extrêmement peu probable, si l'on compare l'immensité de cet espace avec les petites dimensions de la Terre et même des comètes. Du reste, la rencontre eût-elle lieu, nous n'aurions rien à en craindre ; et la matière si subtile qui compose les comètes opposerait moins de résistance à la Terre, au moment de sa rencontre, qu'une toile d'araignée à une balle de fusil.

Il y a longtemps qu'on admet une liaison entre l'apparition des comètes et les *événements contemporains.* Virgile était l'interprète des idées de son temps quand il faisait prédire par des comètes la mort de César, et Claudien écrivait qu'une comète était toujours l'annonce de quelque malheur : *nunquam visos impune cometas.* Képler lui-même ne sut pas s'affranchir de ce préjugé. — Mais quelle relation naturelle peut-il y avoir entre ces deux choses ? et puis le nombre des comètes étant en moyenne d'une par année, un de ces astres ne manquera jamais d'accompagner tout événement extraordinaire.

CHAPITRE II.

ÉTOILES FILANTES. — BOLIDES ET AÉROLITHES.

330. Étoiles filantes. — Les étoiles filantes ressemblent à des points brillants, semblables aux étoiles, qui apparaissent subitement, se déplacent rapidement dans le ciel et disparaissent presque aussitôt. Il n'est pas de nuit sereine où l'on n'en puisse remarquer quelques-unes. Dans les nuits ordinaires on en observe facilement 4 à 8 par heure.

Il y a des nuits chaque année, et des années dans une certaine période de temps, où l'on en voit briller un nombre bien plus grand. Ainsi dans les nuits du 10 août, dans celles du 12 au 14 novembre, on en observe dix fois plus que dans les nuits ordinaires. La tradition donne au phénomène du 10 août le nom de *larmes* de saint Laurent, dont la fête tombe ce jour-là. — Tous les 33 ou 34 ans, les nuits du 11 au 13 novembre, les étoiles filantes se multiplient étonnamment. Pendant la nuit du 11 au 12 novembre 1799, elles étaient tellement nombreuses qu'on eut cru voir un brillant feu d'artifice. Dans la nuit du 12 au 13 novembre 1833, un astronome compta 650 étoiles filantes dans un quart d'heure, et on a calculé qu'il en serait passé 200.000 pendant cette nuit. Le phénomène a reparu dans toute sa beauté au mois de novembre 1866.

Les étoiles filantes, plus nombreuses dans certaines nuits, paraissent venir généralement d'un même point de l'espace. Celles du 10 août semblent partir de la constellation de Persée, ce qui leur a fait donner le nom de *perséides*. De même celles du 12 novembre se nomment *léonides*, parce qu'elles divergent du Lion (53).

331. Bolides et aérolithes. — Les *bolides* (βολίς, trait, de βάλλω, jeter) paraissent comme des globes de feu, d'un diamètre sensible. On les voit briller subitement dans l'espace, se mouvoir rapidement, en laissant derrière eux une traînée lumineuse, et finir souvent par éclater avec un bruit épouvantable, en projetant de tous côtés des fragments enflammés, qui tombent sur le sol.

Les *aérolithes* (ἀήρ, air; λίθος, pierre) sont des masses solides et pierreuses, évidemment tombées sur terre des espaces aériens.

Longtemps les savants ont refusé de croire à la chute de pierres météoriques, bien que les historiens en aient cité de nombreux exemples. Mais une chute abondante de ces pierres ayant eu lieu, le 26 avril 1803, à l'Aigle (Orne), une commission fut chargée de faire une enquête minutieuse, recueillit plusieurs centaines de fragments, et dut se rendre à l'évidence des faits. Depuis on a constaté beaucoup de chutes pareilles. En 1822, le 3 juin, un bolide fut observé en Poitou, éclata avec grand bruit, et une aérolithe tomba à Angers. En 1858, le 9 décembre, dans la Haute-Garonne, il tomba deux pierres, l'une de 45 kilog , l'autre de 10.

En général, les aérolithes offrent une grande régularité de forme ; elles ont le plus souvent celle de polyèdre à 4 ou 5 faces. Leurs angles sont quelquefois émoussés par la fusion, et leur surface est recouverte d'un vernis métallique noirâtre. Au moment de leur chute, elles ont une température élevée.

On a fait l'analyse chimique de plusieurs centaines d'aérolithes; on n'y a trouvé jusqu'à présent aucun corps simple qui ne soit connu sur la Terre. On y a constaté d'une manière certaine la présence de 22 éléments dont voici la liste dans l'ordre de leur importance : fer, magnésium, silicium, oxygène, nickel, cobalt, chrome, manganèse, titane, un peu d'étain, cuivre, aluminium, potassium, sodium, calcium, arsénic, phosphore, azote, soufre, chlore, carbone et hydrogène. Les métaux nobles y font défaut, comme dans le Soleil (277).

332. — On a proposé jusqu'à présent bien des *théories* pour expliquer les phénomènes des étoiles filantes, des bolides et des aérolithes.

1º Ces apparitions pourraient être la manifestation d'un même fait, à des degrés divers. Une multitude de petits corps ou astéroïdes circuleraient dans l'espace, à la manière des planètes ou des comètes, en obéissant aux attractions du Soleil et des autres corps. Les uns seraient isolés, les autres réunis en essaims plus ou moins pressés.

Lorsque ces corps passent dans le voisinage de la Terre, à une distance suffisante, ils produisent les *étoiles filantes*. Ils deviennent lumineux, soit en s'électrisant par l'influence de l'électricité terrestre, soit en s'échauffant au contact de notre atmosphère, qu'ils traversent dans leur course rapide. A cause de leur grande distance, ils nous apparaissent comme de simples points, et emportés par leur vitesse acquise, ils échappent à l'attraction de la Terre. — Quand la Terre passe à côté des amas de ces astéroïdes, il apparaît un bien plus grand nombre d'étoiles filantes.

Le phénomène prend le nom de *bolide* lorsque ces petits corps pénètrent plus avant dans notre atmosphère. Ils passent plus près de nous et s'échauffent davantage en traversant un air plus dense et plus résistant; c'est ce qui les fait paraître plus gros et plus brillants que les étoiles filantes.

Quand les corps se dirigent vers la surface de la Terre, ou quand ils en passent trop près, ils sont entraînés par la pesanteur, s'échauffent au point de fondre à leur surface, éclatent quelquefois, et leurs débris tombent en fragments plus ou moins divisés, qui ont reçu le nom d'*aérolithes*.

333. — 2° Suivant une autre théorie, les étoiles filantes et les bolides seraient deux phénomènes bien distincts, les uns venant des comètes, les autres des planètes.

Les *étoiles filantes* seraient produites par la substance si légère qui constitue les comètes, et que celles-ci abandonneraient peu à peu dans l'espace. Ce qui le ferait croire, c'est que des pluies d'étoiles filantes ont coïncidé plusieurs fois avec le retour de comètes périodiques qui devaient passer près de la Terre (327).

Les *bolides* proviennent de corps qui circulent dans l'espace et qui, rencontrés de temps en temps par la Terre, viennent s'y précipiter, sous l'action de la pesanteur. Ces corps pourraient même être des débris de la grosse planète située d'abord entre Mars et Jupiter (312), et qui, suivant Olbers, aurait été divisée en nombreux fragments. Pendant que les plus gros continuent à circuler dans la même orbite, les plus petits, dispersés de tous côtés par l'effet de l'explosion et des attractions diverses, viendraient de temps en temps traverser notre atmosphère, ou même tomber à la surface de la Terre.

3º On a aussi attribué les aérolithes à des particules solides, d'abord dispersées dans l'atmosphère, puis réunies par l'électricité, et retombant sur le sol en masses plus ou moins grandes. — Laplace faisait venir les aérolithes des volcans de la Lune (254). On a calculé qu'il suffit d'une force quadruple de celle qui chasse le boulet hors du canon, pour détacher ces pierres de la Lune, et les amener à une distance telle que, au lieu de retomber sur notre satellite, elles devraient tomber sur la Terre.

NOTICE

BIOGRAPHIQUE ET BIBLIOGRAPHIQUE

SUR LES

ASTRONOMES CITÉS DANS CE VOLUME.

APIEN Pierre, 1495-1551, professeur de mathématiques à Ingolstadt. Il fut un des premiers à proposer la mesure des longitudes par la distance de la Lune aux étoiles ; il observa plusieurs comètes (326).

ARAGO François, né près de Perpignan, 1786-1853. Attaché à l'Observatoire, puis adjoint à Biot pour continuer en Espagne la mesure du méridien, il revint à 23 ans professer à l'Ecole polytechnique. Il dirigea l'Observatoire et le Bureau des longitudes dont il rédigea l'Annuaire ; depuis 1830, il fut secrétaire pepétuel de l'Académie des sciences où il était entré à 22 ans. Astronome et physicien justement célèbre, Arago avait le talent d'exposer avec une grande clarté les notions scientifiques les plus abstraites ; il popularisa la science dans ses cours d'astronomie à l'Observatoire , dans ses comptes-rendus académiques et dans ses notices de l'Annuaire. Ses *Œuvres complètes* ont été réunies en 16 vol. in-8 (40, 70, 100, 125, 226).

ARISTARQUE, né à Samos, florissait vers 280 avant Jésus-Christ. Un des plus grands astronomes de la Grèce ; il fut accusé d'impiété pour avoir supposé les mouvements de la Terre. Il indiqua une méthode exacte pour mesurer les rapports de grandeur et de distance du Soleil et de la Lune.

ARISTOTE, né en Macédoine, 384-322 avant Jésus-Christ, précepteur d'Alexandre-le-Grand. Il embrassa toutes les sciences connues de son temps et en créa même plusieurs. Il admettait la Terre immobile, et faisait tourner autour d'elle des cieux de cristal auxquels étaient fixées les planètes et les étoiles (41).

ARREST, mort en 1875, professeur d'astronomie à Copenhague (327).

AUSONE, né à Bordeaux, 309-394, poète latin (131).

BABINET Jacques, né à Lusignan, 1794-1872, professeur de
mathématiques, auteur d'un grand nombre de mémoires et de
notices scientifiques, et des *Études sur les sciences d'observation, 8 vol.;* il a inventé les cartes homalographiques (124).

BESSEL, 1784-1846, directeur de l'observatoire de Kœnisberg,
où il fit une foule d'observations et de découvertes; il détermina
la première parallaxe d'étoiles , et pressentit la planète Neptune (62).

BIOT Jean-B., né à Paris, 1774-1862. Il fut chargé de mesurer
le méridien en Espagne. Il fit avec succès de nombreuses recherches en astronomie et en physique, et a publié plusieurs
ouvrages scientifiques (100).

BODE Jean, né à Hambourg , 1747-1826. Il dirigea pendant
50 ans l'observatoire de Berlin, et découvrit plusieurs comètes et
beaucoup d'étoiles. Il a publié plusieurs ouvrages populaires, et
un atlas avec les positions de 17.240 étoiles (286).

BORRELLY , astronome attaché à l'observatoire de Marseille (312).

BRADLEY Jacques, 1692-1762, directeur de l'observatoire de
Greenwich après Halley ; il fit des observations innombrables et
d'une admirable précision, découvrit l'aberration de la lumière
et la nutation (41, 148, 154).

CASSINI J.-Dominique, né dans le comté de Nice en 1625,
mort à Paris en 1712. Attiré en France par Colbert, il fut le premier directeur de l'Observatoire, travailla à mesurer la méridienne, détermina la rotation de Vénus, Mars et Jupiter, et
découvrit plusieurs satellites de Jupiter et de Saturne. — *Cassini
Jacques,* son fils, 1677-1784, directeur de l'Observatoire, corrigea la méridienne de cet établissement , et fit une carte de
France, terminée par son fils *Jacques-Dominique,* 1747-1845.
Cette belle carte, à l'échelle de 1 ligne pour 100 toises, est composée de 180 feuilles, et a 11^m de haut sur 11^m,33 de large (105).

CAVENDISH Henry, né à Nice, d'une famille anglaise, 1731-
1810, physicien et chimiste (106).

CLAIRAUT Alexis, né à Paris, 1713-1765, géomètre distingué ;
à 12 ans il présenta un mémoire à l'Académie des sciences,
dont il devint membre à 18 ans. Il alla en Laponie mesurer le
méridien. Il a laissé la théorie de la figure de la Terre, de la
Lune et du mouvement des comètes (100, 326).

COGGIA, astronome à l'observatoire de Marseille (328).

COPERNIC Nicolas, né dans la Prusse polonaise, 1473-1543.
Voyez au nº 41. — Outre son célèbre traité *Des révolutions des
sphères célestes,* il a laissé un *Traité de trigonométrie,* avec des
Tables de sinus (33, 41, 144, 295).

CUSA (Nicolas de), né à Cusa, diocèse de Trèves, 1401-1461, archidiacre de Liége, puis cardinal et évêque dans le Tyrol; il fut chargé par le Pape de plusieurs légations à Constantinople et en Allemagne. Il proposa au concile de Bâle la réforme du calendrier; il est le premier d'entre les modernes qui ait entrepris de soutenir dans ses écrits le système planétaire renouvelé après lui par Copernic et Galilée (41).

DAMOISEAU (Marie baron de), né à Besançon, 1768-1846. Emigré, il devint sous-directeur de l'observatoire de Lisbonne. On a de lui des Mémoires sur divers sujets d'astronomie, et sur le retour de la comète de 1759, des tables de la Lune et des satellites de Jupiter.

DELAMBRE J.-B., né à Amiens, 1749-1822. Il mesura le méridien de Dunkerque à Rodez, professa l'astronomie au collége de France et fut secrétaire perpétuel de l'Académie des sciences. On a de lui des tables d'Uranus et des satellites de Jupiter, et plusieurs ouvrages d'astronomie (100, 105).

DENYS, surnommé LE PETIT, à cause de sa taille, originaire de Scythie, mort à Rome vers 540, abbé d'un monastère. Il acquit une grande réputation par ses ouvrages sur la chronologie (206).

DIODORE DE SICILE, historien grec, vivait du temps de César et d'Auguste (270).

ENCKE Jean-François, né à Hambourg en 1791, succéda à Bode dans la direction de l'observatoire de Berlin. Il entreprit une série d'observations astronomiques, perfectionna les calculs, détermina l'orbite de plusieurs comètes (325, 327).

ERATOSTHÈNE, 276-194 avant Jésus-Christ. Savant universel, bibliothécaire d'Alexandrie; il trouva la longueur de la circonférence de la Terre, et l'obliquité de l'écliptique, qu'il fixa à 23° 57' (100).

FABRICIUS Jean, né dans le Hanovre au xvi⁰ siècle, astronome de Charles-Quint, aperçut le premier des taches au Soleil (222).

FAYE Hervé-Auguste, né dans l'Indre en 1814, attaché à l'Observatoire, membre du Bureau des longitudes depuis 1862 (225, 327).

FIZEAU Hippolyte, né à Paris en 1819, mathématicien (314).

FOUCAULT Léon, né à Paris en 1819, physicien (39, 148).

GAMBART Adolphe, né à Cette, 1800-1836, directeur de l'observatoire de Marseille. Il découvrit 13 comètes, et fit de nombreuses observations d'occultations d'étoiles et d'éclipses de satellites (327).

GALILÉE, *revoir le n⁰ 41.* Il découvrit à 18 ans l'isochronisme des petites oscillations du pendule, qu'il fit servir plus tard dans ses observations astronomiques. En 1609, il perfectionna la lunette qui porte son nom, et en la dirigeant vers le ciel, il découvrit les 4 satellites de Jupiter, l'aspect que Saturne doit à son anneau, les phases de Vénus, qui lui démontrèrent son mouvement autour du Soleil, et les montagnes de la Lune.

HALLEY Edouard, né à Londres, 1656-1742. A 19 ans, il inventa une méthode pour trouver les aphélies et les excentricités des planètes. Il alla à Sainte-Hélène pour observer le ciel austral, fixa la position de 350 étoiles, découvrit leur mouvement propre, dressa des tables de la Lune, reconnut la périodicité des comètes (325).

HERACLIDE de Pont, vint à Athènes vers 357 av. J.-C. (41).

HERODOTE, né à Halicarnasse, 484 av. J.-C., surnommé le *Père de l'histoire* (270).

HERSCHELL William, né à Hanovre, 1738-1822. Venu en Angleterre comme musicien, il se livra tout entier à l'astronomie ; il construisit lui-même ses télescopes à miroir, et eut bientôt le plus puissant que l'on ait vu jusqu'alors, de plus de 12ᵐ de long. Il fit les découvertes les plus étendues et les plus importantes, et créa presque en entier l'astronomie stellaire (226, 285, 317). — *John*, son fils, né en 1792, passa quatre ans au Cap de Bonne-Espérance , pour étudier l'hémisphère austral.

HIPPARQUE, né à Nicée au IIᵉ siècle av. J.-C. ; le plus grand astronome de l'antiquité. Il fit un catalogue de 1022 étoiles, créa la méthode des longitudes et des latitudes , les projections orthographique et stéréographique, et trouva la longueur de l'année, la précession des équinoxes, les inégalités des mouvements du Soleil et de la Lune, ainsi que leurs distances relatives (56, 132, 150, 153).

HUYGHENS Christian, né à La Haye,1609-1695 ; il passa 20 ans à Paris. Il découvrit un satellite et l'anneau de Saturne, et appliqua le pendule aux horloges et le ressort spiral aux montres (100).

JANSSEN, astronome français contemporain.

KÉPLER Jean, né dans le Wurtemberg, 1571-1631. Noble, mais pauvre, et employé d'abord aux travaux des champs, il étudia ensuite pour l'état ecclésiastique. Tycho-Brahé apprécia le génie du jeune homme, l'appela auprès de lui à Prague, et lui obtint une pension de l'empereur d'Allemagne. Cette pension fut mal payée, et Képler vécut misérablement, obligé de faire de l'astrologie pour se créer des ressources. On lui doit, outre les lois qui portent son nom, une théorie exacte de la vision et de la lunette astronomique, des tables astronomiques et une table de logarithmes (41, 59, 143, 149, 296, 298, 329).

KIRCHOFF, professeur à l'université d'Heidelberg (227).

LACAILLE (l'abbé Nicolas-Louis de), né en Picardie, 1713-1762. Lié avec Cassini et Méraldi, il travailla à la mesure du méridien, démontra que les degrés vont en croissant. Professeur au collége Mazarin, il y installa un petit observatoire. Il entreprit la vérification des catalogues d'étoiles et décrivit notre ciel avec une exactitude admirable. Il alla en 1750 au Cap de Bonne-Espérance, détermina la position de 10.000 étoiles et en forma 16 constellations; il y mesura aussi un arc de méridien, fit, de concert avec Lalande, qui était à Berlin, des observations pour les parallaxes de la Lune, de Mars et de Vénus. Lalande a dit de lui qu'il avait fait à lui seul plus d'observations et de calculs que tous les astronomes contemporains réunis (100, 249).

LACONDAMINE (Ch.-Marie de), né à Paris, 1701-1774. Poussé par une infatigable curiosité, il cultiva toutes les sciences et parcourut presque toutes les parties du monde (100).

LALANDE Jérôme, né à Bourg, 1732-1807. Elevé chez les Jésuites, il voulut entrer dans leur ordre. Pour l'en détourner, ses parents l'envoyèrent à Paris étudier le droit; mais il se livra à l'astronomie. A 19 ans, il fut chargé d'aller à Berlin faire des observations. Il y fut mêlé à la cour avec les philosophes du roi de Prusse. Lalande professa 46 ans l'astronomie au Collége de France, rédigea ou dirigea 30 ans la *Connaissance des temps*. Nul n'a plus contribué que lui à répandre le goût de l'astronomie ; il fit de sa maison une sorte de séminaire d'où il sortit une foule de disciples qui peuplèrent les observatoires. Vaniteux et voulant à tout prix faire parler de lui, Lalande fit imprimer lui-même qu'il possédait toutes les vertus de l'humanité, se singularisa par des goûts bizarres et des opinions impies, poussant la manie de l'athéisme au point de se faire mépriser même de ses partisans, à la fin de ses jours (249).

LAPLACE Simon, né en Normandie, 1749-1827. Un des plus profonds mathématiciens des temps modernes, il compléta l'œuvre de Newton, en expliquant par la gravitation les inégalités de la Lune, de Jupiter et de Saturne : et il popularisa ce système par des écrits aussi élégants que profonds : *Théorie du mouvement elliptique des planètes, Exposition du système du monde, Mécanique céleste* (155, 333).

LEIBNIZ, né à Leipsick, 1646-1716. Savant universel, célèbre surtout comme philosophe et comme mathématicien (253).

LE VERRIER Urbain, né à Saint-Lô, en 1811, directeur de l'Observatoire (285, 318).

LILIO Louis, calabrais, mort en 1576, habile mathématicien de Rome, auteur du projet de réforme du calendrier, qui fut présenté par son frère *Antoine* au pape Grégoire XIII (201).

MAUPERTUIS, né à Saint-Malo, 1698-1759, géomètre et as-

tronome, attiré à Berlin par Frédéric II, il fut nommé président
de son académie (100).

MÉCHAIN André, né à Laon, 1744-1805. Il découvrit plusieurs
comètes et en calcula les orbites. Dans la mesure du méridien
de Rodez à Barcelone, il fit, en déterminant la position de cette
ville, une erreur qu'il dissimula ; le chagrin qu'il en ressentit
abrégea ses jours (100, 105).

MERCATOR Gaspard, 1512-1594, géographe de Charles-
Quint, publia une mappemonde (120).

MÉTON, athénien du v⁰ siècle avant J.-C. (212).

NEWTON Isaac, 1642-1727. Savant anglais, placé au premier
rang des mathématiciens, des physiciens et des astronomes. Il
fit avant 23 ans ses plus grandes découvertes en mathématiques.
Sa théorie sur l'attraction des corps est exposée dans les *Principes de la philosophie naturelle*, qu'il ne fit paraître que
11 ans après leur découverte, en 1687, cédant aux instances
de ses amis (41, 100, 147, 298, 302, 304).

OLBERS Henri, né près de Brême, 1758-1840 ; on lui doit une
méthode pour le calcul des comètes (312, 333).

PHILOLAUS, 500-420 avant J.-C., disciple de Pythagore,
composa trois livres sur la nature (41).

PIAZZI Joseph, 1746-1826, religieux théatin. Il organisa et
dirigea les observatoires de Palerme et de Naples ; il dressa un
catalogue de 7.646 étoiles, et publia plus de 24 ouvrages (312).

PICARD (l'abbé Jean), né à La Flèche, 1620-1683. Il appliqua
les lunettes à la mesure des angles, mesura avec exactitude un
arc de méridien, et attira l'attention sur la nutation et l'aberration. Il dirigea l'organisation de l'Observatoire (100).

PONS J.-L., né dans les Hautes-Alpes, 1761-1831. Simple con-
cierge, puis astronome adjoint à l'observatoire de Marseille, il
dirigea ensuite les observatoires de Lucques et de Florence. Il
a découvert 37 comètes.

PTOLÉMÉE florissait à Alexandrie, vers l'an 175. Il nous a
conservé, dans son *Almageste*, le résumé des faits observés par
les astronomes qui l'avaient précédé. Il calcula la longitude et
la latitude des lieux alors connus (32, 41, 243, 295).

RŒMER Olaus, né à Copenhague, 1644-1710, passa 9 ans en
France, inventa la lunette méridienne et découvrit la vitesse de
la lumière (314).

SCALIGER Jules, 1484-1558, italien naturalisé français, visait
au renom de savant universel, père de *Joseph*, 1540-1609, qui est
regardé comme le créateur de la science chronologique (211).

SCHEINER Christophe, né en Souabe, 1575-1650, jésuite. Il perfectionna l'hélioscope, découvrit les tâches du Soleil. Il admettait le mouvement diurne de la Terre, tout en rejetant son mouvement annuel (222).

SECCHI, jésuite, directeur de l'observatoire de Rome, auteur d'un ouvrage important sur *Le Soleil* (225, 227).

SOSIGÈNE, astronome d'Alexandrie, qui aida Jules César dans la réforme du calendrier. Il paraît avoir saisi ce que cette réforme avait d'incomplet (199).

THALÈS, mort vers 548 avant J.-C. Né en Phénicie, il se fixa à Milet. Il enseigna la sphéricité de la Terre, l'obliquité de l'écliptique, les causes des éclipses (270).

TYCHO-BRAHÉ, né en Scanie en 1546, mort à Prague en 1601. Il voyagea d'abord pour visiter les observatoires, obtint du roi de Danemark l'île de Huen, avec une forte pension, et y bâtit un magnifique observatoire qu'il nomma Uranienbourg. Il y passa 17 ans, fit des observations admirables d'exactitude, et détermina la position précise d'un millier d'étoiles. Obligé d'abandonner son observatoire, il se retira en Bohême (56, 243, 295).

Académie des sciences, société ou réunion de savants, fondée par Colbert en 1666, supprimée en 1793, réorganisée en 1795. Elle publie des mémoires très-importants.

Bureau des longitudes, établissement créé à Paris par décret du 7 thermidor an III (1794), réorganisé par décret du 30 janvier 1853. Il se compose d'astronomes, de mathématiciens et d'artistes, siège à l'Observatoire, et est chargé de la rédaction de la *Connaissance des temps*, et d'un *Annuaire* qui en est un extrait et contient de nombreux renseignements scientifiques, avec des notices importantes.

Connaissance des temps, ouvrage sous forme de calendrier astronomique, à l'usage des astronomes, marins, ingénieurs, etc. Il contient entre autres documents : les positions géographiques des points remarquables du globe ; les coordonnées célestes du Soleil, de la Lune, des planètes et des étoiles principales, pour tous les jours de l'année, à l'heure du midi moyen de Paris ; ainsi que les heures du lever, du coucher de ces astres et de leur passage au méridien ; les distances angulaires de la Lune au Soleil, aux planètes et aux principales étoiles, de trois heures en trois heures. — Cet ouvrage a été publié pour la première fois par l'abbé Picard, de 1679 à 1683. Depuis 1795, la rédaction en est confiée au Bureau des longitudes.

TABLE ALPHABÉTIQUE DES MATIÈRES.

Angers, E. BARASSÉ, imprimeur de Mgr l'Évêque et du Clergé.

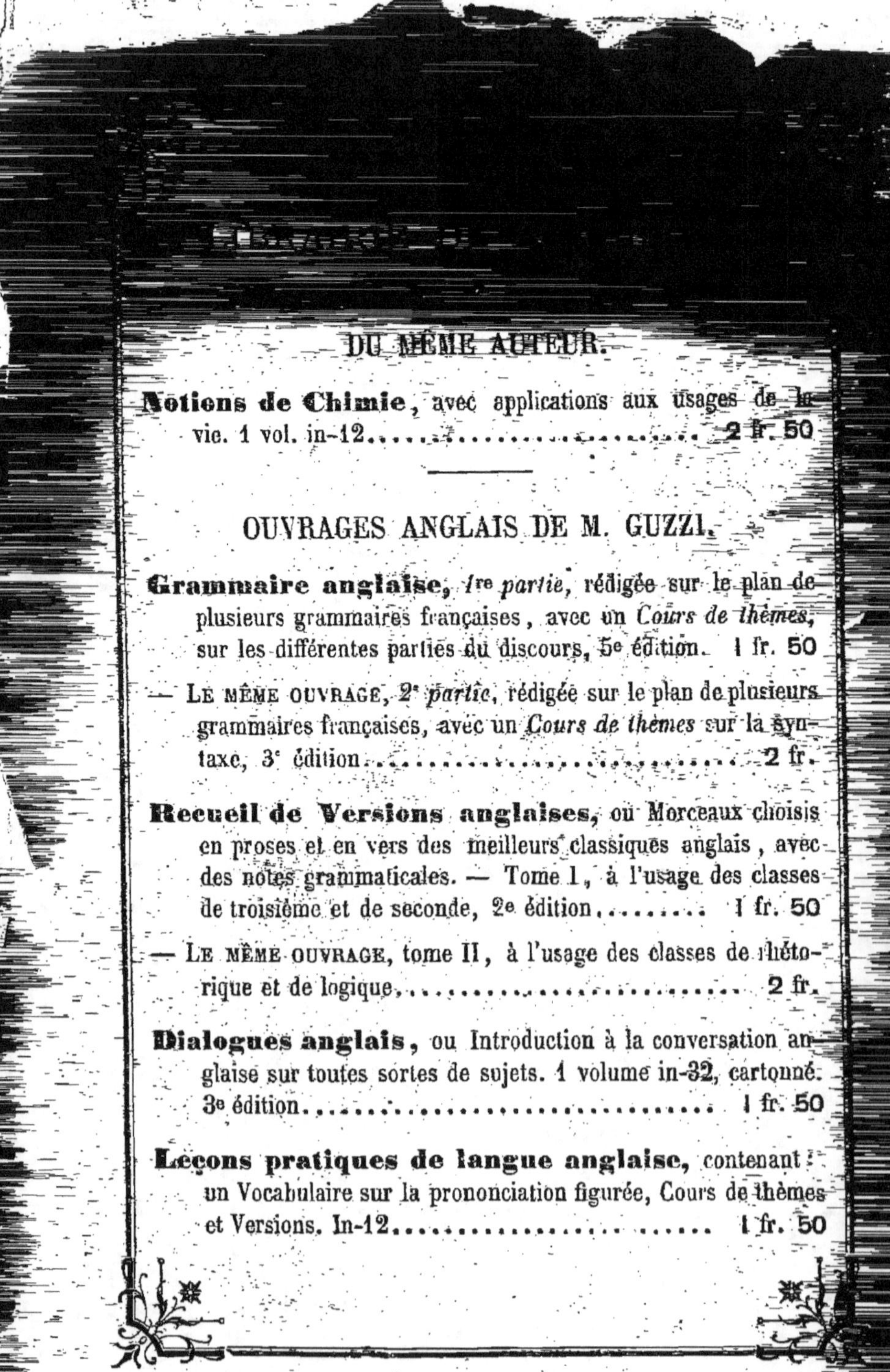

9 7820199 61183